云攻击向量

Cloud Attack Vectors

Building Effective Cyber-Defense
Strategies to Protect Cloud Resources

莫雷·哈伯（Morey Haber）

[美] 布莱恩·查佩尔（Brian Chappell）　　　著

克里斯托弗·希尔斯（Christopher Hills）

CSA 云渗透测试小组 译

人民邮电出版社

北京

图书在版编目（CIP）数据

云攻击向量 ／（美）莫雷·哈伯（Morey Haber），
（美）布莱恩·查佩尔（Brian Chappell），（美）克里斯
托弗·希尔斯（Christopher Hills）著；CSA 云渗透测
试小组译. -- 北京：人民邮电出版社，2025. -- ISBN
978-7-115-67799-0

Ⅰ. TP393.027

中国国家版本馆 CIP 数据核字第 2025DV3505 号

版 权 声 明

First published in English under the title

Cloud Attack Vectors: Building Effective Cyber-Defense Strategies to Protect Cloud Resources, by Morey Haber, Brian Chappell and Christopher Hills.

Copyright © Morey J. Haber, Brian Chappell, Christopher Hills, 2022

This edition has been translated and published under licence from Apress Media, LLC, part of Springer Nature.

本书中文简体字版由 Apress Media, LLC 授权人民邮电出版社有限公司独家出版。未经出版者书面许可，不得以任何方式复制或抄袭本书内容。

版权所有，侵权必究。

◆ 著　　　[美]莫雷·哈伯（Morey Haber）
　　　　　[美]布莱恩·查佩尔（Brian Chappell）
　　　　　[美]克里斯托弗·希尔斯（Christopher Hills）
　　译　　　CSA 云渗透测试小组
　　责任编辑　傅道坤
　　责任印制　陈　犇
◆ 人民邮电出版社出版发行　　北京市丰台区成寿寺路 11 号
　　邮编　100164　　电子邮件　315@ptpress.com.cn
　　网址　https://www.ptpress.com.cn
　　涿州市京南印刷厂印刷
◆ 开本：720×960　1/16
　　印张：18.5　　　　　　　　　2025 年 8 月第 1 版
　　字数：312 千字　　　　　　　2025 年 8 月河北第 1 次印刷
　　著作权合同登记号　图字：01-2024-0051 号

定价：89.80 元

读者服务热线：(010)81055410　印装质量热线：(010)81055316
反盗版热线：(010)81055315

内 容 提 要

在当下复杂多变的云安全环境里，为了守护企业部署在云端的各类关键资产，必须构建多层级防护体系以降低风险并防范云服务遭受入侵。

本书详细介绍了与云部署相关的风险、威胁行动者利用的技术、组织应采用的经过实证检验的防御措施，并介绍了如何改进对恶意活动的检测。本书共15章，主要包括云安全简介、云计算、云服务提供商、云定义、资产管理、攻击向量、缓解策略、合规监管、云架构、群体智能、混沌工程、冒名顶替综合征、如何选择云服务提供商、针对云环境的安全建议等内容。

本书适合希望深入了解云安全威胁，实施有效防御策略以切实保护企业云端资产的企业IT及安全管理人员、网络安全从业人员、云技术实施与运维人员以及对云安全感兴趣的人员阅读。

译　者　序

云计算在重塑现代企业技术架构的同时，也催生了前所未有的安全挑战。Morey Haber、Brian Chappell、Christopher Hills 等资深云安全专家联袂撰写的《云攻击向量》，凭借深厚的行业洞察，为全球读者系统梳理了云环境中的风险全貌。

本书不局限于理论探讨，而是深入剖析云基础设施、SaaS 应用、身份与访问管理、API 等核心层面的安全漏洞与攻击路径，其价值在于精准呈现攻击者的思维逻辑与战术手段，从实操视角诠释云服务商"责任共担模型"与用户安全实践边界，为构建纵深防御体系锚定清晰技术方向。

当前，国内云计算应用步入深水区，传统安全的边界防御模型在云的动态性与复杂性面前愈发力不从心。攻击者针对云环境的攻击链渐趋成熟，从初始凭据窃取、权限提升、横向移动到数据泄露与勒索，每一步均利用云环境的独特弱点。本书揭开了这些攻击战术的技术内幕，推动防御视角从被动响应转向主动识别与阻断，堪称"云攻防作战地图"，指引安全从业者看清攻击路线图并提前部署防御节点。

在此背景下，CSA（云安全联盟）大中华区成立"云渗透测试小组"，正是为响应本土化云安全实践的迫切需求。作为联盟旗下的专业技术团体，小组汇聚了国内顶尖的云安全从业者与研究者，旨在推动云渗透测试技术标准化、规范化发展，为行业输出可落地的安全验证方法与最佳实践。翻译这本国际权威著作，是小组提升行业认知、强化云攻防能力建设的关键一步。

参与本次翻译工作的成员有曾哥、高瑞强、李来冰、李鑫、党超辉、TeamsSix、郑惠文、徐健雄、张元恺、戴梦杰、卜宋博、齐小凯。他们凭借深厚的安全技术积淀与对云原生技术的透彻认知，为本书的高质量翻译提供了有力支撑。马东辰、张文洁作为内容校对负责人，以严谨细致的态度对全书进行多轮通读核验，确保

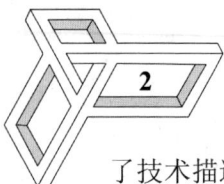

了技术描述的精准性、概念统一性与语言风格的流畅性。在此，向他们的辛勤付出致以最诚挚的感谢。他们的专业精神和团队协作，是本书得以高质量呈现的根本保障。

　　期待本书能为中国的云平台用户、安全管理人员、渗透测试工程师以及云架构师提供强有力的"安全指南针"，在充满挑战的云安全之旅中，多一分从容，多一重保障。

李鑫

腾讯云鼎实验室攻防负责人、CSA 云渗透测试小组组长

关 于 作 者

Morey Haber（莫雷·哈伯），BeyondTrust 公司的首席安全官，拥有超过 25 年的 IT 行业经验。他之前已经写作了 3 本图书：《特权攻击向量》《资产攻击向量》《身份攻击向量》。他是行业组织 Transparency in Cyber（网络透明度）的创始成员，并于 2020 年入选身份定义安全联盟（IDSA）执行顾问委员会。

Morey Haber 目前负责监管 BeyondTrust 针对企业及基于云的解决方案的安全与治理工作，并定期为全球各大媒体提供咨询。2012 年，随着 BeyondTrust 收购 eEye Digital Security 公司，他正式加入 BeyondTrust，自 2004 年起，他就已经在 eEye Digital Security 公司担任产品负责人和解决方案工程师职务。在加入 eEye Digital Security 之前，Morey 是 Computer Associates 公司的测试版开发经理。他的职业生涯始于为一家政府承包商担任可靠性与可维护性工程师，该承包商主要制造飞行和训练模拟器。他在纽约州立大学石溪分校获得了电气工程学士学位。

如果你有机会见到 Morey 并想与他交流，只需从科幻小说或《星际迷航》话题聊起就行。这能瞬间勾起他的兴趣，也是本书中屡屡被提及的那些老套笑话的源头。

Brian Chappell（布莱恩·查佩尔），BeyondTrust 公司的首席安全策略师，在其超过 35 年的信息技术行业从业经历中，他曾在供应商和客户机构中担任高级职位，这些机构包括英斯特拉德公司、英国广播公司电视台、葛兰素史克公司，当然，还有 BeyondTrust 公司。在 BeyondTrust 工作的这 10 多年里，Brian 先后担任过销售工程师、销售

工程总监、解决方案架构高级总监、产品管理总监，如今专注于 CSO 办公室内的安全策略和新技术领域。他经常在各种会议上发表演讲，也撰写文章和博客，并在媒体上对网络安全问题发表评论。闲暇时刻，Brian 喜欢骑马、开发软件、玩游戏（目前尤其喜欢 VR 赛车），还热衷于了解一些冷知识。

如果你有机会见到 Brian，并且想进一步了解他，了解本书，或者了解任何与网络安全相关的事情，要知道他喜欢威士忌或杜松子酒，尤其喜欢那些请他喝这些酒的人。试试看吧！

Christopher Hills（克里斯托弗·希尔斯），BeyondTrust 公司的首席安全策略师，他拥有超过 18 年的 IT 经验，其 IT 职业生涯始于在海军服役期间。结束 9 年的海军生涯后，他移居亚利桑那州，并以优异成绩获得网络工程技术学位。毕业后，从担任亚利桑那州生物恐怖主义网络的系统管理员，转变为为州政府合同项目提供咨询服务的多面手。

在加入 BeyondTrust 之前，Chris 曾在一家大型金融机构任职，担任技术总监，负责所有与 PAM 安全性、成熟度、架构和运营相关的事务。在他 9 年任期的最后两年半中，有幸与 BeyondTrust 合作，在微软 ESAE 架构中实施多个安全解决方案。Chris 随后加入 BeyondTrust，在 CTO 办公室担任高级解决方案架构师，随后转任 CTO 副职，一年后又获得了 CISO 副职的头衔。教学和分享知识是他的热爱所在，而且他发现自己能够轻松地在销售、技术和客户之间搭建沟通的桥梁。

当你见到 Chris 时，可以聊一聊快艇、在水上的时光以及越野赛车。如果他既不在泥地里撒欢也不在水里嬉戏，那你多半能看到他在支持自己最小的儿子追逐对足球的热爱。

关于特约作者

Darran Rolls（达兰·罗尔斯），在身份管理与安全领域有着丰富的履历，曾就职于 IBM Tivoli 公司、Waveset 公司、SUN 公司以及 SailPoint 公司。在过去 20 多年的时间里，他助力设计、构建并推出了具有开创性的技术解决方案，这些方案对身份与访问管理行业的发展产生了深远影响。他在 SailPoint 公司担任了 12 年的 CTO，之后又担任了 4 年的 CISO，任职期间，他负责监督 SailPoint 公司的内部安全事务和合规工作，他还引领 SailPoint 公司在 2017 年末成功实现了首次公开发行（IPO）。

如今，Darran 身兼投资者、顾问和行业专家数职，与各供应商、客户及金融机构合作，协助他们理解并充分利用最新的身份和安全技术。他还与众多处于成长期的公司紧密合作，致力于在全球范围内设计并推出下一代 IAM 解决方案。2020年，Darran 被知名的身份和安全分析公司 KuppingerCole 授予 Research Fellow 称号，目前他在该公司协助团队开展定向研究项目。

多年来，Darran 一直是 OASIS、W3C 以及 IETF 在 IAM 标准制定方面的积极贡献者。他经常在行业活动中发表演讲，并向客户介绍 IAM 技术以及安全解决方案。无论是企业组织还是行业同行，都十分赞赏他在设计、交付和部署以身份为核心的企业安全架构方面，从供应商内外不同视角所展现出的独特见解。

Greg Francendese（格雷格·弗朗森德塞），BeyondTrust 公司的品牌平面设计师，来自佐治亚州的亚特兰大，现居伊利诺伊州芝加哥。在南卡罗来纳大学毕业后，他积累了约 10 年的设计经验，涵盖从平面插画到数字设计以及动画等多个

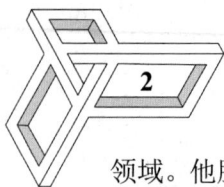

领域。他服务过的客户包括西尔斯、沃尔格林等零售公司，Varsity Spirit 等体育用品公司以及芝加哥本地的餐馆和商店。2019 年，Greg 加入 BeyondTrust 公司担任初级平面设计师，如今，他在科技行业引领创意项目，助力客户活动的宣传推广，并为网络安全相关问题制作视频内容。作为个人的创意爱好，他会绘制芝加哥各个社区的插画作品，并在当地的礼品店出售。

关于技术审稿人

Derek Smith（德里克·史密斯），可提供网络安全、领导力和项目管理等主题的培训服务。他教授 CISSP、Security+、CASP 和 CySA+等课程，以及与领导力相关的课程。

Derek 还是一名注册金融教育讲师，持有金融知识认证（CFEI），并且是一名注册个人理财顾问（CPFC）和财务教练。

献辞

本书并不安全，其静态数据以及传输中的数据均未加密。

——Morey

谨将本书献给 Ruth、我的父母、朋友和同事，感谢你们多年以来的支持和关爱。

——Brian

你不过是选择了黑暗，而我生于黑暗。致我的妻子 Heidi，感谢这些年你把我拉向黑暗的另一边。谢谢！

——Chris

致谢

衷心感谢以下各位为本书的出版所奉献的力量。感谢你们凭借专业的技术知识、深刻独到的见解，以及精湛娴熟的技能，为本书的编辑工作添砖加瓦。

内容营销与 SEO 总监：Mathew Miller

内容营销经理：Laura Bohnert

平面设计师：Greg Francendese

客户信任经理：Joshua Miller

合规分析师：Anna Forman

IT 治理、风险和合规总监：Justin Sparks

合规分析师：Amy Feldman

虚拟的 CEO 和时间旅行者：John Titor

还要特别感谢 Darran Rolls 在前言中对云计算及其未来发展所发表的独到见解。

前　言

合作

我有幸与 Morey Haber 合作了许多年，具体年数可能我们俩都不太想细究了。在这些年里，我们的职业道路在多个方面有过交汇。作为各自身份管理公司的 CTO，我们在客户业务合作、市场活动以及行业倡议等方面展开了合作。我们来自如今正在发生变化的身份与访问管理（IAM）"三条腿凳子"中的不同"支腿"，但我们一直都秉持着对身份与访问管理的共同理念，并且对围绕特权、访问权限以及安全控制等主题的微妙复杂之处怀有独特的热情。在我任职 SailPoint 期间，BeyondTrust 一直是我们值得信赖的合作伙伴，而我也视 Morey 为好友。

Morey 和我还经历了相同的转变，在各自公司内担任了正式的首席安全官（CSO）或首席信息安全官（CISO）职位，这一点非常特别。对我们两人而言，承担起产品和公司安全方面的责任是职业生涯中合乎逻辑的发展进程，而且这对我们各自的公司也具有重大价值。之后，我们交流了很多关于在安全公司内部负责安全工作所遭遇的挑战和独特机会的故事。

每一位 CSO 的工作都不轻松，但身处"安全链条"之中则完全是另一回事。正如近期出现的安全供应链漏洞所显示的那样，作为这条链条上的一环，你需要格外关注自身以及成百上千其他人的安全，并为之担忧。虽然 *Under Attack* 可能不是摇滚乐队 Abba 最知名的单曲，但这个歌名却很好地概括了在如今日益复杂且相互依存的安全供应链中担任 CSO 的感受。

Morey 邀请我为本书撰写前言，这是因为我们之前还有一次成功且令人收获颇丰的合作。可能读者已经知道，在 2019 年，我们共同撰写了本系列的第三本书——《身份攻击向量》。撰写那本书不仅有趣，而且在与 Morey 合作的过程中也让我在知识层面上收获良多。在撰写那本书期间，我们之间的交流一直是灵感和动力的源泉。

我一直发现，当来自信息安全领域同一"阵营"不同角落的技术专家们聚在一起，围绕身份与访问管理（IAM）展开交流时，有趣的事情就会发生。我们独特的视角，因特权访问和授权这一共同主线而始终保持在正轨上，最终成就了被称为业内关于运用身份与访问管理技术来加强网络攻击的预防、检测和缓解方面的领先著作之一。

云攻击向量

从名称或概念上看，云可能似乎是一个遥远的、高高在上且与我们相隔绝的地方。但如今，尽管大多数大型云服务提供商在独立的服务器集群中运行着大量各自独立的服务器，然而"云"内部（从一朵云到另一朵云）以及与现有的本地IT运营之间都已经紧密交织在一起。就像 Roald Dahl 所著的《查理和巧克力工厂》中乔爷爷和乔治娜奶奶那样亲密无间，云与"传统的本地计算"如今已紧密相连。它们如今的相互关联程度之高，以至于只能将它们真正视为一个单一的、端到端的系统。

一般而言，企业数据中心是一个复杂的混合体，其中包括本地"遗留"系统、虚拟服务器以及容器化的复杂 Web 应用——所有这些都与共享的云基础设施以及云交付的软件即服务（SaaS）应用相互连接并集成（这一点稍后会详细说明）。每一位 IT 从业者都再清楚不过，今天的创新到了明天就会成为遗留系统，所以这种新旧系统的混合状态会一直持续下去。就像"攻击向量"系列图书一样，一本接着一本积累，直到摞成一摞。我们的遗留系统支撑着一个混合云架构，该架构采用了本地和公有云服务元素的复杂组合。

所有的新旧系统都包含数据、特权和访问权限，在它们的整个生命周期中都必须对其进行保护和管理。毫不夸张地说，如今"复杂的网络"已经覆盖了云和企业。广泛采用的新型持续集成/持续交付（CI/CD）流水线、DevOps、微服务以及以 API 优先的经济模式，带来了呈指数级增长的复杂性。在这个全新的、复杂的现实环境中，充斥着身份、用户账户、密码、代理访问、密钥、机密信息、特权，以及精细的身份验证和授权访问策略。

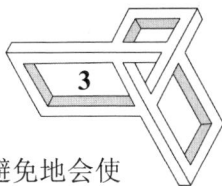

新型云基础设施授权模型极其复杂，难以理解和管理。它们不可避免地会使数据、访问权限和特权在可被准确描述为 IT 血脑屏障的区域之间来回传递。这种跨越云端与本地环境的安全配置以及由此产生的 IAM 相关事宜，如果我们希望保持对其的控制，就必须全部考虑到并进行追踪管理。

在本书中，作者以 IAM 为核心视角审视整个云架构，并仔细考量缓解众多潜在问题所需要的人员、流程和技术。

本书扩充了该系列图书中有关资产、特权和身份方面的著作内容，着重关注那些存在于我们当今企业计算所涉及的方方面面之中、之上以及之下的关键云元素。正如你将会看到的，变化越多，不变的东西也越多。毫无疑问，这一主题将本地环境中的相关要素与云环境中的要素联系了起来，但它又摒弃了传统的最佳实践方法，以应对那些多年来一直困扰着我们的相同威胁。

DevOps 和 DevSecOps

如今，大多数开发机构在其应用和软件开发流程中都遵循着 DevOps 的核心原则和最佳实践，尤其是在为云端创建应用时更是如此。采用 DevOps 的方法，整体应用环境并非作为一个单一的整体交付。相反，它是基于"模块和依赖关系"以迭代的方式进行开发和交付的，这些模块和依赖关系的整合节奏常常细化到以小时为单位。因此，在如此复杂、动态且模块化的过程中寻找安全漏洞需要集中精力。无疑，安全性是任何 DevOps 流程或系统的核心原则之一。

按照惯例，在应用开发、测试和运维生命周期的每个环节，都有责任理解和管理必要的安全措施，以确保将漏洞降至最低限度，同时最大限度地实现防护、检测和缓解。从逻辑上讲，DevSecOps 成为了一种统摄全局的方法，它将 DevOps 生命周期中所需的各种安全工具统一起来并进行协调。

任何高中水平的网络安全教科书都会引用这样一句口头禅："应用开发始于安全，终于安全。"DevOps 中的人员、流程和技术旨在落实这一指令，这有望消除在动态、独立但又高度相互依赖的应用交付过程中不可避免会出现的潜在"安全孤岛"，从而将安全性纳入同一模型中。因此，DevSecOps 在各个方面都负有责任。DevSecOps 团队选择追踪和监控其使用情况的工具。DevSecOps 工程师必须了解他们"新架构"和"现有遗留系统"中资产、特权、访问权限和身份方面的细微差别。

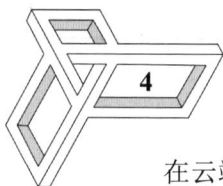

在云端环境中，DevSecOps 是一种攻击向量——应用开发生命周期的每个环节都随时准备防范网络威胁。这使我想到一些值得思考的"真理"。

永恒的真理

为这本书写前言，最棒的一点在于我无须埋头苦干、精心烹制一整桌大餐——只需准备开胃菜就好！我有幸且轻松地勾勒出前言的大致框架。

在我超过 30 年的 IT 职业生涯中，大部分时间都从事系统管理工作，更确切地说是安全交付工作。我深感震惊的是，似乎没什么真正发生太大改变。当然，实际操作、工具和方法等各方面都有变化，但不知为何，本质上却始终如一。

我刚开始从事系统管理工作时，从那些"大型机元老"那里学到的很多经验至今仍然适用。我亲身经历了客户端/服务器模式的兴衰、人人都有台式机（个人电脑）的时代、Web 2.0 时代，以及如今的云和软件即服务（SaaS）时代，诸多方面都发生了变化，但在构建良好的身份验证和安全体系方面，很多该做的事情却几乎没有改变。

信息技术底层元素的循环特性十分引人深思。系统设计在分布式和重新集中化之间的循环已经上演了多次。多年来，同质化与异质化之间的永恒平衡也反复出现。遗憾的是，这种永不停歇的创新循环带来了复杂性，而复杂性正是所有安全系统的最终敌人。

这些不断重复出现的"趋势"及其所产生的成本，是许多 IT 从业者职业稳定性的一个来源，然而最终也会在思维认知层面上让他们感到挫败。"一切都在变，但又好像什么都没变"，这种情况让我有些烦躁。作为一个程序员，我厌倦了没有自动化的重复工作。如果我所做的只是按下"重播"按钮，而不必每次都从头开始，那么我可以忍受"土拨鼠之日"①的无尽循环。

遗憾的是，安全项目的设计和投入往往很少从过去的经验中吸取教训。我从不喜欢用近期安全漏洞报告中的那些尖酸刻薄的话作为论据，但你最近肯定读过科技类报刊，对吧？"倒霉的事总会发生"是一个普遍真理，"若非上天眷顾，我也会这样"是一个世俗真理。然而，话虽如此，我们应该始终去探寻那些凌驾于

---

① 永远都是 2 月 2 日。——译者注

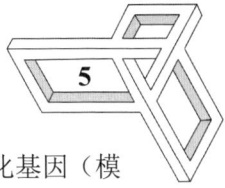

安全项目投入不断变化的驱动因素之上的"永恒真理"、反复出现的文化基因（模因）或者"行事准则"。有些东西确实始终如一。

可见性是本质控制

在我职业生涯的早期，可能是在 Tivoli 公司（后来被并入 IBM，我最近了解到，当 Morey 在 Computer Associates 公司管理 Unicenter 团队时，Tivoli 公司是他的竞争对手），有人曾对我说："永远记住，你无法管理你看不到的东西。"这句话一直影响着我，在我任职于 Waveset、SUN 以及 SailPoint 公司的整个期间，这句话对我而言始终适用。

可见性是所有安全控制的根基。因此，一个广泛、稳定且可靠的发现和清查流程是任何资产、特权、身份或云安全计划的基石。在 IT 安全领域，所有人员、流程或技术都应从资产管理入手：了解范围，评估弱点，并规划缓解策略。本书遵循同样的原则，第 6 章重点介绍了从最薄弱环节——人员入手，帮助你达成目标的工具和技术。

门与角落

如果你和我一样是科幻小说迷（如果你读过 James Corey 的 *The Expanse*［苍穹浩瀚］系列小说），那么"门与角落"这个词就会让你想起脾气暴躁的贝尔特老警察 Miller，仿佛能看到他幽灵般的身影，耳边回荡着他对进入危险房间最佳方式的感慨之词。这一引用巧妙地阐述了一个永恒的真理：安全漏洞始终存在于复杂系统设计中被遗忘的角落，因此在被利用之前一直是未经探索的攻击向量。

在当今复杂的云环境中，漏洞经常通过被忽视或遗忘的简单内容而暴露并被利用。遭到攻击后，事后分析往往揭示配置错误或未追踪依赖是罪魁祸首，它们隐藏在黑暗角落等待突然发动攻击！

随着我们不断扩大云基础设施和集成系统的范围，新的角落和入口持续增加，我们必须对它们进行记录在案、评估，最终加以保护。普适真理就是要知道门和角落在哪里，并花时间及项目资源对其进行威胁建模以揭示潜在脆弱性（即使无

法完全缓解）。花时间进行可能性演练，模拟威胁场景，并至少制定出一个"计划的初步方案"，是云安全计划中最重要且必需的步骤之一。

复杂性：安全的死敌

强烈建议大家听一下 Steven Gibson 的 *Security Now* 播客。Steve 是一位资深程序员、黑客、技术专家和安全领域从业者，多年来他的节目一直是我订阅列表中的常客。Steve 有一个反复提及的理念（即"复杂性是安全的敌人"），在我设计、交付和保障系统安全的过程中，它一直是我的座右铭。当大规模部署云计算和 SaaS 时，这句话再正确不过了。记住，复杂性造就了那些潜伏着漏洞的"门与角落"。无论是在云计算环境还是其他情况下，架构、配置和部署方面的复杂性很可能是导致大多数攻击的原因。

为了延续这篇前言中略显挑剔的主题，我对现代系统和基础设施设计的复杂程度既感到震惊，又一直惊叹不已。任何融合了本地部署、私有云和软件即服务（SaaS）的应用，都是复杂配置的典型例子。我完全理解并认可这种配置能力的必要性，尤其是在如今像云计算这样的"基础设施即代码""应用即代码"的模式之下。

但我们现在是不是已经做得太过分了呢？只需看一下 K8s（Kubernetes）控制指令的手册页面，通读一遍 Salesforce 应用的安全模型设置，或者更糟糕的是，深入钻研一下 AWS 中端到端授权模型的复杂性。这简直令人难以置信。

横跨这些系统的 IAM 模型同样是由复杂得令人眼花缭乱的架构构成的。人们原本会以为，在 SAML 和 OAuth2 之后的时代，较新的应用至少会有一个统一的认证方式。但遗憾的是，这种统一、无缝的体验很少存在。

例如，我最近审查了一家大型零售银行部署的 IAM 模型。在它们的一个复杂系统中，我数出了 5 种不同的身份验证形式，包括账户密码、密钥、令牌、权限范围以及属性策略。哎哟，这可真让人头疼。而这些系统中的授权情况往往更糟，用户配置文件、用户组、角色、基于属性的访问控制（ABAC）、基于策略的访问控制（PBAC）以及 OAuth 权限范围等，都被硬编码到一个端到端的系统中，其复杂程度简直要让系统不堪重负了。这些身份与访问管理方面的"问题"并非为了牺牲终端用户的便利性（而产生的过错）；它们仅仅是一个多层云系统在架构和实施过程中，为追求灵活性和功能优越性而产生的无心之果。

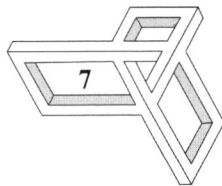

权衡

云技术并非只意味着复杂和风险。从多个角度看，它也是一个独特且极其强大的转折点，当考虑向云迁移时，这是一个回顾、重新设计和重新实施系统的契机。

如今，整合与简化的理念几乎主导了所有云服务和 SaaS 产品的现场营销宣传。我完全认同这一理念。为了能够"循规蹈矩"地行事，即减少定制化，利用更多的共享智能，我愿意用降低成本、实现简化以及获得更好的安全性来交换。在这种情况下，应用的用例保持不变，但实施方式却可以变得更好。

在我担任上市公司的 CISO 期间（没错，我曾经"身处其中"），像每个人一样，我不得不做出权衡：供应商与应用之间、基础设施与代码之间，以及成本与复杂性之间都需要权衡。对我来说，在选择过程中最有力的工具始终是仔细考量风险，而风险正是可衡量的复杂性所直接导致的结果。我总是会回到那些理念或座右铭上，比如"你无法管理你看不到的东西"，以及在功能、简洁性和安全性之间寻求平衡。希望这个理念对你来说也依然正确且有价值；对我而言，它一直都是如此。

祝你从本书的其余部分中学习愉快！

——Darran Rolls

目　　录

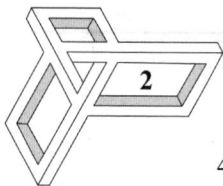

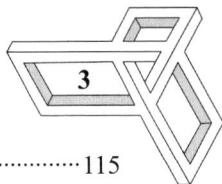

第 1 章
简介

想象一下，春日阳光明媚，微风拂面：一个大人和一个孩子正在公园散步。天空湛蓝，白云朵朵。孩子转头问大人："云是什么做的？"颇具技术幽默感的大人回答说："宝贝，主要是 Linux 服务器；基本上……"

我们的书就从这里开始，因为即使是天空中的云也不总是看起来那么温和。当环境条件适合暴风雨时，它们可能变得危险，带来闪电、狂风和倾盆大雨。用于计算的"云"同样有其危险性。通常在我们不理解相关攻击向量（如过度的权限、漏洞等）以及它们如何被利用时，就会出现这种情况。

随着社交距离的倡议渐行渐远，更灵活的混合工作环境（主要基于云端）正逐步形成，所谓的"新常态"已经到来。公园散步变得更加频繁，因为我们开始接受一个任何地方都可以工作（WFA，Work From Anywhere）的世界。尽管对疫情最终走向仍有一些不确定性，但有一点是明确的：我们需要新的信息技术、安全和流程来保障员工的健康和福利，同时支持多样化的用例。

《华尔街日报》的一篇文章 *Why the Hybrid Workplace Is a Cybersecurity Nightmware*（为什么混合工作场所是网络安全噩梦）清晰地阐述了人们对混合工作场所普遍存在的 IT 安全的担忧。文章还简要提及了组织如何通过强大的以身份为中心的安全措施和零信任来应对这些担忧。

在本书后续有关云攻击向量的讨论中，零信任和以身份为中心的安全将占据重要地位。此外，麦肯锡的一项研究报告称，各组织在疫情期间通过重新优先考虑客户和供应链互动的数字化，以及内部运营的数字化，使得客户与供应链交互以及内部运营的数字化工作的优先级提前了 3 到 4 年。麦肯锡还发现，在各组织的产品组合中，数字化产品的占比大幅提升，相比 2017 年至 2018 年的增长基线，其发展进程加快了整整 7 年。正如麦肯锡总结的那样，"数字化的采用在组织和行业层面都取得了巨大的飞跃"。

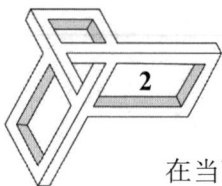

在当下，远程办公人员常常借助不安全的家庭或公共 Wi-Fi 网络进行网络连接。这些员工出于多种原因使用个人设备，包括方便、降低业务成本或仅仅是因为供应链短缺。许多用户自行部署了各类应用（通常称为"影子 IT"），旨在在家中或在任意地点办公时都能保持工作高效。诸如虚拟专用网络（VPN）和远程桌面协议（RDP）等远程访问技术，时常（且令人忧心忡忡地）被应用于远超安全范畴的场景，且其部署往往仓促且存在安全隐患。攻击者比以往任何时候都更容易找到漏洞并通过互联网向云和远程操作的资产传递恶意载荷（包括勒索软件）。

在这一数字化转型加速的阶段，云环境下的攻击面正呈指数级扩大。如今，大多数组织不仅仅位于"一个"云中——它们在许多云中使用许多服务（PaaS、IaaS），并且它们的终端用户使用越来越多的 SaaS 应用，其中许多是以影子 IT 的形式出现的。信息技术（IT）团队在管理和把控多个复杂云环境下的安全状况方面颇费心力。每个云都有自己的共享责任模型和原生工具集。此外，大多数公司并非 100%云化；它们在包括本地基础设施的混合模型中工作，这通常包括无法使用现代最佳实践进行保护的遗留技术。

然而，尽管数字化转型实现了革命性的跨越（涵盖云端的量子计算服务等领域），网络威胁态势也随之急剧演变。问题在于，网络安全控制和策略的成熟度并未经历类似的增长，就像迁移到云本身一样。

安全风险、安全漏洞和安全隐患呈指数级增长。毫无疑问，这在自 2020 年底以来出现的众多网络安全事件和数据泄露中扮演了关键角色。SolarWinds、Verkada、Colonial Pipeline、JBS、Kaseya 以及不断肆虐的破坏性勒索软件攻击都是威胁供应链安全的最新案例。这些袭击影响了数百万人的日常生活。所有这些数据泄露事件的发生，均源于攻击者借助互联网对云资源发动的攻击。

数字化转型的快速发展已经明显使网络军备竞赛的天平倾向于网络犯罪分子和敌对势力。美国联邦调查局（FBI）发布的 *2020 Internet Crime Report*（2020 年互联网犯罪报告）显示，FBI 在 2020 年收到破纪录的 791790 起网络犯罪投诉，受害者提交的网络犯罪投诉数量同比激增 69%。

多年来，众多组织被迫购买网络保险以防范网络攻击（尤其是勒索软件）带来的财务损失。有时，购买网络保险甚至成为合同强制要求。然而，随着网络威胁和勒索软件攻击的快速发展及影响范围的扩大，网络保险供应商不得不大幅提

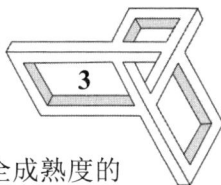

高保费，强制实施特定安全控制措施，要求客户提供更多能证明其安全成熟度的证据，甚至完全放弃对高风险组织和公司的承保。一些网络保险公司正在彻底退出这一行业。

多云环境和 WFA（随处工作）时代也成为了"假设被攻击"和"这会发生在我们身上"的时代。显然，我们需要重新思考安全问题，并重新调整安全防护的内容和范围。

如今，威胁行动者无须具备复杂高超的技术，便可实施恶意攻击活动。他们可以利用 Shodan 等强大的免费工具寻找未受保护的云资产和关联账户。控制平面管理着整个云基础设施，但它往往没有得到充分的保护或暴露在互联网上，使其容易受到暴力攻击和其他新兴漏洞的侵害。缺乏适当的控制也可能导致配置错误，从而引发服务中断或将大量数据暴露给信息搜集者。本书稍后将对这些问题进行定义、探讨，并提出相应的缓解策略。

根据 McAfee 发布的 *Cloud Adoption and Risk Report*（云应用与风险报告），2020 年初，威胁行动者针对云服务发起的威胁活动激增了 630%。McAfee 还报告称，平均每个组织使用 1935 种云服务，这也说明了风险面不断扩大的问题。

在云环境中，以下攻击向量构成了几乎所有攻击的基础：

- 不安全的远程访问方式（如 RDP、VPN、SSH、FTP、Telnet 等）；

- 未修复的漏洞（例如影响广大用户的 Log4J 漏洞）；

- 被盗取的、默认的或已遭泄露的用于身份验证的凭据和机密信息；

- 管理不当、权限过度或被攻破的特权账户以及不安全的特权凭据；

- 对资源、资产或应用的加固措施不当；

- 数据暴露问题（加密不足或存储方式不当）；

- 针对云资源管理员进行社会工程学攻击；

- 恶意软件的渗透，引发勒索软件攻击或其他攻击向量（基于文件的、无文件的，或者利用原生操作系统和命令的"就地取材"式攻击）；

- 内部威胁，包括叛变的内部人员、内部人员的操作或配置失误，或者是在不知不觉中成为第三方威胁行动者的网络"傀儡"的内部人员；

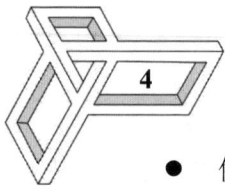

- 供应链攻击，此类攻击基于组织对第三方解决方案的使用，成为侵入组织的前沿阵地。

当我们关注云安全所面临的挑战时，可以将本地长期存在的问题与云环境中的问题相关联。在 BeyondTrust 和 Forrester Consulting 共同进行的一项研究中，绝大多数受访组织预测，未来两年内，数据泄露的主要原因将是特权账户及其相关身份信息泄露。后续的一个问题揭示了这种风险增加的"原因"，即数字化向云转型。图 1-1 展示了特权账户预计增长的调查结果。

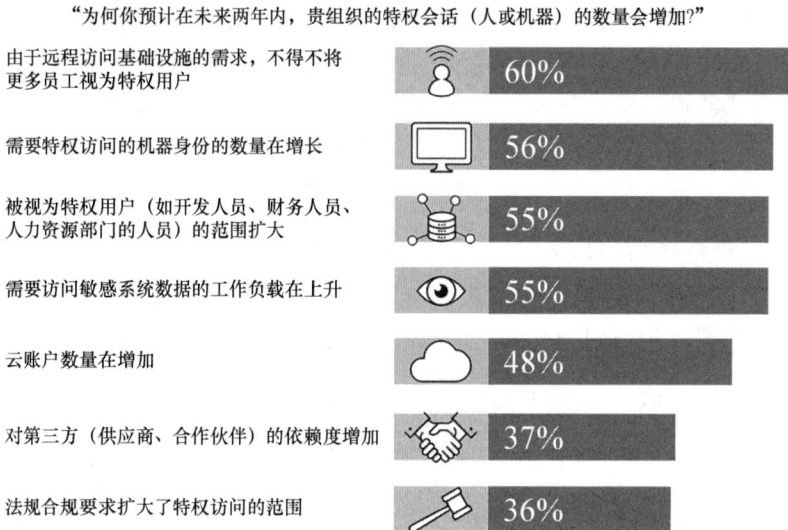

"为何你预计在未来两年内，贵组织的特权会话（人或机器）的数量会增加?"

由于远程访问基础设施的需求，不得不将更多员工视为特权用户	60%
需要特权访问的机器身份的数量在增长	56%
被视为特权用户（如开发人员、财务人员、人力资源部门的人员）的范围扩大	55%
需要访问敏感系统数据的工作负载在上升	55%
云账户数量在增加	48%
对第三方（供应商、合作伙伴）的依赖度增加	37%
法规合规要求扩大了特权访问的范围	36%

调研基于来自北美、欧洲或亚太地区的241名IT安全与运维专业人员

图 1-1 BeyondTrust 和 Forrester Consulting 开展的特权账户调查结果

这揭示了当前云攻击向量的一种模式，同时也表明了技术界认为下一个最大的安全隐患可能会出现在哪里。虽然我们可能能够保护云技术并使其对网络攻击更具弹性，但人与人、机器与机器之间的交互在可预见的未来仍将是主要的攻击向量。

理解这些攻击背后的动机至关重要。对于网络犯罪分子而言，这已然成为一项规模庞大的业务。根据德勤公司的研究，一些常见的网络犯罪业务每月成本低至 34 美元，同期可能带来 25000 美元的回报。简单地说，网络犯罪门槛低，而且潜在的投资回报率（ROI）很可观，并且通常都是免税收入。根据网络犯罪组织的所在地和它们攻击的目标，它们极有可能逃避政府的干预。

根据 Palo Alto Networks 公司的一项研究显示，2021 年，平均赎金支付额从 2019 年的 115000 美元飙升至 541010 美元。我们也看到许多勒索软件受害者及其网络保险公司支付了数百万美元赎金，包括 Colonial Pipeline 公司支付的 440 万美元（其中一部分已经由美国政府追回）和肉类供应商 JBS 支付的 1100 万美元。

身份定义安全联盟（IDSA）的一份报告指出，定期审查特权访问是最常被引用的安全控制措施（50%的受访者），以预防或减轻受访者所遭遇的数据泄露等安全问题。通常情况下，在云环境中，默认配置的访问权限往往过多，或者开放无限制（长期特权）的访问权限，而实际上，只有在满足特定的上下文条件时，才应适时赋予相应权限，并且在完成任务或访问期限结束后撤销此权限。

这是攻击向量系列的第 4 本图书。该系列中的《特权攻击向量》开篇便指出，大多数网络攻击源自组织外部。随着云计算的快速发展，越来越多的组织开始制定应对云攻击向量的缓解计划。这既令人感到鼓舞，又同样令人失望，因为威胁源和被攻击面都在企业环境之外，这两者从一开始就应该引起警觉。

应用、数据和基础设施都在企业边界之外运行，这些系统既不归实际使用它们的组织拥有，也不由其管理。正如我们在本章开头开玩笑时所说的那样，绝大多数云系统基于 Linux——这限制了目标的多样性。你可以想象到，网络安全领域的各方（包括安全专业人员和恶意行动者）都注意到了这一点。

实际上，如今关键系统已处于传统的边界防御范围之外，而这些边界防御原本是用于阻止恶意行动者对企业网络进行初始访问的。如今，对于具备管理非 Windows 系统资源能力的团队，市场需求极为旺盛。正因如此，在切实保障这些基于 Linux 系统的环境的安全时，人员配置方面面临着巨大挑战。这些系统如今也可以通过互联网进行访问，且能允许来自全球各地的任何人建立逻辑连接。一旦企业采用了云计算服务，这些系统便会暴露无遗，因为远程访问是对其进行管理的唯一途径。

此外，鉴于许多这类资产的关键属性以及其中所蕴含的海量敏感数据，对于任何企图为达成自身邪恶目的而攻陷这些资产的人而言，它们就如同一个难以抗拒的"蜜罐"（其中存储着真实数据）。

第 2 章
云计算

　　近年来，向云计算的转型进程迅速加快，而且没有放缓的迹象。组织正在将其基础设施，包括关键任务系统，从自身的直接控制范围迁移到由云服务提供商（CSP）提供和支持的平台上。当我们考虑到在云上处理和存储的数据的价值时，这种迁移在不久前可能看起来是不可能的，或者至少是非常不可思议的。

　　几十年来，我们一直在围绕我们的基础设施建立边界防御，以防止未经授权的人访问我们的核心资产、数据和知识产权，而现在我们将其大规模转移到我们几乎无法直接控制的系统上。云计算究竟为我们提供了什么，值得我们冒这么多风险？嗯，它为我们提供了结构和成本方面的灵活性。

　　在互联网的早期，一则包含公司网址的电视广告可能会导致网站因流量过大而崩溃。这是在互联网访问还不像现在这样普及的时候，当时的流量是被引导到公司内部数据中心（或临时改造用于放置服务器等设备的橱柜）内由公司托管的网络服务器上。公司可以提前安排在服务器集群中增加额外的服务器以应对这些高峰。然而，托管这些服务器和流量的责任与所有权仍然属于公司。这些服务器是物理服务器，具有物理成本，包括硬件成本和需要构建和调试它们的人员成本。而且，当负载较低时，它们处于闲置状态，成为公司的软件、硬件、电力和散热成本的巨大消耗源。

　　当用户不在办公室却仍需访问关键计算服务时，云计算的另一优势便得以体现。从历史上看，组织实施了各种远程访问机制，使员工能够访问基础设施内的系统。最初，采用的是基于电话的拨号连接，可直接接入公司网络，后来则转变为使用虚拟专用网络（VPN）。相信我们中的许多人都记得在早期的互联网路由器上通过拨号连接设置 VPN 的挑战。当网络地址转换（NAT）出现并成为实现流量正确路由的普遍方式后，这一过程的难度更是成倍增加。这些连接不仅设置困难、管理复杂，而且在很多人尚未意识到其背后的风险时，就已经为公司网络提供了直接的连接通道。

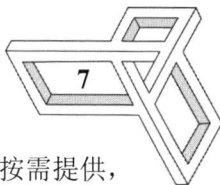

如今，我们拥有种类繁多的基于云计算的服务类型，这些服务通常按需提供，且采用随用随付或按使用量计费的模式。这种模式消除了早期在解决规模和灵活性等问题时所涉及的大量资本支出。许多这些服务可以通过应用程序接口（API）交付和控制，允许高度自动化，例如，通过启动额外的 Web 服务器实例来响应过多的网站流量，并在需求减退时关闭它们。

基于云计算的服务通常完全托管在公司网络之外，使得用户无须借助 VPN，便可从世界任何地方访问核心服务。这对普通终端用户来说是一个大大改进的体验，对组织来说则显著降低了成本（和风险）。

正如你能从本书前言中推断出的，特权访问在云计算的方方面面都扮演着关键角色，从负责设置和管理云计算服务的管理员，到运用 API 根据当下需求对环境进行调整的相关流程皆是如此。在每个阶段的特权访问中，都为恶意行动者提供了干扰业务操作、窃取有价值数据，或两者皆有的可乘之机。而这一切都发生在持续与时间赛跑，争分夺秒地修补漏洞以防止其被利用的大背景之下。

随着我们持续将业务运营迁移至云端，我们意识到保障这些云计算解决方案的安全就显得尤为重要。是的，每个提供商都有责任提供一个安全可靠的平台供你使用，毫无疑问，它们的责任也仅止步于此。但如何使用该平台，并确保你的组织使用它的方式是安全的，仍然完全是你的责任。为此，你可以使用云的不同方式来帮助你制定安全防御策略，以抵御各种威胁。让我们从宏观层面了解一些更为常见的基于云计算的服务。

2.1 软件即服务

对于我们中的许多人来说，软件即服务（SaaS）让云计算有了新的意义，不再仅仅等同于别人的计算机。在这种模式下，服务提供商托管一个或多个应用，并以订阅的方式向用户提供这些应用，这些应用通常托管于一个或多个云端位置。这与传统的商业现成（COTS）模式相比，是一种根本性的转变。在 COTS 模式下，软件以永久许可证的形式购买，由企业组织自行在本地安装并运行。COTS 与基于云计算的服务之间唯一的相似之处在于支持和维护合同，该合同为软件的运行持续提供更新、升级以及故障修复支持。

SaaS 不应与基于订阅许可、却由购买者自行托管的软件相混淆，无论购买者

是在自身的基础设施内，还是在租用的第三方基础设施中进行托管。通过 SaaS 提供的应用通常（但并非总是）通过 Web 浏览器访问，但它们也可以基于服务来托管分布式技术，例如在终端用户资产上运行的代理，而无须使用 VPN 或类似技术。

如今，基于云计算所提供的应用类型极为丰富，示例如下：

- Office 365（办公应用）；
- Sage Accounting（商业会计系统）；
- Salesforce（客户关系管理）；
- SAP S/4HANA 云（企业资源规划[ERP]）；
- ServiceNow（服务台管理）；
- Okta（身份管理）；
- BeyondTrust（特权访问管理[PAM]）；
- SailPoint（身份治理）；
- Tenable（漏洞管理）；
- Autodesk AutoCAD（计算机辅助设计）。

此外还有众多其他应用，这里不再赘述（此处所列举的服务和机构仅作示例之用，作者对其并无任何形式的认可）。

几乎所有的大型公司都在使用 SaaS 解决方案，而且大多数公司使用不止一种，有些公司甚至使用数千种。例如，像我们的雇主 BeyondTrust 这样的中型公司，已经全面拥抱云技术，它在整个业务中使用了数百个 SaaS 应用。这听起来很多，但当你查看 McAfee 在 2019 年发布的 *Cloud Adoption and Risk Report*（云采用和风险报告）时，你会发现，该报告给出的组织使用的不同云服务的平均数量为 1935 个。也就是说，平均每个被调查的组织使用了近 2000 个服务，而 IT 团队却认为这个数字更接近 30。

在选择合适的 SaaS 供应商以满足各项业务需求时，成本以及潜在的云攻击向量是需要深入考量的因素。界面美观或是技术独特酷炫，这些当然不应成为首要的考量因素。重点应在于奠定坚实基础，构建可靠且具备弹性的实施方案，切实解决实际业务需求，同时以高性价比和透明的网络安全实践作为支撑。

对于 SaaS 的一些定义和业务需求还包括多租户的概念，即单一实施的解决方案用于为许多客户提供服务，同时在操作和数据方面保持每个客户之间的隔离。这在图 2-1 中有所说明（这将在本书后文中详细探讨）。

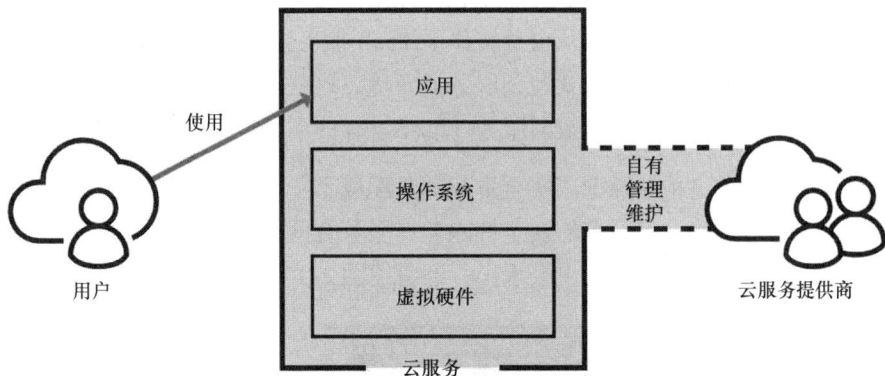

图 2-1　软件即服务的责任范围

无论租户模型如何，对 SaaS 应用进行许可可以说是最安全的服务提供方式，因为应用（不一定是基础设施）完全在 SaaS 提供商的控制之下。然而，糟糕的密码选择和权限配置错误仍然可能导致重大风险。对于大多数基于 SaaS 的解决方案来说，最常见的攻击向量是凭据泄露，无论是在用户界面还是在用于集成或自动化的底层 API。

例如，API 通常在接收到错误的凭据或密钥时，不会对账户执行锁定操作。如果锁定账户，威胁行动者就有机会通过多次故意输入错误的登录信息使服务拒绝访问。通过在对错误凭据做出响应时逐步增加延迟时间，能够缓解这一状况，进而在一定程度上防范暴力破解和字典攻击，但不应仅将这种机制视作唯一的防御策略。这也解释了为何在这一领域中，特权账户需借助商业特权账户和会话管理（PASM）解决方案来进行管理，该解决方案可以自动生成长的、随机的、复杂的密码，以减轻这一攻击向量。本书后面将详细讨论这一点。现在请放心，密码攻击和密码管理将始终是你安全模型的基本部分。

2.2　平台即服务

平台即服务（PaaS）相较于软件即服务（SaaS），其服务供应的技术层面更低。

PaaS 不提供交付软件解决方案所需的完整技术栈，而是提供解决方案（通常是应用）运行所在的平台。从历史角度而言，这表现为提供一台或多台托管服务器，服务提供商运用一种管理和维护模型，在这些服务器上进行构建、配置并管理服务器的运行操作。随后，PaaS 的用户在该平台上构建或安装自身的应用，仅对应用自身进行管理，从而将大量繁杂的工作从自身转移至 PaaS 服务提供商处。近来，PaaS 已经扩展到包括基于容器的平台和其他无服务器环境，这些环境能够托管应用而无须过多的开销。这与稍后介绍的函数即服务（FaaS）有些不同。

不幸的是，在这种情况下，安全责任的分配成了一个潜在的争议点。尽管服务提供商负责管理平台，但平台的安全性除非在服务合同中有明确规定，否则通常仍需依据应用的需求，由服务用户来承担。请考虑图 2-2 和图 2-3 中的两种方法。

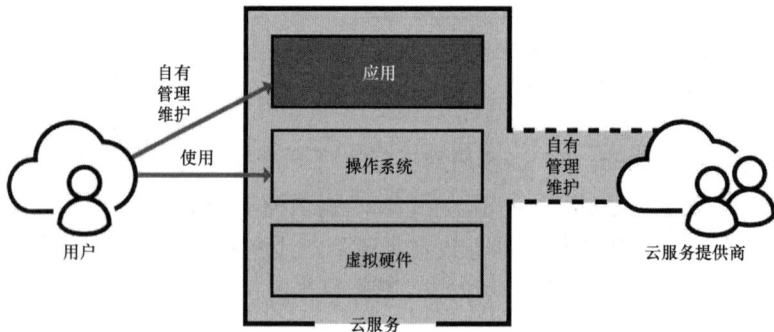

图 2-2   终端用户在 PaaS 中对操作系统的安全责任

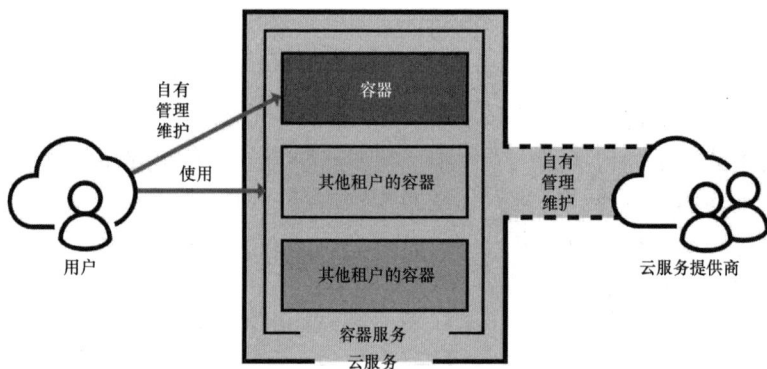

图 2-3   终端用户在 PaaS 中对容器的安全责任

与 SaaS 解决方案相仿，PaaS 同样面临着凭据被盗取的风险。然而，与 SaaS

不同的是，PaaS 最大的风险来自托管应用或容器管理系统中存在未修复的漏洞，或是配置管理存在缺陷。在实施 PaaS 解决方案时，务必清晰界定其中漏洞所带来的风险，因为多个组织和部门最终需共同肩负起保障其安全以及对风险进行优先处理的责任。

若将应用部署至云端，且有可能使其直接暴露于互联网，那么该应用便会持续遭受探测与攻击。因此，所有利益相关方都应对应用、容器库等进行潜在漏洞评估，及时修复所发现的漏洞，并依据服务等级协定（SLA）进行跟踪，以此来衡量安全态势的成效。

2.3 基础设施即服务

当我们进一步深入探究服务的各个层级时，便会接触到基础设施即服务（IaaS）。IaaS 提供了可通过 API 访问的在线服务，借助这些服务，用户能够对基础设施系统进行配置，包括虚拟机、存储（块存储、文件存储、对象存储）、网络基础设施（防火墙、负载均衡器），甚至还能对虚拟局域网（VLAN）进行配置，从而实现对其 IaaS 组件之间的流量隔离。这一概念揭示了一个重要的道理：事物变化越多，实则不变之处也越多。我们所熟知的本地技术已在云端得以实现，而自动化的主要控制点也是基于 API 来确立的。

考虑一下这在图 2-4 中是如何实施的。

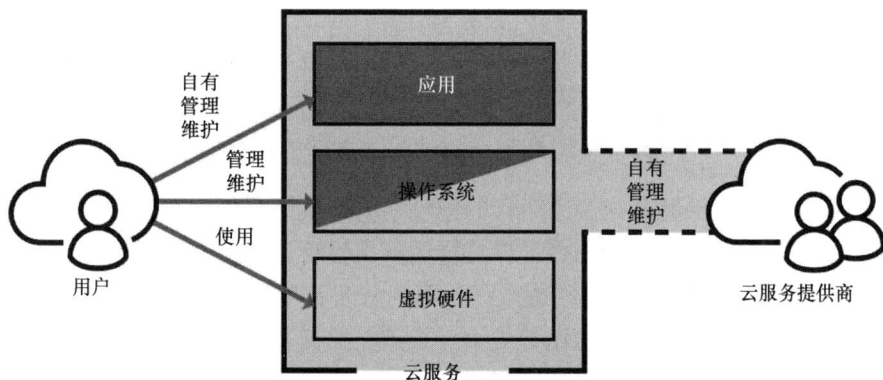

图 2-4 具有终端用户交互的 IaaS 实施

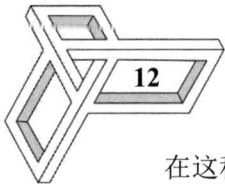

在这种服务供应模式下，用户无须管理云基础设施本身，却需对运行其上的所有由 IaaS 配置的系统进行管理。

作为用户，务必清晰知晓自己所使用的每项 IaaS 的责任范畴。若从通常所指的基础设施（也就是网络设备）谈起，你或许能够对这些设备的配置加以控制。你可能能够更改防火墙或路由器上的规则，但你可能并不能控制设备本身的最底层。从特权角度来看，这使得你更像是一名普通用户，而非管理员。同样，对于虚拟机，你或许能够掌控运行于虚拟机之上的整个操作系统及其维护工作，然而却无法访问底层的 Hypervisor 或虚拟硬件配置。

由此可见，对于每一项 IaaS 服务而言，明确自己所能控制的内容以及服务提供商所负责管理的内容至关重要，因为这是划分安全责任的关键所在。当用户凭借其合法的访问权限和控制操作危及系统安全时，无人会为该系统的安全承担责任。切勿臆想服务提供商正在履行某些职责；应加以核实，并确保相关情况以书面形式记录在案——从长远来看，这将为你节省大量时间和精力。

当你完全负责 IaaS 所提供服务的更新与修补工作时，务必像对待任何直接接入互联网的本地系统那样，对其给予支持。否则，威胁行动者便会发现并利用因缺乏妥善维护而暴露的任何漏洞。

2.4　函数即服务

函数即服务（FaaS），亦称作无服务器计算，它或许是众多云计算模型中最为抽象的，同时也是最具"云"特性的。服务用户所编写的代码，既能够以单体形式运行（即运行于一个大型应用内），也能够作为相互交互的微服务，用以实现特定功能或支撑应用，抑或是采用介于这两种方式之间的形式。

代码按需运行，并非在两次运行的间隔期间持续留存于内存之中，而是通过将运行结果或状态存储至诸如数据库这样的持久性存储介质来实现运行。这使得执行所需的资源能够实现动态分配。当代码处于非运行状态时，便无须再占用计算资源，因而运行时所产生的相关成本（若存在的话）也会降至最低。应用开发者无须关注基础设施，仅需专注于代码本身，执行环境的复杂性及其管理工作皆对开发者隐藏起来。

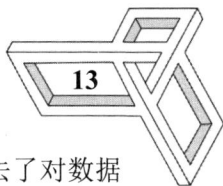

例如，无服务器数据库将无服务器服务模型拓展至应用领域，免去了对数据库服务器基础设施进行管理的必要，同时提供了无须承担任何额外开销的直接数据库访问方式。这种架构如图 2-5 所示。

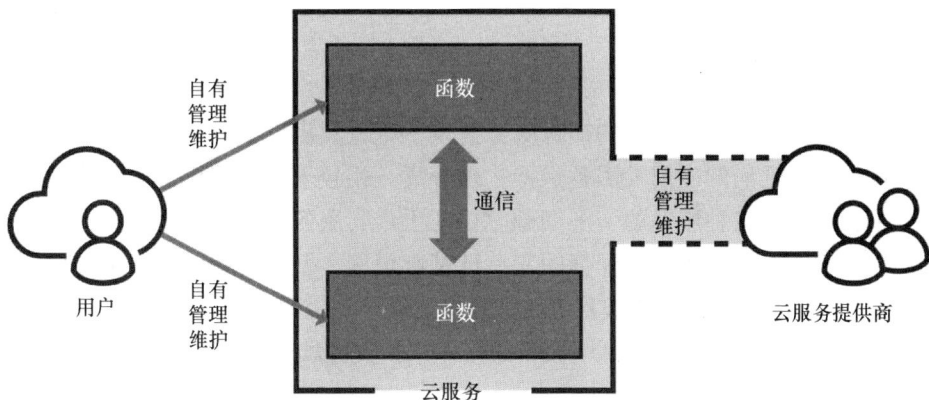

图 2-5　数据库实施为"函数即服务"（无服务器）

与所有的云服务供应情况一样，这种服务模式同样存在风险，其主要风险在于函数之间传输数据的安全性，然而，关注在两次执行间隙处于静态存储状态的数据同样至关重要。这些数据堪称系统的命脉，任何能够对其造成破坏的行为，都极有可能引发灾难性的系统故障。

通常情况下，一些常见的风险因素会再次凸显出来，其中访问控制（即便从表面上看并非被视作访问控制，但本质上具有特权属性）、配置管理以及漏洞管理是核心要点。即便在这种最具"云"特性的云实现方式中，我们在本地环境中所面临的那些基本问题，在这个"新世界"里依然最有可能成为阻碍我们前行的绊脚石。

2.5　X 即服务

尽管 SaaS、PaaS 以及 IaaS 是云计算领域最初推出的三大服务类型，但如今已涌现出更多按需且集中管理的软件服务衍生形式。如今，市面上存在大量的"X 即服务"（XaaS）产品可供使用，其中 X 代表着一种借助资产或应用来实现替代的技术。其中许多是更为经典服务的特定实例，其设计目的在于满足

特定的市场需求。为便于理解，你可将其视作此前已介绍过的服务的更具针对性的实现形式，不过，鉴于其独特的实现方式以及潜在的安全风险，这些服务会被单独加以探讨。

2.5.1 数据库即服务

数据库为打造一种全新的交付服务提供了绝佳契机，该服务在设计之初就旨在使其与使用它们的应用及服务保持物理分离。相较于在云端托管的功能完备的数据库服务器，这种服务的一个细微差异在于，其服务范畴聚焦于数据库本身，而非底层的数据库服务器或配套的支持性基础设施。服务器基础设施由云服务提供商托管和管理，因此通常被称为云数据库。客户通过服务提供来实例化数据库，而提供商则负责管理规模、可用性和数据库维护支持。

对于众多威胁行动者而言，将数据库托管于云端极具吸引力，原因在于数据库基础设施必然要借助互联网来实现访问。尽管只有你能够访问自己的数据库，但数据库服务器自身或许正为数十、数百乃至数千名其他客户提供服务。因此，数据库服务器不能通过防火墙仅允许你的 IP 地址访问。每个客户都需要访问每个数据库服务器（包括冗余服务器）。这就使得数据库服务器在其他组件遭到攻陷时，易遭受间接攻击。

尽管诸如访问控制列表（ACL）之类的传统缓解控制手段，能够防范未经授权的直接访问行为，但这绝非万无一失。在这种情况下，安全措施的层次化可以带来显著的价值。虽然每一层防护可能相对简单，但通过设置多层防护能增加检测和防御攻击的机会。

2.5.2 桌面即服务

桌面即服务（DaaS）提供了一种托管于云端的现代版虚拟桌面基础设施（VDI）。尽管这一概念已存在数十年之久，且此前已借助 Citrix 和微软的解决方案得以实现，但向云端迁移这一举措仍值得深入探讨。DaaS 使企业组织能够让其用户在几乎任何时间、任何地点，都可访问公司桌面的虚拟镜像，该镜像涵盖了所有必需的应用及存储内容。用户通常可通过浏览器进行访问，这进一步拓展了"随时随地访问"的概念范畴，同时还能避免因笔记本电脑等硬件设备丢失或被盗而导致的资产损失。DaaS 兼具便捷性与灵活性，然而，与常见情形类似，这些优势也伴随着相应风险。图 2-6 从功能层面展示了这一情况。

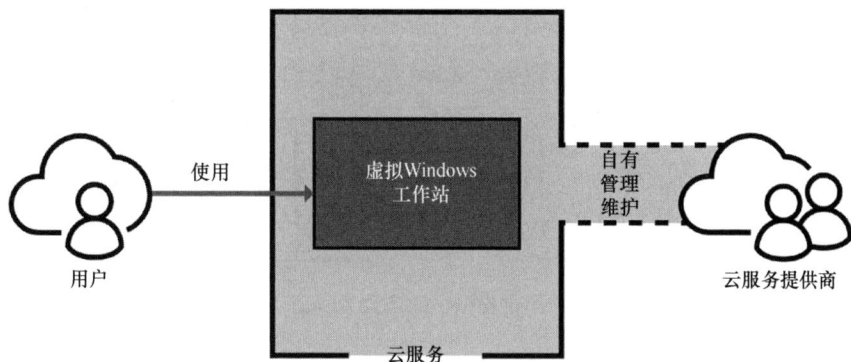

图 2-6　桌面即服务的实施

　　DaaS 所面临的风险，涵盖了从不正当访问、凭据被盗用或共享，到将可能含有敏感信息的应用直接暴露于互联网等诸多方面。在构建云安全模型时，所有这些潜在威胁都务必加以考量。这并非表明此类服务在本质上就缺乏安全性，而是意味着在使用时需保持高度警觉，充分意识到其存在被滥用的潜在风险。

2.5.3　数据中心即服务

　　数据中心即服务（DCaaS）所提供的服务，是为用户供应物理数据中心基础设施、实际设施，或者与之等效的虚拟设施。从概念层面而言，这与数据中心托管（Colo）类似，然而，它将整个使用体验、管理工作以及向订阅组织提供的服务整合打包，统一作为一项服务来提供。这一概念相较于 IaaS 的层级更低，它使得企业能够借助服务提供商的专业技能，并运用数据中心管理的最佳实践方法，与此同时，还能依据自身的特定需求来运营数据中心的相关服务。如同大多数云计算的需求情况一样，DCaaS 所提供的服务能够依据用户的即时需求进行灵活扩展，而无须让基础设施长期维持在最大容量的运行状态。DCaaS 功能方面的情况如图 2-7 所示。

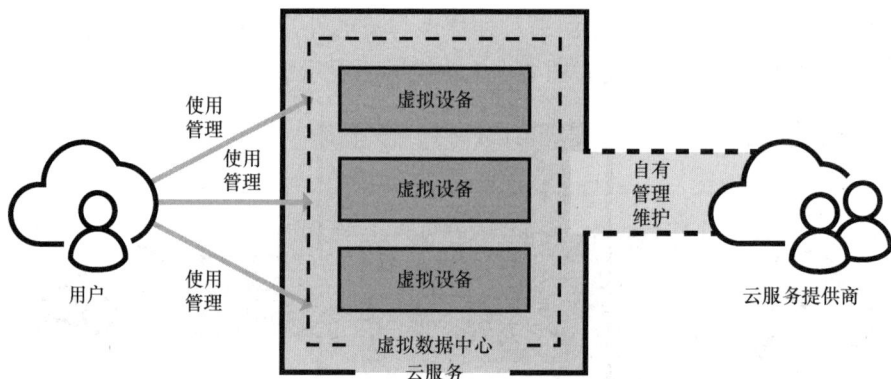

图 2-7 用于虚拟机的典型 DCaaS 实施

尽管就本书而言，DCaaS 所涉及的攻击向量或许听起来有些晦涩难懂，但你仍需考量那些在本地数据中心实施的物理安全管控措施，这些措施旨在保护数据中心的安全。倘若你考虑将这些物理安全管控措施托付给第三方，并且与其他使用 DCaaS 的组织共享相关资源，那么你便会逐渐认识到，即便整个环境已实现虚拟化，该服务所面临的攻击向量的复杂程度仍不容小觑，其中涵盖了对用于支撑你所使用服务的资产及资源进行管理时，所需的物理访问权限。

2.5.4 托管软件即服务

托管软件即服务是一种托管模式，在此模式下，企业组织通过订阅或获取永久许可证的方式，获得软件解决方案的使用权，而后借助独立的服务提供商对该软件进行托管与管理，以契合自身的业务使用需求。这种服务供应模式所提供的服务，实现了 SaaS 与 PaaS 的有机结合，它提供了平台及相关管理服务，却并不直接提供软件本身以及实际的解决方案。图 2-8 所示为仅将软件作为该服务的管理组件予以交付的具体方式。

尽管托管业务自身存在一定的安全风险，而这些风险理应由托管服务提供商来加以管理，然而，对于应用（软件）的安全保障而言，则遵循一种共享责任模式。托管服务提供商通常负责对应用安全补丁的部署工作进行管理，然而，应用在运行期间，可能会因配置错误或凭据安全防护能力薄弱而产生风险，而这部分的管理职责则由终端用户来承担。这两方面的情况都有可能为企业业务以及所托管的软件带来关键的风险暴露隐患。无疑，部分服务提供商也会提供涵盖应用运行时段的相关服务。

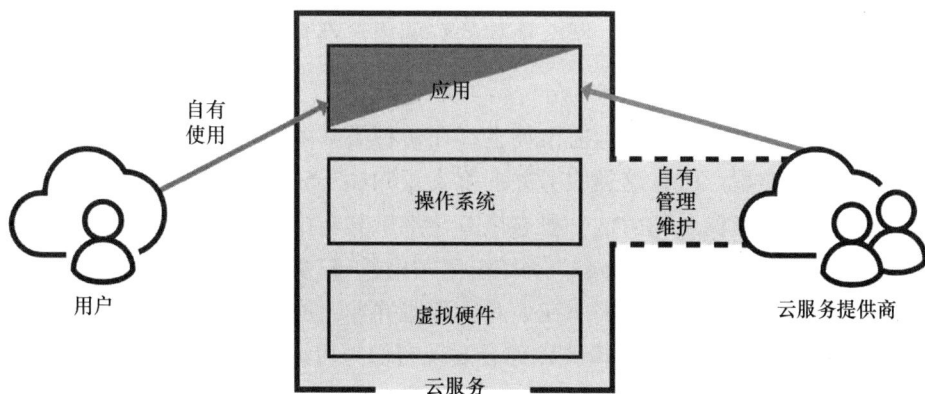

图 2-8 托管软件即服务的实施

2.5.5 后端即服务

后端即服务（Backend as a Service，BaaS）为互联网（Web）及移动应用开发者提供了一种实现机制，借助诸如 API 之类的抽象层接口，能够将其所开发的软件与云存储及计算服务进行连接。这些服务具备多种功能，涵盖了推送通知（向 Web 浏览器或移动应用发送通知，以此提醒用户某些状态的变化情况）、集中式用户管理（包括用户注册、登录、订阅处理等操作）以及活动监控仪表盘等方面。图 2-9 展示了这些云端服务的概念示意图。

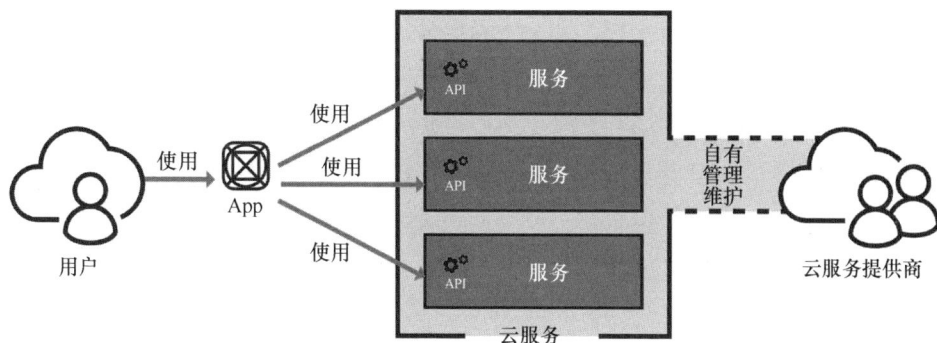

图 2-9 通过 BaaS 实施的移动应用服务

BaaS 所面临的攻击向量，主要瞄准后端在正确托管应用时所必需的数据及其运行时的操作环节。倘若遭到破坏的数据被多个应用所共享，例如那些具备提供

交通或天气信息功能的应用，那么所有的订阅用户都有可能接收到错误信息，甚至是可能危及生命安全的信息。

你或许已逐渐意识到，当前市场上存在着种类繁多的"即服务"供应形式以及潜在的服务类型。所有这类服务并非都真正归属于云计算领域的"即服务"模式，部分供应商仅仅是利用这一概念来宣传推广其新推出的产品或服务。这便是诸如"云清洗"（cloud washing，后续将予以探讨）这类概念在深入理解云计算攻击向量时显得尤为关键的原因所在。对于那些并非云原生的解决方案，却遵循与"X 即服务"（XaaS）相似的模式，你会发现它们与后续章节中所阐述的概念存在着显著的相似之处。

第 3 章
云服务提供商

在探讨那些致使云计算环境如同"狂野西部"（充满不确定性与风险）般的攻击向量之前，我们首先要明确，云计算并非一个在深邃太空的真空环境中孤立运行的神秘实体。事实上，尽管部分公司仅为自身的解决方案运行专属的云计算服务，但绝大多数的公司、应用供应商以及第三方服务提供商，都会选择为数不多的几家领先的云计算供应商，来提供所有的服务以及托管解决方案。

尽管下述所罗列的功能特性并非完备无遗，但将其记录下来仍是十分必要的。这是因为诸多小型的精品云计算服务供应商或许会对其服务进行转租，并重新塑造品牌形象，还可能会推出一些具有自身特色的专属功能，而无须考虑这些服务的具体托管方式。此外，部分云服务供应商会基于地理或政治因素对这些服务进行定制化处理，倘若不如此，它们便无法在相应地区提供服务。然而，在几乎所有的讨论场景中，对于大多数企业而言，这些功能都应被视作云计算中可获取的基础功能。无论实际的解决方案具体如何，这些功能特性都理应构成所有云计算服务产品的基础服务架构。

- **计算**：这些服务赋予获得授权的用户身份以部署和管理虚拟机（VM）、容器及其他批处理工作负载的能力，同时还能针对应用访问来配置基于角色的访问控制（RBAC）。计算资源可依据实际需求，配置为使用公共 IP 地址（IPv4 或 IPv6）或私有 IP 地址（符合 RFC 1918 标准），这具体取决于该资源是需要面向互联网，还是仅在私有网络中才可用。

- **移动端**：基于云的服务为各类组织搭建了一个用于开发移动设备云应用的平台，能够提供通知和消息传递服务，支持后端计算资源，具备构建 API 的工具，并且能够连接诸如地理定位等其他数据源。

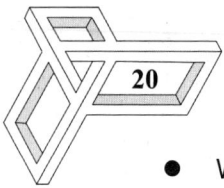

- **Web 服务**：这些服务为基于 Web 的应用的开发、部署、维护以及报告生成提供支持。此外，它们还具备搜索、内容分发和安全防护等特性。

- **存储**：这类服务为结构化和非结构化数据提供可扩展的云存储服务，同时为云存储的灾难恢复、备份、归档以及安全防护提供支持。对于部分云计算服务提供商来说，其存储服务还包括对大数据项目和数据湖的存储支持。而且，存储也是所有基于云的数据库服务所必须考量的基础要素。

- **分析**：这些服务提供分布式分析功能以及配套的存储服务。作为一组功能特性，它涵盖了实时分析、大数据分析，以及对数据湖、商务智能和数据仓库的支持。

- **网络**：这类服务建立在云中的虚拟网络技术基础之上，通常被称作软件定义网络（SDN），涵盖了专用网络、接入网关、流量管理、负载均衡、域名服务（DNS）托管等功能，还包括针对分布式拒绝服务（DDoS）等网络攻击的安全防护措施。

- **内容分发网络（CDN）**：CDN 服务包含了按需内容流传输、热门 Web 开发库及相关资源的分发、数字版权保护，以及用于提升终端用户体验丰富度的媒体内容索引功能。CDN 通常与通过互联网安全地传输多媒体内容紧密相关。

- **身份管理**：身份管理的各项功能能够确保仅有经过身份验证和授权的用户，才可以访问云服务提供商的服务，并对云中的敏感数据、设置以及运行时环境进行管理。这些服务可能涵盖原生身份管理、与第三方身份存储系统的集成，以及诸如多因素认证（MFA）这类用于身份验证的安全控制手段。作为身份管理范畴内的一个子集，特权访问管理（PAM）同样可用于保障云中机密信息的安全以及身份验证的安全。

- **物联网（IoT）**：这类服务专门针对工作负载的处理而设计，旨在从已部署的资产中采集、监控和分析物联网数据。物联网的专属服务包含通知、分析、监控、数据存储等方面，还包括对物联网平台特定技术的支持。

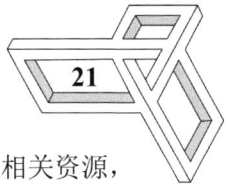

- **SecDevOps**：这类服务为软件开发流程提供项目协作工具以及相关资源，以保障代码部署和测试环节的安全性。该流程涵盖从开发者进行开发，到质量保证、部署，再到解决方案最终投入生产发布的全过程，同时还提供应用诊断功能、自动化工具集成，以及用于构建测试和实验的测试实验室。

- **开发**：这些服务助力应用开发者实现代码的共享与开发、应用的测试，以及潜在安全和质量保证问题的追踪。云计算服务提供商通常支持种类繁多的应用编程语言，以便适配和替换那些原本在本地运行，或者针对云端环境进行了优化的工作负载与流程。

- **安全**：这些解决方案具备检测和应对云安全威胁的能力，同时还能够对由人类身份或机器身份（例如加密密钥）用于访问云的机密信息进行管理。安全作为云服务所涵盖的一个领域，是一个涉及面广泛的话题，众多的解决方案和用例都在云端得以实现，并且适用于云安全、本地安全、混合云以及多云环境的安全保障。

- **人工智能（AI）/机器学习（ML）**：云计算服务提供商提供了丰富多样的工具和解决方案，可供应用开发者在人工智能、机器学习以及认知计算领域中加以运用。目标在于为应用和数据集提供安全方面的洞察，而这些洞察是无法借助传统的统计建模方法或基于模式的建模方式获取到的。这类能力通常会被应用于威胁狩猎活动或者高级威胁检测的场景中。

- **容器**：这些服务协助组织借助 Docker 和 Kubernetes 等通用平台（后续章节会对这些技术及其定义展开深入探讨），在云环境中完成容器的创建、注册、编排和管理工作。在众多场景下，会采用专门的工具和解决方案，来处理容器在实例化和销毁过程中所涉及的规模管控、临时性特征以及安全性等方面的问题，进而为达成特定目标提供支持。

- **数据库**：这一类别通常以数据库即服务（DBaaS）的形式呈现，既包括以往在本地部署的解决方案的云化版本，也涵盖云原生数据库（例如区块链数据库），这些数据库充分借助了云端的计算能力和存储优势。基于云的数据库既可以充当应用的底层支撑架构，也能够以服务的形式托管其他应用。

- **迁移服务**：此类服务以一套工具及相关流程的形式提供，旨在协助企业将资源、资产及工作负载从本地环境迁移至云端，或在不同的云计算服务商之间进行迁移。围绕这一服务类别，已发展出完整的业务体系，助力数字化转型或多云工作负载管理，在此过程中，云间服务的迁移能够基于成本因素进行优化。

- **管理和治理**：此类服务提供一系列工具，用于合规管理、自动化操作、调度安排、报告生成以及监控工作，旨在帮助企业管理与维护基于云的环境，并针对合规计划报告资产与风险状态。

为便于对比这些能力，图 3-1 展示了部分云服务在云端如何潜在地相互链接，并对 PaaS、IaaS 和 SaaS 提供支持，以及与本地部署情况作对比。

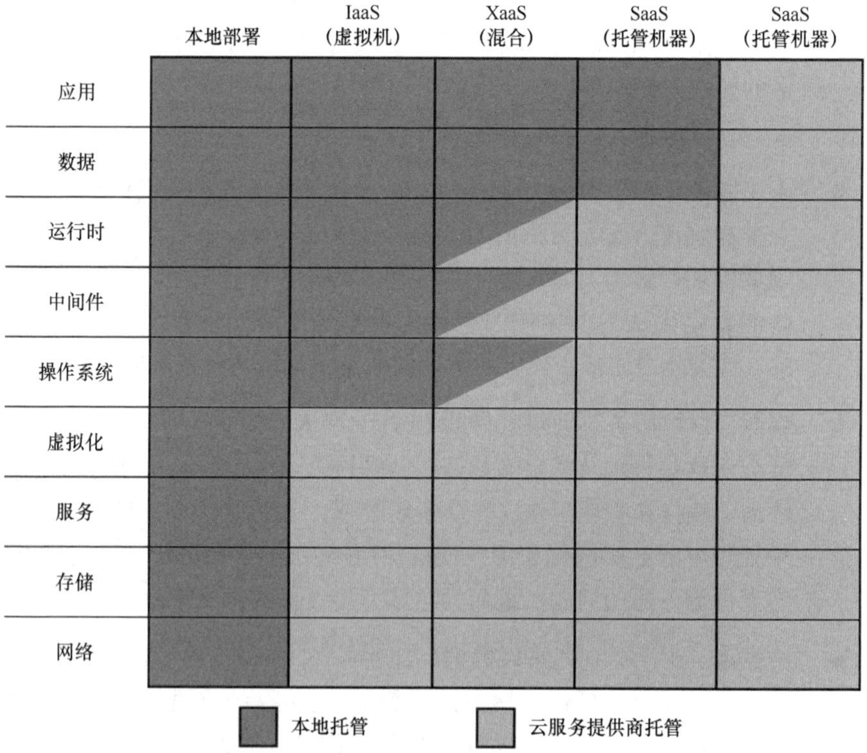

图 3-1　根据云服务类型提供的服务

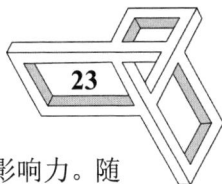

接下来，让我们探究领先的云服务提供商（CSP）及其在市场中的影响力。随着我们开始阐释那些对各类云服务来说既常见又独有的云攻击向量，这将有助于我们更深入地理解这些提供商的能力。

3.1 亚马逊云服务

亚马逊云服务（Amazon Web Services，2006 年推出，通常简称为 AWS）是一家创新且成熟的云服务提供商（亦称为云计算平台），提供涵盖 IaaS、PaaS 和 SaaS 的多元化服务。作为其服务体系的一部分，AWS 提供弹性计算能力、存储、管理、数据库服务等所需的全套解决方案与工具。

这一技术架构最初基于亚马逊网站的成功实践，后来作为一种产品提供给外部用户。如图 3-2 所示，我们以一种较为独特的方式将其描绘为一套完整的解决方案组合，因为 AWS 实际能提供的服务与功能几乎无法穷尽展示。AWS 的目标是打造一站式服务平台，囊括企业业务发展所需的一切云服务资源。

图 3-2　AWS 服务提供的"完整"内容

全球各类组织依托基于区域数据中心的 AWS 可用区（AZ），为几乎各行各业提供服务——从金融机构到非营利组织，乃至遵循联邦风险与授权管理计划（FedRAMP）构建的高度安全的政府环境。AWS 拥有数百种差异化服务，云端攻击向量可能瞄准其中任何一项，进而危害单个客户端环境乃至 AWS 自身的安全。

尽管许多 AWS 服务面向公众开放，但不少服务被设计为底层架构组件，这两类服务均可能因存在漏洞而成为攻击链中的一环。因此，企业在进行风险评估时，需全面考量 AWS 部署的各个环节，包括那些以服务形式提供且终端用户无法自主管控的部分。这是因为监控 AWS 如何实施风险缓解措施，也可能直接影响企业自身服务的稳健性。

3.2　Microsoft Azure

Microsoft Azure 基于全球知名的 Windows 技术，在云端提供了丰富的计算技术资源。微软于 2008 年首次公布了名为 Windows Azure 的云计算平台计划，并于 2010 年初正式推出商用服务。众所周知，Azure 云服务的早期版本在功能上落后于 AWS 等更为成熟的云服务，但其持续演进并支持更多编程语言、服务架构及操作系统。2014 年，微软将其云服务平台更名为 Microsoft Azure，以充分释放战略潜力，并将 Windows 操作系统与云计算平台区分开来。

如今，Azure 为自身应用（如 Office 365）以及供应商和客户提供了 IaaS、PaaS、SaaS 和无服务器服务，支持用户开发和构建供内部使用、托管或转售的定制化环境。Azure 的服务设计理念与 AWS 不同，它更侧重于通过特定服务帮助企业实现管理目标，而 AWS 则更倾向于提供基础构建模块供用户按需组合。图 3-3 展示了微软为 Azure 设计的分层服务架构。

尽管 Azure 在应用层提供的服务比竞争对手更多，但威胁行动者通常会利用漏洞、错误配置、身份验证模型及 API 对此层的环境发起攻击，进而实施入侵。此类攻击往往通过不安全的凭据、基于云的权限项设置不当以及未修补的安全漏洞实现，这突出表明，正如在本地技术中一样，安全基础措施实施不足也会严重影响云环境。

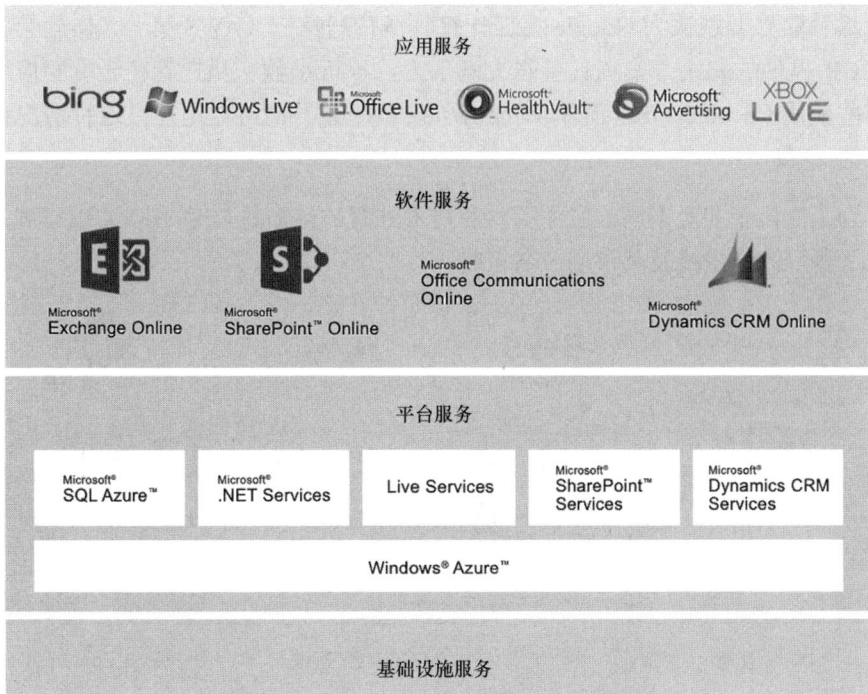

图 3-3　Microsoft Azure 云计算服务架构图

3.3　Google 云平台

Google 云平台（Google Cloud Platform，GCP）是一套云计算服务集合，其底层基础设施与服务架构源自 Google 内部支撑其终端产品的技术体系。除独有的平台管理工具外，GCP 还提供一系列模块化云服务，彰显其对云计算生态的独特理解。例如，GCP 包含数据分析与机器学习的专业版本，相比竞品同类服务具有显著优势。与其他主流云服务商类似，Google 云平台提供 IaaS、PaaS 和无服务器计算环境，并通过在其原生平台上开发应用的供应商来支持 SaaS。因此，GCP 并不适合进行"云清洗"或直接将工作负载迁移转换为 SaaS 应用。

2008 年，Google 宣布推出其平台的首个版本，用于在 Google 管理的数据中心开发和托管 Web 应用。经过 3 年研发，相关服务于 2011 年 11 月正式全面开放。自初始版本发布以来，Google 持续扩充服务矩阵以抗衡竞争对手，包括推出 G Suite（现为 Google Workspace）以及广泛应用于移动应用的地理定位与地图服务。

尽管业界普遍认为 Google 在云计算领域位居第三（AWS 第一，微软第二），但 GCP 提供的解决方案仍具备强大竞争力，不可小觑。从托管在云端的应用，到那些使用 Chrome OS（而非 Windows 或 macOS）的终端用户，这种情况都是成立的。

为了简化企业对不同云服务提供商技术方案的认知复杂度，图 3-4 以直观方式对比了各厂商技术栈及其市场命名策略。

服务	aws	Azure	Google 云平台
虚拟服务器	实例	VM	VM 实例
平台即服务	Elastic Beanstalk	云服务	应用引擎
无服务器计算	Lambda	Azure 函数	云函数
Docker管理	ECS	容器服务	容器引擎
Kubernetes管理	EKS	Kubernetes 服务	Kubernetes 引擎
对象存储	S3	块 Blob 存储	云存储
归档存储	Glacier 存储	归档存储	Coldline 存储
文件存储	EFS	Azure文件存储	ZFS / Avere
全球内容交付	CloudFront	交付网络	云 CDN
托管数据仓库	Redshift	SQL数据仓库	大查询

图 3-4　主要云服务提供商与其云服务的比较

清晰理解各云服务商的等效产品能为众多企业带来流程简化、标准化实施及安全保障的益处。针对 Google 云平台（GCP）的攻击向量主要集中在未修补的漏洞、零日浏览器攻击、不安全的凭据以及安全加固措施不当等方面。相较于其他云服务提供商，GCP 在攻击向量方面的核心差异源于其构建服务所依赖的开源基

础架构。这与 Microsoft Azure 等提供商普遍采用的封闭式服务架构形成鲜明对比。实际上，开源或闭源本身并不直接决定安全性高低，但两者的差异可能导致攻击复杂度的提升，而非仅局限于简单的攻击手段。2021 年 Log4j 漏洞的大规模利用恰能佐证这一观点——作为广泛使用的开源软件，其漏洞极易被攻击者利用。

3.4 阿里云

尽管前文简要介绍了全球三大领先的云计算服务商，但根据企业业务覆盖区域的不同，第四大服务商——阿里云（Alibaba Cloud，亦称 Aliyun）在某些地区（如亚太地区）堪称市场主导者。作为阿里巴巴集团旗下子公司，阿里云主要面向中国乃至整个亚太地区提供云计算服务，现已成为该区域乃至全球规模最大的云计算平台之一。阿里云成立于 2009 年，为商户、在线企业及阿里巴巴自有电商生态体系提供广泛的云服务。尽管起步于中国，但如今其业务已扩展至全球 24 个数据中心。

阿里云的服务体系成熟完善，涵盖 IaaS、PaaS、DBaaS 及 SaaS 解决方案，所有服务均可通过其原生平台进行管理。虽然许多企业可能尚未将其视为可行的云平台选项，但对于希望在亚太市场依托其平台开展业务的企业而言，阿里云无疑是最佳选择。当然，当地法律具有最高效力，任何基于阿里云构建的解决方案都必须遵守所在国的数据隐私法规及政府访问要求。

就攻击向量而言，任何特定于阿里云平台的攻击向量都是独特的，与 GCP 类似，其底层使用的开源代码是主要攻击目标。此外，前文讨论过的凭据攻击与配置错误等同样适用于阿里云，这与其他云服务提供商面临的威胁并无二致。

3.5 Oracle 云

Oracle 云是一家通过全球托管数据中心网络提供服务的云计算供应商，主要专注于在云端提供 Oracle 解决方案。虽然 Oracle 允许在其云环境中托管竞争对手的操作系统和数据库，但它们的主要产品最适合希望采用新的 Oracle 技术或将传统的本地 Oracle 解决方案迁移到云的组织。

Oracle 云是市场上较晚推出的云服务之一，直至 2016 年才正式全面开放。与其他云计算提供商类似，Oracle 提供多种 IaaS、PaaS 及 SaaS 解决方案，这些服务主要基于其自有技术构建。此外，Oracle 是少数提供 DaaS（数据即服务）的供应商之一，其基础正是其广为人知的 Oracle 数据库及报表技术。

尽管公开报道的针对 Oracle 云的攻击相对较少，但这并不意味着其环境安全性高于或低于其他云服务商。事实上，几乎所有领先的云计算供应商都提供安全的云服务产品，这些产品能够满足 FedRAMP 针对最敏感的政府用例所制定的规范要求。

Oracle 云并未跻身三大云服务提供商（CSP）之列，因其客户份额较小。因此，尽管其底层技术基于 Oracle Linux 等开源基础架构，但并未成为威胁行动者的主要攻击目标。在此背景下，Oracle 云的商业服务往往存在与其云化应用相关的风险，因为这些应用与本地版本共享大量相同组件（代码）。遗憾的是，Oracle 不像微软那样全面及时披露漏洞信息，反而倾向于向公众掩盖这些风险。

3.6 IBM 云

IBM 云（IBM Cloud）是一个以 PaaS 和 IaaS 为核心的云计算服务生态系统。值得注意的是，迄今为止，其 SaaS 并非其优势领域。通过 IBM 云，企业可部署虚拟化 IT 资产以补充或替代现有数据中心，并构建覆盖全球的混合环境。为简化企业部署流程，IBM 采用开源平台，支持开发者在云端或本地环境中进行应用的创建、管理、维护、执行与部署。这种模式打造出无缝衔接的服务体系，模糊了混合环境中本地与云端的界限，无论资产与数据位于何处，均能实现操作的透明化管理。

除基础云计算服务外，IBM 云还包含专业工具，比如用于先进人工智能服务的 IBM Watson，以及使用支持第三方供应商的原生引擎的无服务器计算服务。

基于这些能力，IBM 作为其 DCaaS 战略的一部分，为企业提供 3 种差异化的云部署模型。

- **公有云**：面向互联网，虚拟服务器以多租户部署的方式托管。

- **专属云**：单个租户专门服务于一个组织，部署于 IBM 数据中心，通过 VPN 等技术提供连接。

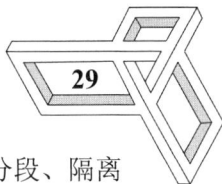

- **私有云**：一种专用环境，在 IBM 数据中心的防火墙后面进行分段、隔离和管理。

IBM 与 AWS、Azure、Oracle 及 GCP 等厂商争夺市场份额。在 IBM 收购 SoftLayer 以构建其产品基础后，IBM 云于 2013 年首次作为一项服务推出。

3.7 其他云服务商

云计算领域由少数几家服务商主导市场格局。截至 2021 年初，AWS 以 32% 的市场份额领跑，Azure 紧随其后，占 20%，其后三家厂商（GCP、阿里云、IBM）合计占据另外 20% 的市场（分别为 9%、6% 和 5%）。这五大巨头共同包揽 72% 的云服务市场，剩余 28% 则由其他服务商分食，为各类细分场景的定制化和精品化服务提供了广阔空间。

部分中小型厂商基于主流云平台提供增值服务，另一些则依托自建的数据中心与算力资源开展业务。电信运营商及其他互联网服务提供商利用既有实体数据中心销售自有云计算服务的情况亦不鲜见。此外，某些品牌通过专业化服务深耕垂直市场。

客观而言，中小型精品云服务提供商本身并无问题。事实上，许多提供商提供五大巨头所不具备的特色能力。但无论选择何种提供商，企业必须结合自身需求，全面评估其商业模式、财务稳定性、安全体系及灾备能力。尤为重要的是，云服务提供商需满足附录 A 中安全评估问卷的所有要求。

- 云服务提供商的财务稳定性如何。

- 关于正常运行时间和问题解决的服务等级协定是怎样的。注意，若为基于 AWS 等第三方平台托管的精品云服务提供商，任何服务等级协定都不能超出原平台规定的协议，除非采用多云故障转移机制。

- 有多少数据中心可以托管我们机构授权使用的服务。

- 哪些地理区域可以为我们机构提供服务，哪些地理区域无法为我们机构提供服务。

- 云服务提供商的备份与灾难恢复计划是什么。

- 云服务提供商如何实现高可用性。

- 对于网络安全攻击，云服务提供商的信息披露计划是什么。

- 云服务提供商是否拥有足够的网络安全保险。

尽管上述并非详尽清单（附录 A 提供了更全面且细致的问题），但显而易见，选择云服务提供商（CSP）是一项严肃的商业决策。例如，相较于头部 CSP，选择小型 CSP 时，其财务稳定性至关重要。对于亚马逊或微软这样的巨头，你或许无须担忧此类问题，但若小型 CSP 次日即宣告破产，会对你的业务造成何种影响？

若考虑采用小型 CSP，需评估其业务与服务，确保其稳定性符合企业的风险承受能力。同时需警惕供应商锁定问题：若未来需更换 CSP，迁移难度如何？需对哪些特有技术进行重构？脱离其专有技术实现需耗费多少时间与资金成本？这些都是在选择 CSP 时需综合考量的因素。

第 4 章

云定义

毫无疑问，云计算已经彻底改变了企业的运营方式。云计算的蓬勃发展也催生了许多营销热词，例如"数字化转型"和"零信任"。这些术语将云部署的用例和架构推向了新高度，云部署本身也促使许多行业标准术语不断演进，将"云"纳入了它们的定义范畴。

如今，我们不能再将身份（identity）或账户（account）简单视为仅属于活动目录（AD）或 LDAP 的属性；它们也可能隶属于云服务提供商提供的服务，托管于 Azure AD，甚至成为某家厂商专有身份服务体系的一部分。相关定义已发生了变化。因此，我们必须扩展并重新思考一些基础术语，以更好地理解云计算及其相关的攻击向量。但请记住，万变不离其宗——定义本身亦是如此。

4.1 可用性

虽然可用性并非云服务独有，但在评估攻击向量可能对其运行造成的影响时，它至关重要。如果整体服务的可用性较低，任何攻击的成功率都会更高。简而言之，当系统组件的弹性节点较少时，一旦部分组件受损或被破坏，整体服务所受的影响就会更大。可用性本身是一个常被误解的词汇。在大多数文档中，我们总是被诸如"几个九"这样的基本概念所包围，例如 99.9%。企业常常向供应商要求达到较高的可用性水平，如 3 个九（99.9%）、4 个九（99.99%）和 5 个九（99.999%），却没有考虑到企业实际的需求。在评估云服务配置的风险时，理解业务需求同样至关重要。

关于可用性，一个常被误读的关键范畴是复杂系统。即使在同一家 CSP 内部，也会遇到这类问题。例如，假设一个基于 PaaS 运行的 Web 应用，其后端存储采用 DBaaS，你可能会发现需要同时关注两种不同的可用性指标。

假设某 PaaS 的可用性为 99.9%，而 DBaaS 的可用性为 95%。此时，你可能会认为整个系统（即你的 Web 应用）的可用性取决于最低值 95%。然而，由于 Web 应用必须同时依赖这两个组件才能运行，系统的实际可用性应为两者的乘积：95%×99.9% = 94.9%。这可能看起来不是什么问题，但即使在我们没有考虑所有相关系统的这种情况下，它对整体可用性数值也产生了重大影响。当企业追求高可用性（如 4 个九或 5 个九）时，这一问题会变得尤为突出。此外，每增加 1 个九，成本将呈几何级数增长。实现 5 个九（99.999%）的代价极其高昂，而达到 100% 的可用性几乎是不可能的，或者至少是非常非常不可能的，而且其成本可能会高到让非常成功的会计师都惊得把嘴里的茶喷出来。

提升可用性的关键在于引入冗余组件（即使这些组件均以负载均衡机制运行）。以简单的镜像复制为例，假设我们部署两个 DBaaS 实例，每个实例的可用性为 95%。此时，组合后的可用性并非 95%×95%（即 90%），而是通过公式 95% + ((1−95%)×95%) 计算得出 99.75%——相比单一实例，可用性显著提升。具体而言，第一个实例在 95% 的时间内可用，而当其出现故障时，第二个实例仍有 95% 的时间处于可用状态，即在第一个实例可能宕机的 5% 的时间段内，第二个实例有 95% 的可用性，相当于额外贡献 4.75% 的可用性。

尽管增加第三个实例可将 DBaaS 的可用性提升至接近 3 个九（99.875%），但 PaaS 的可用性限制会将整体服务可用性拉低至 99.77%。若要使两个层级（DBaaS 与 PaaS）共同达到 99.9% 的整体可用性，则每层需达到 99.995%——这意味着每个层级需部署 4 个实例，成本显著攀升，且监控复杂度随之增加。

此外，即使在此简化模型中，仍有重要因素被忽略。例如，服务运行所依赖的网络本身具有可用性指标；若从办公环境访问解决方案，企业内网、互联网连接、防火墙等均存在独立的可用性参数。所有这些因素都应纳入终端用户服务可用性的综合评估中。尽管互联网本身的可用性无法精确量化（因其不受企业控制），但其潜在影响仍需被认知。

上述分析可能看起来有些悲观，但并非试图阻止你进行可用性规划与实施，而是强调需深入理解系统的弹性水平及改进措施的实际意义。这是一项艰巨的工作，但为了实现并清晰阐述它而付出努力是值得的。如果你了解自己的系统在哪些方面容易受到 DDoS 攻击，哪些方面容易出现组件离线的情况或者在哪些方面容易受到影响，那么你就会更容易规划针对这些攻击的防御措施，或者至少在这些情况发生时制定应对计划。

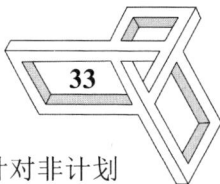

最后需要强调的（或许是最重要的一点）是，可用性指标通常仅针对非计划停机时间，而计划内停机时间并不包含在内。计划内停机通常指因维护、更新/升级而主动暂停服务。尽管大多数服务具有弹性，能够在不停机的情况下进行升级，但在某些情况下仍可能需要完全停机操作。这并非服务提供商在故意耍小聪明，而是确保其有充足时间执行必要维护。当然，计划内停机应提前充分告知客户并协商时间窗口。作为用户，务必仔细阅读服务协议条款，避免此类安排成为"突袭事件"。

4.2 身份

数字身份（通常简称为"身份"）是电子系统中所使用的一个对象，用于在资源中代表具有某种功能的实体。该实例化对象可以是人员、组织、应用或设备，用于身份验证、授权、自动化操作，甚至在运行时进行模拟操作。

身份本身的属性有助于对其他流程的归属进行分类。身份包含的属性支持通过授权项（entitlement）、权限（permission）、特权（privilege）和权利（right）对相应账户进行证明、身份验证和授权，使其能够与云资源交互。这种交互可以是交互式的，也可以是自动化的[1]。

当身份由人类拥有时，"身份"这一概念在业务用途与个人用途中具有不同含义。这两类身份通常应严格区分，尤其是在云资源的不同使用场景中。换言之，你在使用业务应用时的数字身份，应与使用云上个人应用时的身份不同。此外，云身份与本地身份存在差异——即使对于根账户也是如此。这需要更多的解释才能理解这些细微差异。

以 AWS 为例，其特权账户分为两类：一类是根用户（root user，即账户所有者）；另一类是 IAM 用户（身份访问管理用户）。二者之间的区别正是对于大多数管理员和终端用户来说，在云端定义身份会变得非常令人困惑的原因。

假设你创办了一家名为"时空旅行者"的公司（如果你读过其他攻击向量系列图书，会明白这个梗的由来），并决定借助云计算的力量实现愿景。你使用自己的

---

[1] 尽管这里对 entitlement、permission、privilege 等英文的翻译了区分，但鉴于书稿中各词汇的语义差异较小，后续译文将根据上下文翻译为"权限"或"特权"，请各位读者知悉。——译者注

电子邮箱、密码等信息创建了一个 AWS 账户。初始设置完成后，系统会生成根用户的凭据（邮箱和密码），根用户对与账户相关的资源拥有至高权限。可以说，这是该实例中权限最大的账户。与任何资源一样，根用户对实例拥有完全所有权，可执行账户内的所有操作。这种全能权限也使得根用户成为威胁行动者的首要目标。

接下来，为启动业务，你雇用了一组开发人员在 AWS 账户内开展项目。开发人员需要获得项目的管理权限，但根据安全最佳实践，绝不能共享根用户凭据——这种做法极其不明智且高风险。

在 AWS 中，基于角色的访问模型允许你创建 IAM 用户（另一种身份形式）。作为实例所有者，你应为每位开发人员单独创建 IAM 用户，并基于最小权限原则（理想情况下）分配权限，以便他们开始工作。

作为 IAM 用户，开发人员仅能执行你明确授权的任务。这构成了最小权限安全模型的基础。

即使某个 IAM 用户被授予了所有权限，根用户与 IAM 用户之间的本质区别仍可通过其基础授权项进行分类。二者的权限重叠正是团队成员常感困惑的原因。下面我们详细解析 AWS 根用户与 IAM 用户的差异。

根用户

- 根用户是你创建云账户时默认创建的第一个云服务身份。出于安全考虑，如果云服务提供商允许，这个账户应该被禁用甚至删除。

- 你可以使用创建账户时使用的邮箱地址和密码以根用户身份登录，但基于安全最佳实践，强烈建议不这样做。这一原则在生产环境中尤为重要。

- 所有云服务提供商都设有根用户。根据提供商的不同，你可能被允许创建多个根用户。根账户数量越多，潜在风险面就越大。

- 根用户（身份）对账户内所有资源及相关实例拥有完全访问权限。这就解释了一旦根用户身份遭到窃取会带来怎样的风险。

- 限制根用户权限的唯一方式是对账户应用的服务控制策略（SCP）。但即便如此，这种控制也存在局限性。

- 日常操作（包括管理任务）不应使用根用户。根据最佳实践，应创建具有类管理员权限的 IAM 用户，并按照前文所述锁定根用户。

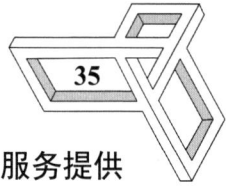

IAM 用户（通常用来描述 AWS 身份，但也适用于不同云服务提供商的其他身份）

- IAM 用户可由根用户或具有创建 IAM 用户权限的其他 IAM 用户创建。

- 可使用 IAM 用户凭据及账户 ID 或别名（如需要）进行身份验证或启动远程会话，前提是已被授予相应权限。最好为 IAM 用户账户启用多因素认证（MFA）并禁用所有单因素认证。

- 创建 IAM 用户时应遵循最小权限原则。该身份应被视为"完全无默认权限"，因为大多数云服务提供商在创建账户时不会授予任何权限。

- 企业必须基于现有安全控制措施来实施策略，以限制 IAM 用户的不当行为。

- IAM 用户可以是个人、应用、进程或其他基于机器的身份实体，这与传统的身份定义有很大的不同。

- 根据不同的用例，可以为单个 IAM 用户或基于角色的访问组分配权限。

基于上述考量，被授予管理员权限的 IAM 用户几乎可以执行根用户的所有操作，但仍有部分关键功能仅限根用户使用。以下是根用户独有的极其重要的权限。

- 关闭云服务提供商账户。

- 修改云服务提供商账户的配置（如根用户的邮箱地址）。

- 修改你的支持计划和账单信息。

- 启用或禁用特定的安全控制措施（如 MFA），以管理关键的运行时参数（如删除操作）。

无论账户类型如何，云环境对所有身份都构成独特的安全挑战。管理云身份时请遵循以下最佳实践。

- 除极端情况外，禁止使用根用户访问密钥。若云服务提供商支持，建议禁用或删除该密钥。

- 为所有根用户及 IAM 用户启用 MFA，云端环境严禁使用单因素认证。

- 任何情况下都不得共享根用户/IAM 用户的凭据。

- 为任何需要访问账户的人创建单独的 IAM 用户。严禁账户共享，即使是机器身份。

- 始终向你的 IAM 用户授予最小访问权限。

- 为所有用户制定健全的密码策略，并考虑采用特权访问管理方案来保护这些用户并进行管理。

后文讨论的诸多攻击向量将佐证这些措施的重要性。关于身份及其相关威胁与风险的完整定义，请参阅《身份攻击向量》一书。

最后，在身份管理领域出现了一个颠覆性概念——BYOI（自带身份）。我们之前讨论的所有方法都属于联合身份（Federated Identity），这些身份在公司授权的第三方目录服务中有一个注册条目。非联合身份（Unfederated Identity）使用第三方目录服务进行身份验证与权限管理，这些服务由用户维护，并通过外部提供商获得信任。所有权限、权利等均通过 API 进行关联，从而能够在无须在本地存储关于用户、用户资料或账户的任何其他详细信息的情况下对身份进行验证。

目前，向第三方云服务进行注册和身份验证最常用的方法是通过 Google、微软、苹果、Facebook、LinkedIn 等平台。身份信息由其他地方托管和管理，这就是它被称为非联合身份的原因。现实世界中的使用案例包括基于存储在非联合账户中的属性，通过 PayPal 和亚马逊等服务进行金融交易时的身份验证。所有这些都是"自带身份"（BYOI）的实例，用于将身份信息从目录服务传递到对正在进行身份验证的身份一无所知且没有存储需求的系统中。在作者看来，这将是云端身份的未来发展方向。你的员工将把他们的数字身份带到工作场所。这种做法将弥合工作数据与个人数据之间的差距，这些数据可能包括银行信息、疫苗接种状况、工作权利以及选民登记信息——这些信息可在不同工作之间转移，并且仅由个人身份进行维护，同时还包括通过州、地方和联邦政府实现的机器与机器之间的连接。由 CSP 托管的诸如区块链之类的基于云的技术，将是实现这种部署的未来趋势。

4.3　账户

账户是身份的数字表示，与身份之间可存在一对多的关系。这意味着单个身

份可关联多个账户。这些账户涉及应用或资产在系统范围内进行连接或运行所需的一系列权限、权利、授权项及特权。虽然对一个身份而言，账户的定义是明确的，但当账户以电子化形式用于各类服务、身份模拟、应用间的功能，以及在专有云资产场景中进行定义时，它可以呈现出多种不同的形式。

为了理清账户相关的复杂情况，要考虑到账户与身份之间存在着错综复杂的关系，而且账户既可以在本地进行定义，也可以进行分组、嵌套在群组中，或者通过诸如目录服务之类的身份基础设施进行管理，又或者在云服务的基于角色的访问模型中进行管理。账户可以直接在群组层面，或者基于目录项来应用基于角色的访问权限。这些角色能够实现广泛的功能——从禁用访问权限，到提供诸如超级用户（root）之类的特权功能，再到对授权项、授权项的使用以及授权项的分配提供特权。特权级别和基于角色的访问权限取决于实施这些权限的云服务的安全模型，并且不同供应商之间的情况可能会有很大差异。

通过将账户与身份绑定，我们得以访问云服务功能。从技术角度看，账户本质上是授权使用及控制操作参数的载体。对任何账户过度赋权都违背最小权限原则（PoLP），这将显著增加网络安全风险及云攻击向量产生的可能性。因此，请谨记这一基本准则：账户是人类或非人类身份在数字世界的映射实体。

4.4　主体

在云计算中，"主体"（principal）是将身份（通常通过账户名称）映射到授权项、权限及权利的概念。这种映射关系的每个条目是一个单独的主体。在管理云环境中的授权项时，主体名称（Principal Name）会与账户、群组或角色相关联（无论其目录服务来源如何），而主体类型（Principal Type）则指向实际身份，例如用户（user）、角色（role）、群组（group）、API等。

在云安全管理实践中，高风险主体条目的总量可作为评估实例安全等级的重要指标。只要主体本身未被过度赋权，减少风险主体数量通常有助于构建最小权限模型。图4-1直观展示了这一实践逻辑。该概念为智能身份与访问管理体系的构建提供了理论支撑。

建议	风险等级	主体名称	主体类型
移除权限	高危	sjennings_beyondtrust.com#EXT#@btengcpb.onmicrosoft.com	用户
启用MFA	高危	BT_PB_Test_User_SBQA	用户
移除权限	高危	BT_SWATHI_TESTUSER	用户
启用MFA	高危	BT_SWATHI_TESTUSER	用户
移除权限	高危	joutlaw_beyondtrust.com#EXT#@btengcpb.onmicrosoft.com	用户
启用MFA	高危	BT_PB_API_User	用户
移除权限	高危	BT_PB_Test_User_SBQA	用户
移除权限	高危	BT_SJ_QAUser	用户
启用MFA	高危	infra-admin	用户
移除权限	高危	it-admin	用户

图 4-1 在云环境中发现的主体

4.4.1 机密信息

无论是在本地环境还是云端，由非人类或机器身份所处理的凭据通常被称为机密信息（secret）。在极少数情况下，这些机密信息也会适用于人类身份。

从定义而言，机密信息是指作为安全密钥的一段私密信息，用于提供身份验证或授权验证。机密信息提供以下功能：访问受保护的资源、实现程序化身份验证、促进应用间信息的交互，以及在云环境中实现自动化操作。机密信息更常见于非人类/机器凭据场景，而不是人类用户凭证。

最常见的机密信息类型如下所示。

● **特权账户凭据**：传统的用户名与密码凭据。

● **密码**：没有用户名限定符的机密信息本身。

● **证书**：用于标识资源所有者或通信身份，通常通过数字签名以验证有效性。

● **SSH 密钥**：SSH 协议使用的机密信息类型，通过建立安全密钥对提升身份验证的可信度，相较普通凭据更具优势。

● **API 密钥**：应用程序接口密钥，作为唯一标识符用于 API 用户、开发者或调用程序的身份验证。

● **加密密钥**：密码学中的密钥通常以数字或字母串形式存储于文件，通过加密算法处理可对密码数据进行编码或解码。

4.4.2 机密信息管理

机密信息管理是指用于管理数字认证与授权机密信息的工具及方法，这些机

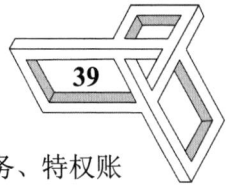

密信息涵盖密码、密钥、API 密钥和令牌（token）等，用于应用、服务、特权账户以及 IT 生态系统内的其他敏感组件。虽然机密信息管理适用于整个企业范围，但术语"机密信息"和"机密信息管理"在 IT 领域更常见于 DevOps/SecDevOps 环境、工具、网站证书及其他自动化流程场景。

尽管密码和密钥是应用最广泛的机密信息，但供人使用的凭据通常通过密码管理工具或特权访问管理方案进行管理，以实现应用与用户的身份验证。这是因为基于机器的机密信息在任何工作流程中都不应以交互方式暴露，而基于人类的机密信息则存在需要（且允许）明文显示机密信息或支持复制粘贴至应用的使用场景。尽管这是一个细微的差别，但却至关重要：一旦机器的机密信息暴露给人类，其安全性即告失效、失去管控，必须立即更换。

机密信息可能包括以下使用场景。

● 随机生成的密码，这些密码非常复杂，人类难以书写、记忆，甚至难以用语言表述。

● API 和其他应用的密钥/凭据（包括容器内的），且符合复杂性要求。

● 用于应用到应用或用户到应用的身份验证的 SSH 密钥。

● 用于加密或访问数据的数据库密码以及其他系统到系统的密码。

● 用于安全通信、数据传输和接收（如 TLS、SSL 等）的私有证书。

● 用于诸如"颇好保密性"（Pretty Good Privacy，PGP）等系统以确保电子邮件安全的私有加密密钥。

● 经常变更的 RSA 密钥以及其他一次性口令（OTP）设备所生成的密码。

随着 IT 生态系统的复杂性不断增加，以及机密信息的数量和种类日益增多，安全存储、传输和审计机密信息变得愈发困难，这正是在云环境中机密信息管理至关重要的根本原因。

机密信息管理的常见风险如下所示。

● **可见性缺失**：特权账户、应用、工具、容器或微服务部署环境中的密码、密钥及其他机密信息缺乏可见性。仅 SSH 密钥一项，某些企业可能拥有数百万条记录，这足以体现机密信息管理挑战的规模。在分散式管理模式下（即管理员、开发人员等各自独立管理机密信息），可见性缺失尤

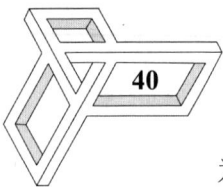

为突出。缺乏跨 IT 层级的全局监控，必然导致安全漏洞与审计难题。任何一个机密信息遭到泄露，都可能足以使一个组织遭受攻击。

- **嵌入式机密信息隐患**：应用间通信（A2A）与应用与数据库的交互（A2D）需依赖特权密码和其他机密信息实现认证。然而，应用与物联网设备常预置硬编码的默认机密信息或凭据，威胁行动者使用专用工具即可轻易破解，或通过其他攻击向量获取访问权限。DevOps 工具常在脚本或文件中硬编码机密信息，一旦泄露将危及整个自动化流程安全。此外，因为通常不清楚这些凭据用在哪些地方，所以对其进行管理并更改密码的风险可能会大到难以处理。

- **权限扩散**：AWS、Azure、GCP 等云服务与虚拟化管理控制台赋予的广泛超级用户权限，使得 IAM 用户能够快速大规模创建和销毁虚拟机及应用。每个虚拟机实例都有自己的特权和需要管理的机密信息，否则整个云环境的配置与运行时安全可能遭受威胁。

- **DevOps 工具挑战**：虽然机密信息的管理需覆盖整个 IT 生态，但基于现有解决方案与云成熟度现状，DevOps 环境中的机密信息管理问题尤为突出。DevOps 团队通常依赖数十种编排工具、配置管理工具（如 Chef、Puppet、Ansible、Salt、Docker 容器等）及自动化脚本，这些工具与脚本均需机密信息支持且相互深度耦合。此类机密信息必须遵循安全最佳实践进行管理，包括凭据轮换、基于时间/操作限制的访问权限，以及通过集中化方案（而非多工具分散管理）实现审计追踪。

- **远程访问风险**：如何确保通过远程访问或向第三方提供的授权被合规使用？如何确保第三方机构对远程访问机密信息的有效管理？后文将深入探讨这些场景，但机密信息管理始终是保障远程访问安全的核心——无论涉及员工、承包商、供应商还是审计人员。

将机密信息管理交由人工手动操作属于高风险安全实践。机密信息管理不善（例如未进行机密信息轮换、使用默认机密信息、存在嵌入式机密信息以及机密信息共享等情况）将导致机密信息的安全性难以保障，从而为数据泄露创造可乘之机。机密信息管理流程人工干预越多，安全漏洞与违规操作的发生概率就越高。

简而言之，人工的机密信息管理存在固有缺陷。安全孤岛和手动流程往往与"良好"安全实践相悖，因此解决方案的全面性与自动化程度越高越好。尽管存在多种密

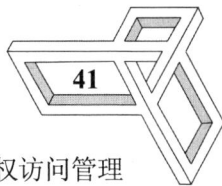

钥管理工具，但多数仅针对单一平台（如 Docker）或小部分平台设计。特权访问管理（PAM）方案可广泛管理应用密码，以消除硬编码与默认密码，并实现自动化机密信息管理。企业需统筹考虑端到端工作流，以优化 PAM 解决方案的实施效果。

对于任何机密信息管理的实施工作，都应考虑以下 7 项最佳实践（无论采用何种实施技术）。

- **全域密钥发现与集中管控**：全面识别 IT 环境中所有密码、密钥及其他机密信息，实施集中化管理。持续探测并纳入新增的机密信息，同时及时清理已弃用的机密信息。

- **消除硬编码和嵌入式机密信息**：清除 DevOps 工具配置、构建脚本、代码文件、测试版本、生产版本以及应用等当中的硬编码和嵌入式机密信息。通过使用对机密信息或密码管理系统的 API 调用来替代硬编码凭据，从而有效消除环境中存在的危险后门。

- **实施密码和机密信息安全最佳实践**：对所有类型的密码强制执行相关安全最佳实践，包括密码长度、复杂度、唯一性、有效期以及轮换策略等。机密信息原则上禁止共享，若必须共享应立即更换。高敏感的工具和系统的机密信息需采用更严格的防护（如一次性口令、单次使用后强制轮换）。

- **特权会话全链路监控**：对账户、用户、脚本、自动化工具等所有特权会话进行日志记录、审计及实时监控，提升操作透明度与可追溯性。监控措施包括击键记录与屏幕捕获（支持实时监看[四眼原则]、搜索与回放）。部分企业级方案还支持实时识别可疑会话活动，并实施暂停、锁定或终止操作，直至完成安全评估。

- **第三方机密信息管理延伸**：将机密信息管理范围扩展至合作方，确保合作伙伴与供应商在使用及管理机密信息时遵循最佳实践。对于任何可能涉及组织资产的交互活动，这一点尤为重要。

- **威胁分析赋能安全洞察**：运用威胁分析技术持续分析机密信息的使用模式，识别异常行为与潜在风险。机密信息管理越集成化和集中化，就越能更好地对面临风险的账户、密钥、应用、容器和系统进行报告。

- **开发安全运维一体化（DevSecOps）**：面对 DevOps 的高速迭代与规模化特性，必须将安全机制深度融入企业文化与 DevOps 全生命周期（涵盖规划、设计、构建、测试、发布、支持及维护阶段）。构建 DevSecOps 文化意味着全员共担

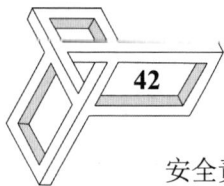

安全责任,确保跨团队协同与权责明晰。在实际操作中,这应该包括确保落实机密信息管理的最佳实践,并且确保代码在任何时候都不包含嵌入式或重复使用的机密信息。

通过叠加采用其他安全最佳实践(如最小权限原则[PoLP]与权限分离原则),能够确保用户和应用所拥有的访问权限被精准地限制在其所需及被授权的范围内。权限的限制与分离能有效抑制权限访问扩散,压缩攻击面(例如限制入侵后的横向移动)。结合科学的机密信息管理策略,并辅以高效流程与工具支撑,可大幅简化机密信息及其他权限信息的管理、传输与安全保障工作。通过在机密信息管理中应用这 7 项最佳实践,可以增强云安全,并强化整个企业的安全防护。

4.5   虚拟专用云(VPC)

对于服务器基础设施中包含多种类型及数量的服务器的企业而言,实施虚拟专用云来划分公共和专用基础设施是一项绝对的安全要求。使用虚拟专用云构建环境类似于虚拟局域网(VLAN)的概念,但它在云环境中通过软件来构建网络分段并进行访问扩展。虚拟专用云的概念相当于对从云端流向网络的流量进行管控。

配置虚拟专用云是防范外部威胁的关键屏障,但这一模式需要持续维护与定期审查,尤其在动态云环境中更为重要。云管理员必须持续监控并维护虚拟专用云,确保其安全性及风险暴露面处于可控范围。

尽管虚拟专用云能有效缓解威胁行动者的攻击向量,但其与网络层其他安全措施一样,需经过严格实施、加固、监控、管理与审计。因此,企业需深入理解云服务提供商(CSP)的安全架构方案,掌握其虚拟专用云监控与管理能力——不同云服务商的实现方式存在显著差异。从商业角度来看,这最终在云计算中转化为一些简单的要求,比如使用虚拟防火墙,让用户能够锁定自己的网络并抵御未经授权的活动。

4.6   授权项

在基于云的访问控制决策中,授权项(entitlement)指的是批准某个身份(identity)对资产执行某项操作或与资产相关的操作的许可。通常,它被视为在抽象的更高层面上用于执行任务的一系列权利、特权、许可、授权、访问权限或规则的集合。然而，在讨论云环境攻击向量时，需厘清这些术语间的细微差异，以制定有效的攻击缓解策略。授权项管理涵盖授予、枚举、监控、撤销及管理细粒度访问授权项的完整流程。

首先，存在两种典型的云授权模型，且不应将它们与身份验证证相混淆（请参考图 4-2）。在这个称为"云授权项场景"的模型中，身份（用户、进程或应用）会发起对资源执行某操作（此处指云端操作）的授权请求。该工作流涉及来自授权的肯定性响应，可能的响应包括允许（Allow）、拒绝（Deny）或不适用（Not Applicable）。此标准化流程已获得 OASIS XACML 与 IETF OAuth2 两大委员会的正式确认。

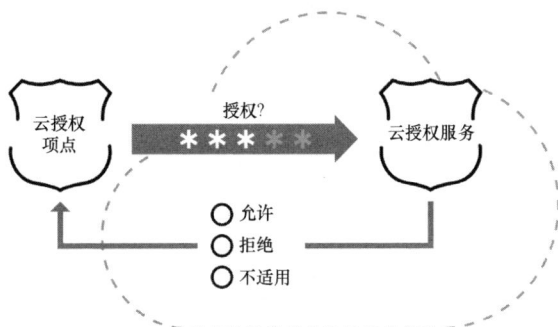

图 4-2　云授权项场景

该工作流被称为云授权项场景（Cloud Entitlements Scenario），它体现了授权项的概念。在云原生环境中，存在一些特定于供应商架构的服务，它们能够确定某个身份（用户、进程或应用）在任何给定时刻所拥有的所有授权项。在这个工作流中，云授权项点（Cloud Entitlement Point，CEP）会向云授权服务（Cloud Authorization Service）查询当前上下文环境下该身份的授权项集合。云授权服务（根据已配置的策略）将返回属于该身份的一组授权项。

在这个工作流中，授权项集合将形成一个逻辑组，能够在运行时进行枚举以判定授权状态，并确定后续请求中需要执行的操作。需要特别注意的是，这里讨论的是身份验证完成后的授权项的授权过程，授权项本身并不参与身份验证流程。

4.7　特权

在云攻击向量的语境中，特权（privilege）可定义为分配给账户的任何权限、权利或授权项，这些特权能使某项任务获得"允许"授权。尽管特权通常被认为仅分配给管理员或根用户，但在云环境中，特权的分配粒度更为细致。任何可能因误用、滥用或遭到黑客攻击，而对环境构成严重风险的特权分配，都属于云计算环境下特权的范畴。因此，云环境中的特权概念比本地环境中的特权更为宽泛，这源于云计算环境下特权一旦被分配（尤其是被滥用时）可能产生的潜在影响和暴露风险。

作为参考，关于特权及相关威胁与风险的正式定义可参见《特权攻击向量》一书。图 4-3 所示为特权模型的简化示意图。

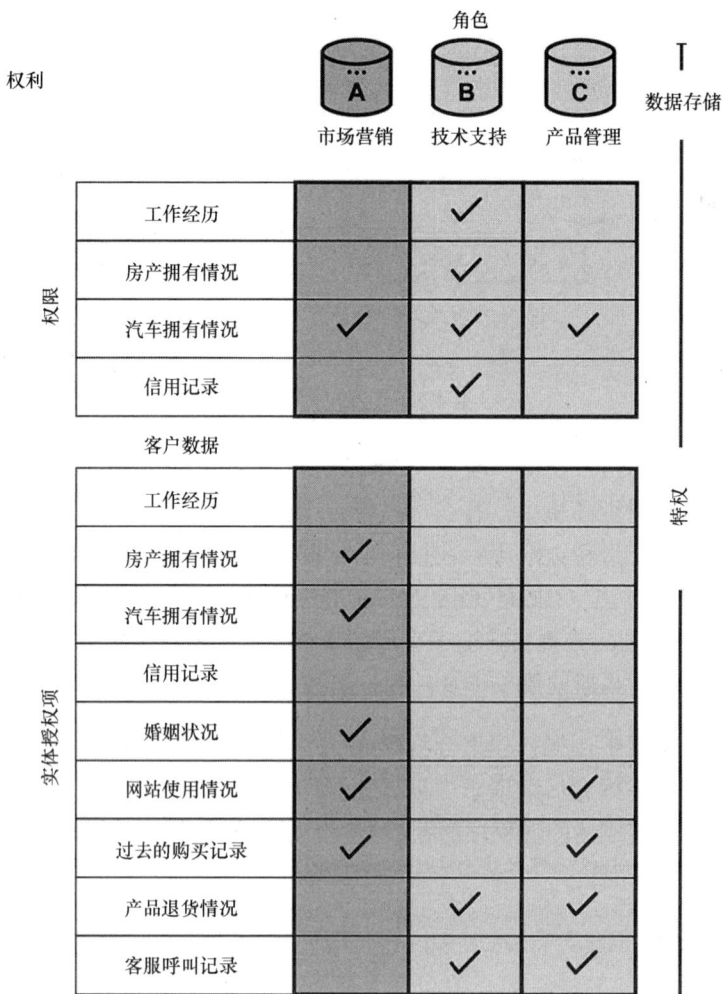

图 4-3　应用于授权项、权利和权限的特权模型

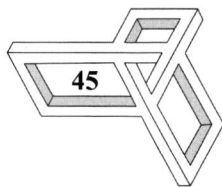

4.8 权利

权利（right）被定义为身份及其关联账户（或账户组）为特定目的可执行的任务。在云环境中，系统管理员会将权利分配给由账户（用户）或账户组构成的身份。例如，操纵身份（现有身份、创建身份或删除身份）的能力需要基于角色的访问权利，以对身份和账户进行操纵，从而操纵包含这些对象的模式。

通常，权利体现了组织中某个角色的安全定义，也就是说，该角色是否具备执行某项任务或功能的权利？以审计员角色为例，其权利通常包含对日志和报告的广泛只读权限，以便进行检查和审计。但这一角色（与账户相关联）无权修改数据或执行其他额外操作。

4.9 角色

角色（role）是一种抽象概念，根据技术或业务功能将相似的身份和账户分组。在业务术语中，这些组合描述了员工及其工作职责。例如，个人可按其工作角色分类，如"开发人员"或"法务团队成员"。

在讨论云环境时，从业务层面来讲，角色是可以抽象化的，例如"质量保证工程师"或用于软件维护或部署的自动化流程。在此类场景中，角色对应的云自动化操作可能涉及发布新内容，因此必须拥有执行任务所需的权利和权限。理解角色的最佳方式是将其视为一组由具有特定功能的集合中的账户所代表的一组身份。角色可以有一个安全模型，该模型仅允许执行与预期任务相关的活动。

4.10 证书

要理解证书（certificate）在云环境中的用途，最简单的方式是从其实际应用入手。云服务提供商使用的证书包含一个公钥。根据定义，公钥是密码学系统中密钥对的一部分——每个密钥对由公钥和私钥组成，其生成依赖于基于数学问题（被称为单向函数）的加密算法。

证书有一个基于公钥的指纹，这种指纹提供了一种明确识别系统的方法。该指纹可验证身份，并确定云服务应使用哪个证书进行身份验证。这是验证云服务（如网站）

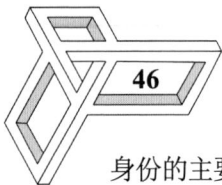

身份的主要方法，并且允许进行经过授权的通信。在云环境中，此技术对于确保响应请求的网站、应用或服务是真正的、合适的来源（而非伪造的来源）至关重要。

显然，如果证书被泄露或攻击者伪造了代表某组织的证书，威胁行动者将获得攻击向量，可诱使毫无戒心的用户和互联网流量进入他们冒充的基于云的合法服务（比如特定公司的网站）的恶意网站。

4.11　资源

在云计算领域，"资源"是最常被误用的术语之一。资源的定义在本地部署环境与云环境中存在显著差异。当我们谈及本地部署环境中的资源时，几乎可以指代任何有助于完成任务的系统——无论是数据库、Web 服务器、文件存储，还是其他设施，几乎无所不包。

在本地环境中，资源与资产是不同的，因为资源可能并非像物理服务器那样是有形的，而是无形的，例如安装在服务器上并作为一个系统运行的那些组件。

当我们提及"云"时，资源的定义严格来说是本地部署环境中无形资源定义的子集。云中的资源指的是计算服务，如内存、CPU 和文件存储，这些服务既可以进行动态管理，也可以固定为离散的参数。由于云对终端用户而言没有可供消耗的物理属性，因此资产、系统及类似概念并不包含在此定义中。诸如云中的 Web 服务器这类概念虽然更常（但非绝对）被称为资产，但真正使 Web 服务实现扩展和发挥功能的动态流程才是资源。

虽然准确把握这种细微差异可能会有些难度，但在讨论云安全时，"资源"常会与"资产"等其他术语混淆使用。然而，深入理解"资源"的含义，对于区分"消耗资源的攻击"和"从资产中窃取数据的攻击"具有关键意义。作为攻击向量，资源消耗可能是系统被入侵的一个迹象，而且由于资源本身是基于消耗来定价的，高资源消耗通常等同于云运营成本的增加。

4.12　证书颁发机构

证书颁发机构（CA）是一个以商业形式运营的可信实体，负责颁发安全套接

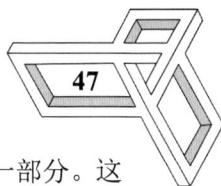

字层（SSL）数字证书，而这些数字证书是公私钥对（前文已讨论）的一部分。这些数字证书本质上是用于以加密方式将资源与公钥关联起来的文件。互联网服务（包括 Web 浏览器）使用这些证书来验证在互联网上发送的数据（或组织内部建立的信任关系），确保在线传输内容的完整性和来源可靠性。

CA 是互联网公钥基础设施（PKI）中可靠且关键的信任组成部分，它们有助于保障互联网乃至全球范围内用户、服务、应用和云服务提供商之间的通信安全。当 CA 为某组织及其网站/服务颁发数字证书时，用户和应用可确信其连接的是正确的服务，而非威胁行动者出于恶意目的托管的虚假或仿冒网站。

CA 在互联网服务中承担以下重要职责：

- 向信誉良好的组织签发数字证书；

- 针对各种用例，验证在互联网上通信的资源的可信度；

- 验证域名和组织，以确认合法身份，从而避免域名仿冒和域名抢注；

- 维护证书吊销列表，该列表会根据证书过期情况或被滥用情况（如遭盗用、恶意颁发或不当使用）进行填充。

需要说明的是，作为商业机构，每家 CA 在完成企业资质核验流程并签发数字证书时，均需收取相应的处理费用。

4.13 权限

权限（permission）决定了身份（以及相关联的账户或账户组）在一项策略所赋予的权利范围内能够执行的操作。这通常是通过角色来界定范围的（但根据系统的不同，也可以精细到账户级别），并包含以下基础权限类型。

- **读取**：身份或账户可查看资源项。

- **写入**：身份或账户可创建或编辑资源项。

- **删除**：身份或账户可删除资源项。

- **拒绝**：身份或账户被显式禁止访问资源项。

在云计算环境中，权限可以应用于其他身份、实例、文件、日志、运行时环境等。

若考虑将授权项、角色、特权、权限及权利结合起来，就会形成一个模型，该模型允许将主体分配给某个身份，以便执行任务。图 4-4 所示为用户、角色、权利、特权与资源之间的复杂交互。

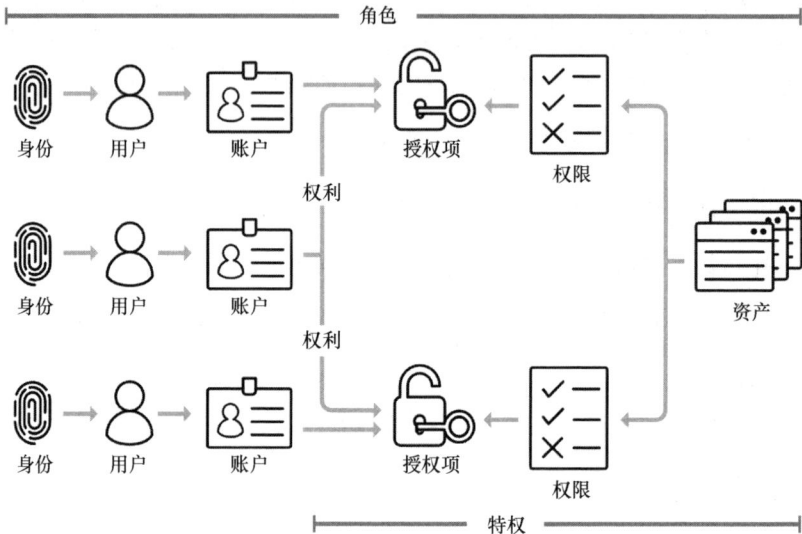

图 4-4　权限模型图解，用于解释复杂的交互

虽然这种交互对终端用户来说通常是无缝的，但如果特权、权限和权利的定义不清晰，威胁行动者就可能对它们之间的差异进行利用。因此，云管理员有责任正确配置所有账户及其关联身份，确保既无安全疏漏，亦无不当特权分配。

4.14　容器

容器基于软件虚拟化技术，它创建出一种实例，在这种实例中，主机操作系统的内核允许多个用户空间实例运行。简而言之，容器是这样一种概念，它创建了一个软件单元，该单元将源代码（及其所有依赖项和库）捆绑在一起，以便控制应用，并确保应用在不同计算环境之间无须额外开销即可可靠运行。部署前的完整打包单元称为容器镜像，如图 4-5 所示。

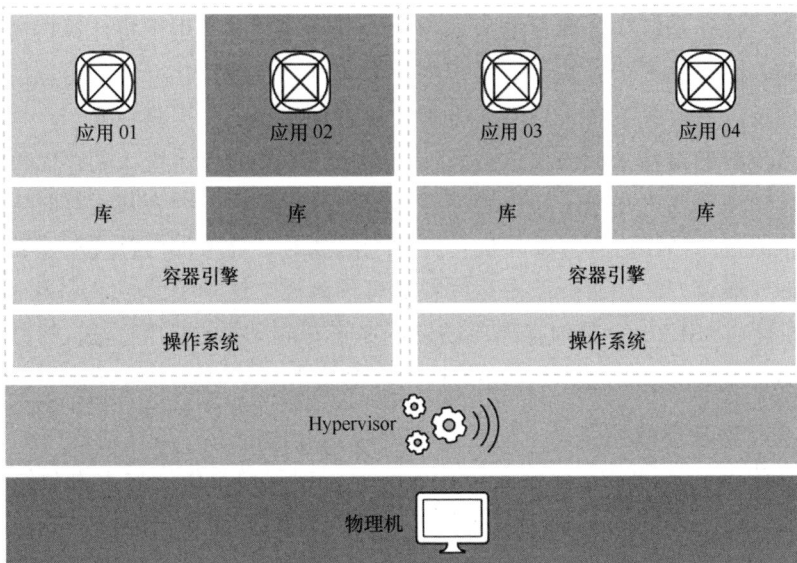

图 4-5　容器镜像的表示

　　容器是实现现代云计算效率与可扩展性的基础组件。可以通过自动化手段快速创建和销毁容器以满足这些目标。

　　以基于 Docker 的容器为例，Docker 容器是一种轻量级、独立运行的容器编译版本，它带有可执行的软件包，这些软件包包含运行实际应用所需的所有组件。这是基于 Docker 技术本身的专有实现，而非采用微软等厂商的容器技术。

　　还有一个附带的好处是，由于容器对执行所需的运行时环境进行了隔离和封装，所以它们为云中的应用提供了一层良好的安全防护。如果某个容器被攻破，那么可以将其销毁，随后用基于源容器镜像创建的另一个容器来替代。

4.15　隔离

　　隔离概念可应用于内存、网络或任何其他能够通过电子或物理安全控制手段实现相互隔离的资源或资产，其目标是在资产或资源中建立一个可定义的边界，通过这种隔离保护资产/资源，避免当系统中类似部分发生恶意活动时，该资产/资源成为潜在的风险因素。

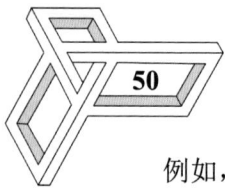

例如，操作系统中的内存隔离是一种内存管理技术，用于将计算机内存（主存或存储）划分为多个区块。这通常用于对实例进行虚拟化，但也可以应用于单个实例内部。若计算设备采用隔离机制，对内存位置的引用将包含一个标识段的值以及该段内的偏移量（内存位置），这能让应用和操作系统识别存储信息的位置。每次使用相同内存段的应用通常容易成为攻击目标，因为其运行时内存位置具有可预测性。当将内存分配随机化应用于隔离时，会增加内存位置重新定位的不确定性（熵值），从而降低内存位置的可预测性。这种缓解技术称为地址空间布局随机化（ASLR），是内存隔离场景下实施安全保护的常用方法，有助于保护云环境免受虚拟化资产间基于内存的横向渗透攻击。

网络隔离是类似的概念，但应用于网络地址内的所有可寻址资产。一个基础示例是将 Web 服务器、数据库服务器和非管理用户工作站按逻辑分组到不同的网段中。随后，VPC 将提供从本地技术到这些网段的适当连接，或在这些网段之间提供连接。通过创建网段并仅授予每个网段内必要资源的访问权限（这与所有资源都可见且可寻址的扁平化网络不同），即可遵循最小权限网络访问的基本原则。

最后，在云环境中，隔离不仅适用于内存和网络，还可扩展至存储、访问控制、数据库以及任何其他可通过逻辑分组的对象或资源，以便将运行时和活动与其他资源隔离开来。当考虑到在多租户（甚至某些单租户）环境中可能存在利用资源进行横向移动的攻击向量时，这种隔离是非常必要的。

4.16 微隔离

微隔离是一种在分段环境中创建隔离区的技术，即便资产属于同一类型，也可将工作负载相互隔离并单独进行安全防护。该技术可在本地环境或云端部署，其核心是利用零信任等策略限制工作负载之间的网络流量。

微隔离的主要目标是限制资产间的不当交互，仅允许预期通信发生。微隔离既可通过传统的网络安全控制措施来实施，也可借助软件定义网络（SDN）分离控制平面与数据平面并实施相关策略。在云环境中，鉴于 SDN 具有灵活性并且能够快速调整动态环境，因此常被选作微隔离的首选方案。

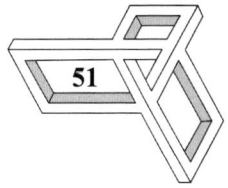

微隔离的优势如下所示。

- **减少攻击面**：微隔离后的资产通信不再采用扁平化结构；无论设备类型如何，其中包含的资源均可被隔离，并监控异常网络流量。

- **限制横向移动**：若发生安全漏洞，微隔离通过限制暴露的服务范围来限制可被攻击的目标。

- **符合监管要求**：微隔离支持实施严格策略，确保符合数据治理与数据映射的监管要求。

- **策略集中管控**：无论是基于硬件还是 SDN 来实现，网络、应用及区域访问的策略均可集中管理和监控，确保数据的正确流动。

- **安全最佳实践**：在代码的生产部署与云运维管理中，可实现并执行安全、开发和运维的职责分离机制。

通过这些措施，微隔离有效增强了网络环境的安全性，精确地控制了数据流和访问权限，从而提高了整体的网络防护能力。

4.17　实例

"实例"是云计算领域使用最频繁且最易引发误解的术语之一。实例应被理解为正在运行的程序的单个副本。若一个程序存在多个实例，则意味着该程序已被多次加载并在某资产的内存中执行。在云环境中使用该术语时，实例可指代任何资产（无论处于休眠状态还是运行状态）。单个文件可视为一个实例，而通过微隔离技术多次执行同一文件产生的副本也可被视为实例。

"实例"定义的争议在于，它被泛化应用于云环境中任何"可能"被复制且"可能"存在多个相同副本的资产。当某个资产仅存在单一版本、无副本且无法复制时，通常也会将其称为"实例"，但这一用法并不正确。因此，只有当资产符合可复制的数据类型定义时，方可称为实例；若资产具有唯一性，则不应使用该术语。此时应直接根据其资产类型进行指代，如配置文件、虚拟设备、模板或镜像。尽管这一区分较为微妙，但在研究针对实例（而非特定的独立资源类型）的攻击向量时，理解其语义差异至关重要。

4.18　单租户

单租户是一种解决方案部署架构，在这种架构中会部署应用的单个实例及其配套基础设施，通常会为单个客户采用某种形式的隔离措施。单租户常用于在本地部署解决方案，也可作为实施 SaaS 的一种模型，前提是客户在成本与安全性层面对该部署模式满意。

在单租户部署中，客户（称为租户）将拥有专属于其自身的应用的单个实例。服务提供商会负责管理该租户及其专用基础设施，同时仍允许客户对实施过程拥有近乎完全的控制权（包括由客户进行更新）。

单租户 SaaS 应用最显著的特征如下所示。

- 高度的用户参与度、用户控制权以及定制化，以满足业务需求。

- 由于实施过程的隔离，避免了因其他客户共享同一租户而产生的潜在问题，从而具备高度的可靠性、安全性和备份能力。

- 更新和补丁的变更控制由终端用户而非提供商管理，这使得客户能够在准备好接受更新之前保留一个版本。

- 租户的性能和正常运行时间仅取决于客户自己的实例，很少受到其他客户的影响。

- 敏感数据独立于同一提供商的其他潜在租户，因为这些数据存储在专用实例中。这为在发生数据泄露或隔离故障可能导致横向移动的情况下提供了安全保障。

- 单租户模式还可能在有需求时，或者在从本地迁移到云端的过程中，为迁移到另一个云计算提供商提供更便捷的迁移路径。

如果定价、安全性和服务等级协定等其他条件相同，组织很可能会选择单租户部署以及支持该模式的供应商，而非其他选项。

在考虑或设计单租户架构时，每个租户都将拥有由软件、数据库、Web 服务器等组成的自己的实例。通过这种设计，每个租户的数据和运行时环境彼此隔离。每个实例可以根据通用模板进行定制，以满足租户的个性化需求。然而，客户无法访问任何底层代码，也不能维护运行时环境。这使得单租户 SaaS 部署与终端用户在云端自行部署应用区别开来。

尽管这种方法存在一些争议，但采用单租户架构的云服务非常普遍，甚至受到一些用户的青睐，尤其是联邦政府机构。如果组织使用私有云服务或第三方云服务托管应用，则该系统很可能是单租户系统。这是因为组织会将其操作完全授权给自己，并完全控制对租户的访问，以及其中包含的所有安全和管理选项。图 4-6 展示了单租户部署模式。

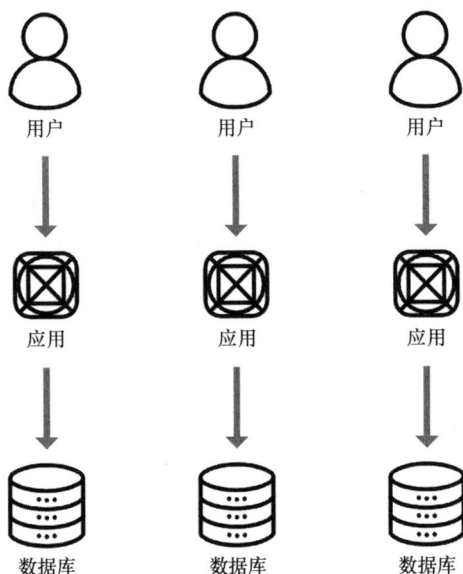

图 4-6　单租户部署模式

尽管单租户有许多潜在优势，但它仍然不是云软件供应商和云服务提供商首选的方法。单租户的缺点有下面这些。

● 对云计算供应商来说，为每个客户托管一个 SaaS 租户的设置、计算资源、定制、安全和维护通常比托管多租户版本的解决方案成本更高。这种成本影响了软件供应商的盈利能力、财务状况，以及云计算资源的消耗情况。

● 由于云计算提供商通常管理客户的租户，因此更新、升级或管理每个租户需要更多时间，这带来了明显的额外成本。

● 每个租户可能都需要进行定制，而这些定制在多租户模式下是可以避免的。例如，在多租户模式下可以"一次应用，处处生效"，而无须在每个租户中分别进行设置。

● 为单个租户专门分配资源可能导致效率低下，或在非高峰时段这些资源可能处于闲置状态。这些资源若部署于其他环境中可能发挥更大效用。由于单租户架构的特性，这些资源难以实现动态灵配。

在租户模式中，单租户通常与多租户进行比较。多租户是一种架构部署模式，在这种模式下，软件应用的单个实例旨在使用各种资源共享和隔离技术为多个客户提供服务。与单租户相比，多租户的运营成本更低，资源共享效率更高，维护成本也更低，而且可以说其计算能力更大。下一节将对这一点进行更详细的讨论。

从云攻击向量的角度来看，由于单租户模式中存在固有的隔离性，配置中的单个实例缺陷或缺少安全补丁只能被用来攻击对应的租户。也就是说，由于单租户模式中存在固有的隔离性，只能对每个租户分别进行攻击。因此，在单租户模式中，不太可能同时攻破所有客户，或者一个租户危及到托管环境中的其他租户。不过，这一说法也有一些例外情况，例如存在影响每个租户的漏洞利用，或者存在像共享凭据这类可能影响每个实例的不良安全管理情况。

4.19   多租户

尽管单租户部署对云计算至关重要，但大多数 SaaS 服务仍基于多租户架构运行。这一事实源于运营成本、性能、版本维护所需的人力资源、云应用的过时定义，以及确保所有订阅者之间的严格一致性等因素。为此，我们需要理解采用多租户背后的原因以及除了风险和成本之外的合理性依据。

多租户指这样一种软件运营模式：多个客户（企业、用户、组织等）在共享但分隔的环境中通过同一应用进行操作。租户（实例）在多个层面上进行逻辑隔离，但在电子层面上是集成的，并编码为软件的一部分。这种隔离程度必须绝对确保数据无泄露，但实际的数据隔离程度会因服务内容而异。租户通常表示为通过订阅许可访问多租户应用的组织。

要理解多租户，可以从日常用户的视角观察社交媒体应用的运作方式。多人可以存储和访问他人发布的照片与内容，但他们的偏好设置、群组和好友列表完全独立——尽管数据均存储于同一托管服务中。社交媒体用户虽能互动，但无法访问私有或限定的内容。这种模式同样适用于网上银行等系统：家庭成员可能被

授权访问同一账户，但服务的其他部分在不同客户间是完全隔离的。除非得到明确允许，否则未经授权的用户都无法查看你的余额或进行交易。

在多租户架构中，应用服务提供商的客户共享相同的基础设施、资产和应用，同时确保数据与业务运行时环境彼此隔离且安全。根据服务类型，部分数据可能在租户间共享，甚至可能经过脱敏处理以用于某种形式的统计或声誉分析。图 4-7 展示了这种多用户共享应用的模式。

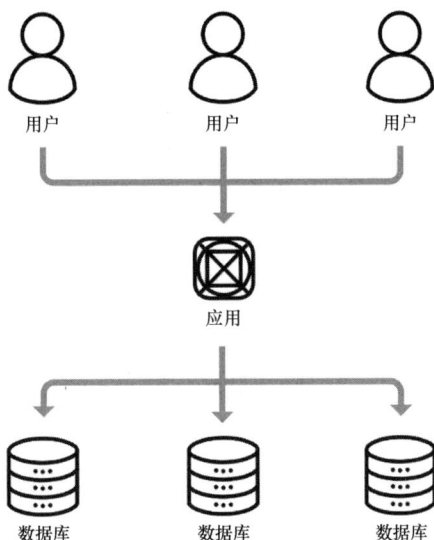

图 4-7 多租户、共享应用和单租户数据库（未隔离）

许多云服务的优势只有通过多租户架构才能实现。首先，我们需要理解为何多租户架构对软件提供商、云服务提供商和终端用户均具有价值。

- **资源管理**：为单个客户预留单个租户的方式效率低下，因为该租户不太可能完全消耗实例的所有资源。通过多个租户共享实例和基础设施，可用资源与计算能力的利用率得以优化。

- **运营成本**：由于多个客户共享资源，云计算提供商和应用供应商能够以远低于为每个客户提供独立租户的成本，向更多客户提供服务。

- **数据分析**：能够在租户间共享脱敏数据的云应用和服务对所有客户均有益处。例如，遭遇网络攻击的供应商可以与其他方共享失陷指标，以减轻未来可能面临的攻击。

然而，利弊并存，缺点也引出了我们需警惕的攻击向量。

- **安全与合规**：某些组织（如联邦机构）可能因法规要求，无法在共享基础设施中存储数据——无论其安全性多高。此外，多租户架构中，某一客户的安全问题或数据污染可能通过共享资源扩散至其他租户。尽管此类情况通常不应发生，但编码错误、未修复的漏洞或其他安全配置问题仍可能使威胁行动者突破环境并横向渗透到其他租户。云和应用供应商通过加大安全投入与测试来管理此类风险，但一次失误仍可能导致所有客户的数据暴露。

- **资源共享**：若某一租户过度占用资源，多租户环境的性能可能受到影响。尽管此类极端场景应通过架构设计规避，但未经测试的用例或 DDoS（分布式拒绝服务）等攻击仍可能波及整个服务。当然，若云和应用供应商正确配置基础设施，此类问题本不应发生。

- **更新机制**：当云服务提供商推送解决方案更新时，所有租户会同时接收变更。若更新存在缺陷或引入漏洞，所有订阅者通常会立即受到影响。由于更新由应用供应商和云服务提供商自主决定，终端用户无法通过自身变更控制来缓解此风险。

要更深入地理解这一点，可以想象一个棒球手套被多个球员、多支球队甚至不同联盟共享的场景。每个使用者在球场上担任不同位置，且手部尺寸各异。当手套经过磨合定型后，它可能更适合某些球员，而手套的网面也会因适应不同手型而变得不均匀。此时，球员的表现将受制于手套的历史使用痕迹——显然，"一双手套适配所有人"的格言已不再成立。

这个棒球手套的比喻揭示了许多云和应用供应商在多租户架构实施中的一个普遍困境。大多数供应商将多租户实现为具有多租户能力的共享软件实例。它们存储每个租户的配置信息，并据此按客户需求定制环境。尽管所有客户共享同一软件实例，但彼此之间是隔离的。每个客户对解决方案的使用体验各不相同，可定制程度恰似那只棒球手套——仅能较好地适配部分客户。某些客户可能重度使用解决方案，甚至因其资金投入（如年度支出）来推动某些功能的实现，但这种定制路径可能并不适配其他客户的垂直领域或用例需求。这种差异如同捕手手套与一垒手手套的区别：虽同为棒球运动员，但若手套与位置不匹配，两者都无法发挥最佳性能。

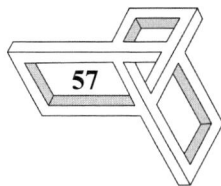

4.20　边缘计算

边缘计算是一种计算模型，它将计算和数据存储分布在更靠近正被处理的数据来源的位置——通常是端点本身。这一概念通过最小化可能减慢处理速度的因素，如网络延迟、云资源不足以及网络带宽饱和或缓慢，来改善响应时间。

边缘计算采用这样一种拓扑架构：边缘设备在本地存储并处理系统数据，而不是将原始信息发送到云端。不幸的是，这一概念常常与物联网（IoT）设备混淆，但物联网设备只是边缘计算的一部分；它们实际上属于边缘设备。边缘计算是一种架构，而不是像物联网那样的特定技术或设备。

考虑一个带有运动检测的家用摄像头系统。与其将每个摄像头的原始视频发送到云端，不如让摄像头在本地处理视频，包括运动和人物检测，然后再传输结果。大部分处理工作在边缘完成，即在物联网摄像头中，而云则提供存储、警报和身份验证服务。在传统的客户端/服务器模型中执行这些服务效率会很低。

表 4-1 比较了使用云服务提供商与使用边缘计算的计算特性。请注意，两者的攻击向量相似，但影响不同。

表 4-1　云服务提供商与边缘计算技术的对比

特性	云服务提供商	边缘计算	攻击向量
应用场景	主要由供应商托管和维护 SaaS 应用，用于支持组织的业务计划	具备本地操作系统和软件的设备，这些执行计算任务并依赖云端获取额外数据。这包括智能家居技术、数字个人助理和智能车辆等设备	漏洞、配置错误、凭据或密钥泄露
可用性	基于区域的数据中心，内置高可用性、灾备和容错架构	设备可在脱离云端的情况下独立运行（若设计支持），但依赖云端进行额外的处理和管理	拒绝服务攻击
位置	数据中心和计算资源可位于全球任意位置	主要处理工作由边缘设备自身完成，额外的计算需求可分布至全球其他位置	区域性至全球性的服务中断或降级
延迟	取决于数据源与数据中心之间往返的延迟	由于边缘设备在电子层面上靠近终端用户的资产，当需要来自云端的额外计算能力时，就会出现延迟情况。一般来说，除非依赖云端，否则延迟并不是一个需要担心的问题	区域性至全球性的服务中断或降级
带宽	受限于连接至云端的最慢网络链路及网络拥塞	受限于边缘设备与用户所在的局域网带宽	区域性至全球性的服务中断或降级

特性	云服务提供商	边缘计算	攻击向量
可扩展性	取决于数据中心内服务的设计与能力	在边缘和数据中心均可扩展，类似于云服务提供商	拒绝服务攻击或分布式拒绝服务攻击
安全性	攻击主要发生在数据中心（电子层面，非物理层面），或发生在数据传输过程中	攻击集中在边缘设备和用户；从端口发起的任何额外通信同样也会受到攻击	漏洞、配置错误、凭据或密钥泄露

4.21　数据泄露

"数据泄露"（breach）是每个企业都惧怕的那个不吉利的以 b 开头的词，而且每个网络安全专业人员都应只在恰当的时候使用它。"数据泄露"这个词可不只是用来描述威胁行动者对一个组织的渗透或者信息的窃取。由于一旦在对外描述安全事件时使用了这个词，就必须遵循一套精确的披露和通知流程，所以企业、法务部门以及合规专员都对这个词心存畏惧。在企业做好充分准备去处理所有相关事宜之前，对全体员工的安全培训至少应该包括使用"数据泄露"这个词来描述任何网络安全相关活动所带来的影响。如果不是每个人都理解其中缘由，那么原因是相当深刻的。

首先，让我们给"数据泄露"下个定义。从网络安全的角度来看，数据泄露是指敏感的、受保护的或机密的数据被未经授权的个人复制、传输、查看、窃取或使用的违规行为。此外，对资产或资源的不当使用，若破坏了用于为企业提供服务的系统、应用或基础设施的完整性，也属于数据泄露。其后果可能会导致无意的信息披露、数据泄漏、运行时问题或敏感数据被窃取。当一起网络安全事件具备了这些特征时，由于法律或合规规定，公开披露时往往会将其定性为数据泄露，而不仅仅是一起网络安全事件。想想看，如果你把一起网络安全事件标记为数据泄露，会有哪些必须要做的事情。

- **法律要求**：根据地方、州或联邦法律，可能需在非常具体的 SLA 时限内向相关监管机构进行通知与披露。

- **第三方调查**：根据受损害的数据类型或潜在的财务损失情况，第三方机构可能依法要求启动数字取证与应急响应（DFIR）。

- **公关准备**：法务、市场及高管团队需根据数据泄露信息涉及的行业、市场及目标受众，准备好恰当的公开声明。

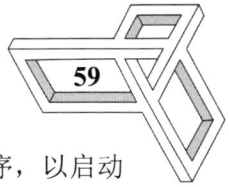

- **保险流程**：依据网络保险条款，需通知保险公司并遵循其程序，以启动正式调查并拨付资金用于修复、赔偿及业务连续性保障。

- **利益相关方通知**：需按适用法律向客户、供应商及终端用户披露信息，必要时在公开前宣布补救措施（如信用监控）。

- **公众沟通**：尽管非法定义务，但公开讨论泄露事件时应保持适度透明与诚实，并及时响应。试图隐瞒或模糊事实通常会在社会中引发负面反响。

遗憾的是，数据泄露可能源自恶意威胁行动者（黑帽黑客）、有组织的网络犯罪分子、政治激进分子甚至由地缘政治驱动的国家级攻击。此外，若员工或承包商等受信任的个人协助实施泄露，则通常被归类为内部人员攻击。相反，如果发生了可疑事件或渗透情况，但未造成数据泄露或仅引发无害的性能异常，那么这就属于（未被标记为数据泄露的）安全事件。在正常的信息安全运营中，这类情况通常会被迅速识别并加以处理。

最终，当将安全事件定性为数据泄露时，该事件将产生可量化的成本。这些成本包括补救费用、调查费用、法律或合规处罚，以及对品牌声誉的间接损害、受害者赔偿或信用监控等附加服务支出。因此，在将网络安全事件标记为数据泄露时，需充分意识到其所有的潜在影响，最重要的是要弄清楚你在全球范围内可能承担的法律义务。作为一项安全最佳实践，建议始终以透明且诚实的态度处理数据泄露事件，并及时披露相关信息。

4.22 恢复点目标和恢复时间目标

恢复点目标（Recovery Point Objective，RPO）和恢复时间目标（Recovery Time Objective，RTO）是灾难恢复和数据完整性中最重要的两个指标，在云环境中也是如此。这些指标并非由终端用户计算，而是由 CSP 或 XaaS 供应商针对其提供的每个解决方案或系统以声明的形式给出的。该声明应包含理论和实证测试的数据，以及以往经历过的故障场景信息。这些内容本质上将作为支撑所宣称的 RTO/RPO 时间框架的实质性依据。

在现实世界中，拥有一个 RTO 为 10 分钟、RPO 为 0 秒的服务固然很好，但如果实际恢复需要数天时间，并会丢失数月的数据，那就是另外一回事了。这种现实考量迫使企业必须根据既定的 RPO 和 RTO 声明,制定业务流程恢复的场景和方案。因此,在确定任何云服务的可用性之前,必须确保 RTO 和 RPO 的准确性。如果没有 RTO 和 RPO,可用性将无从计算。

对于新入行的安全专业人员而言,RPO 和 RTO 这两个术语在功能上可能看起来非常相似,或者显得无关紧要,但实际上并非如此。我们需要深入剖析它们的定义,以理解其实际差异,以及为何不应将它们与平均故障间隔时间(MTBF)、平均修复时间(MTTR)等其他术语混淆。

对于不熟悉 RPO 的人来说,将其称为"目标"可能显得奇怪。RPO 定义了企业在一段时间内能承受的数据丢失的最大量。例如,若 RPO 为 4 小时,则意味着业务最多允许丢失 4 小时内产生的数据。尽管几乎所有业务部门在被问及"能承受多少数据丢失"时都会回答"零",但这往往不现实。你想要弄清楚的是数据丢失影响公司业务能力的那个临界点以及公司对实际故障的容忍度。

若 RPO 为 24 小时,则需要确保数据备份解决方案的最大间隔不超过 24 小时。表面上看,每日备份即可满足需求。但需注意,RPO 标定的是"可接受"与"不可接受"之间的临界点。因此,更合理的做法是在该时间段内执行多次备份,以便应对备份服务中可能出现的任何故障。例如,每 12 小时备份一次,可确保在RPO 期间至少存在一个可用备份(即使最新的备份因某种原因不可用)。

RTO 定义了在故障或灾难发生后,业务流程必须恢复到企业可接受的服务等级所需的时限。简单来说,RTO 回答的问题是:"该服务中断多久会导致业务运营遭受重大影响?"需要注意的是,恢复一个流程可能不仅仅是让该流程能够运行,还需考虑中断期间产生的连锁影响,要实现真正的恢复,这些影响也必须得到解决。因此,RTO 本质上是企业从故障中完全恢复至正常运营状态所需的总时间。

RPO 和 RTO 应是业务影响分析(BIA)的成果,而非由支撑它们的服务的能力驱动。例如,RPO 不应由现有的数据备份操作定义。即使某服务或解决方案已采用每日备份机制,也不意味着其 RPO 就是 24 小时。业务决定了容忍度,以及在这些容忍度范围内支撑业务的流程和技术服务。图 4-8 所示为 RPO 和 RTO 如何应用于一个安全事件。

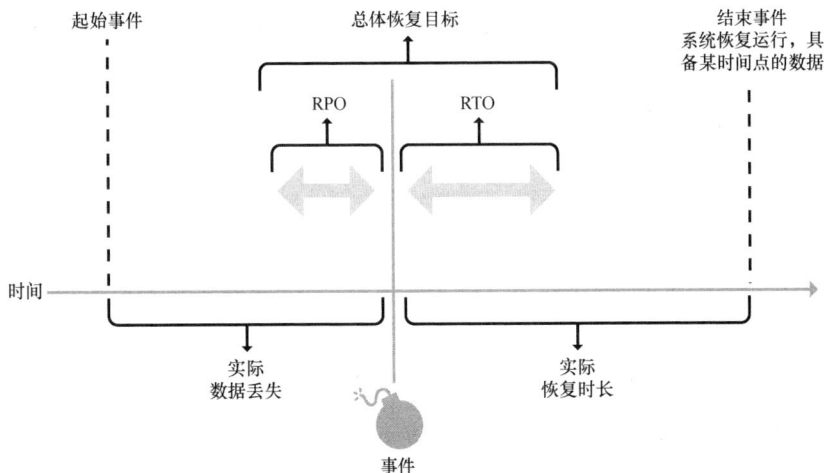

图 4-8 与事件相关的 RPO 和 RTO

尽管性能方面的业务影响分析超出了本书范围，但在通过审视运营情况来确定 RPO 和 RTO 时，需综合考虑以下常见的数据点。

- 对于特定组织或组织单位而言，从时间角度来看的最大可容忍数据丢失量。你能够承受完全丢失多少分钟、小时或天的数据，或者从其他可能耗费大量人力或时间的来源恢复多少数据？处理敏感信息（如金融交易或健康记录）的组织可能会受到外部因素（如法规）的约束，明确哪些数据是不能丢失的，以及在多长的时间范围内不能丢失。在发生任何数据丢失情况后，可能还存在围绕分析和报告的要求——这是在进行业务影响分析时应当考虑的另一项成本。

- 云中第三方服务的依赖关系可能会影响从业务中断中恢复的能力。这可能包括从互联网服务提供商（ISP）的中断到第三方网络攻击带来的附带损害等各种情况。

- 数据存储选项（比如物理文件存储与云存储）会影响恢复速度。特别是当需要从云端进行完整备份时，带宽将成为数据恢复的限制因素。在进行业务影响分析时，恢复备份所需的时间可能会被忽视，因为重点往往放在故障本身以及恢复业务运营上。随着时间的推移，数据会存在依赖关系，这意味着在添加新数据之前，需要完全恢复备份——这凸显了 RPO 和 RTO 之间的联系。

- 与重新处理丢失信息的成本相比，实施能将 RPO 和 RTO 降至最低的技术所需的成本。当然，这是基于这样一个事实，即用于重新处理的信息不会因为另一个故障而真正丢失。

- 法规遵从性举措要求对灾难恢复、数据丢失和数据可用性进行管控，这可能会改变你的计算结果。

- 实施实时、近实时或冷备份灾难恢复解决方案的成本。

任何完善的计划都存在失败的风险。一旦确定了 RPO 和 RTO，就要考虑与之对应的实际恢复时间（RTA）和实际恢复点（RPA）。这些只能在业务连续性计划测试和模拟事件响应中建立。

RTA 和 RPA 是经验值，它们有助于证明你针对 RPO 和 RTO 所制定的服务等级协定实际上是可以达成的。对支持企业核心功能的所有系统和服务进行此类测试至关重要，既能证明这些系统和服务能够为企业提供支持，也能暴露出运营中可能需要改进的任何缺陷。正如在本书其他地方所说的，无论你的数据存在于何处，你都有责任对其负责。确保在规划和测试中不会因为某个组件由他人拥有或运行而将其遗漏。如果某个组件是你所提供服务的一部分，那么它就需要成为你规划和测试的一部分。

最后一点，在考虑 RTO 和 RPO 时，这些都是业务目标，绝不是由技术来确定的。完全有可能出现这样的情况，即现有技术无法满足业务对 RTO 和/或 RPO 的要求。因此，企业必须接受这一风险，或致力于制定相关流程，提供替代的运营方法，以减轻部分或全部风险。

4.23　其他

与云计算以及特定云服务提供商的服务相关的词汇，既有真实存在的，也有新造出来的，还有不少首字母缩写词，以至于即使是最有经验的专业人士有时也不得不停下来询问"这是什么"或"这是什么意思"。这就像是寻找自密封阀杆螺栓的定义或树章鱼的起源一样令人困惑。为了让我们关于云攻击向量和特定于云的技术的讨论更加顺畅，请看看下面这些额外的定义。

4.23.1　S3 存储桶

Amazon S3 存储桶是 Amazon Web Services（AWS）中可用的一种公共云存储资源。术语 S3 是"简单存储服务"（Simple Storage Service）的首字母缩写，本质上是一种对象存储服务。Amazon S3 存储桶类似于文件夹，用于存储包含数据

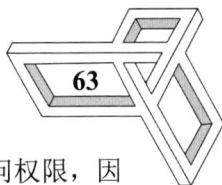

和描述性元数据的对象。在云计算环境中，S3 存储桶可能具备公共访问权限，因而需将其访问权限限制在合适的身份范围内。缺乏适当的访问控制是导致数据泄露和数据渗出的最常见错误。

4.23.2 EC2

Amazon 弹性计算云（Amazon EC2）是一种网络服务，它在云中提供安全、动态可扩展、灵活的计算能力。它旨在使开发者更轻松地开发 Web 应用。EC2 的实现使用了一个网络服务接口，该接口在编程方面几乎提供了完全的灵活性，这使得用户可以根据技术或业务需求来配置服务。配置错误以及对未修复漏洞的机密信息管理不善，可能会致使 EC2 遭到利用。

4.23.3 E5

微软的 E5 及其同系列产品（如 E1、E3、F1、F3、F5）均为基于云的产品，为 Microsoft 365 提供了多样化的服务和解决方案。Microsoft 365 作为 SaaS 生产力应用程序，整合了 Outlook、Word、Excel、PowerPoint 等应用，并融合语音、数据、安全、存储及合规性等高级服务，所有这些服务均托管于云端。

威胁行动者常通过不良的凭据管理和不安全的 API 实现来攻击 Microsoft 365 的各个环节。尽管微软在及时修补其服务中的漏洞方面表现优异，但若 API 或管理员账户遭入侵，那么所有电子邮件和 OneDrive 文件都可能暴露给威胁行动者。这正是 2020 年利用 SolarWinds 漏洞技术的后果之一。

4.23.4 Kubernetes

Kubernetes（也称为 K8s）是一个可移植、可扩展的开源平台，用于管理容器化工作负载和服务。K8s 通过提供强大的自动化功能以及对标准化配置的执行能力，在同类产品中脱颖而出。Kubernetes 这个名字来源于希腊语，意为"舵手"或"领航员"。K8s 是该单词的一种缩写形式（也称为数字缩写词，依据是 K 和 s 之间的字母数量恰好为 8 个）。这个解决方案最初由 Google 开发，在 Google 管理基于云的工作负载 15 年后，于 2014 年开源。近年来，由于其在自动化工作流程中存在不安全的实施方案，K8s 已成为攻击目标。

4.23.5　Docker

Docker 是一个提供 PaaS 产品的解决方案，它使用基于操作系统的虚拟化技术来交付软件，这些软件被封装在称为容器的独立包中。如前所述，容器彼此隔离，并且捆绑了它们自己的软件、库和配置文件，以在交付和运行时为软件提供隔离。容器通过定义良好的通道进行通信，从而能够基于这种隔离实现严格的架构设计和安全监控。Docker 是造就如今"云"概念的重要组成部分。

4.23.6　SCIM

跨域身份管理系统（SCIM）是一种标准，用于实现身份域与信息技术解决方案（这些解决方案使用身份进行基于角色的访问）之间用户身份信息交换的自动化。这些身份信息可用于身份验证、授权，或两者皆有。随着各组织持续使用更多基于云的工具，SCIM 标准的受欢迎程度和重要性与日俱增。SCIM 旨在解决大量应用（内部和外部）、服务器、数据库及存储的配置问题——无须借助多个目录服务，也无须在不同解决方案中维护各自独立的基于角色的身份访问模型。SCIM 提供了一种标准连接方法，可在各处实现身份信息的对接和共享。虽然前面讨论的一些定义涉及独特的攻击向量，但 SCIM 作为一种标准，能够简化身份访问管理，并减少云环境中的身份攻击面。

4.23.7　Service Fabric

Microsoft Azure Service Fabric 是一个分布式系统平台，它使得打包、部署和管理可扩展且可靠的微服务和容器变得简单。本质上，它是 Microsoft Azure 针对 Docker 和 Kubernetes 推出的对应产品，不过在管理 Microsoft Windows 工作负载方面存在诸多差异。Service Fabric 还基于云环境以及混合环境中对有状态服务的需求，解决了开发和管理云原生应用时面临的重大挑战。

4.23.8　目录桥接

活动目录（Active Directory，AD）桥接是一种允许用户使用活动目录的登录凭据对非 Windows 系统进行身份验证的机制。这通常是针对 Linux 发行版的一种

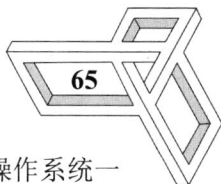

附加解决方案，它将主机资产加入 Windows 域，使其像原生 Windows 操作系统一样进行管理。AD 桥接通过采用活动目录或 Azure 活动目录的既定最佳实践，消除了为 Linux 单独设置目录服务或在云中管理本地账户的需求。

4.23.9　DevOps 安全（SecDevOps）

DevOps 安全指的是通过策略、政策、流程和技术来保护整个 DevOps 环境和生命周期的准则与实践。DevOps 安全应能打造一个高效的 DevOps 生态系统，同时有助于在代码漏洞和运维薄弱环节引发问题之前，就识别并修复它们。简单来说，它是指从代码开发到质量保证再到自动化部署这一整套自动化流程和工作流程的安全保障。它通常与敏捷开发实践一起使用，以便将解决方案发布到云端。

4.23.10　最小权限

最小权限常被称为最小权限原则（PoLP），指的是限制用户、账户和计算进程的访问权限，只授予执行常规授权活动所绝对必需的权限的概念和实践。权限本身指的是获得某些安全权限以执行其他情况下会被限制的任务的授权。最小权限安全模型要求执行最低级别的用户权限或最低的访问级别，使用户能履行其职责。最小权限原则也适用于进程、应用、系统和设备（如物联网），即它们都应该只拥有执行授权活动所需的权限。因此，如果某个用户或设备遭到入侵，威胁行动者将无权执行不当操作。

4.23.11　权限分离

权限分离是一种信息技术最佳实践，各组织采用这一方法，根据不同的信任级别、需求和权限需求，广泛地区分用户和进程。与网络和内存隔离的概念类似，权限分离本质上在信息技术云环境的特定部分周围创建"护城河"。它有助于在入侵点附近遏制入侵者，限制其横向移动，同时也确保员工、应用和系统进程不会访问超出需要的数据。对权限以及相关任务进行分离，还有利于生成更清晰的审计跟踪记录，简化合规报告的流程。

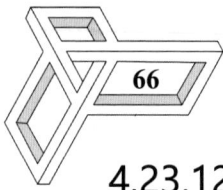

4.23.12 云清洗

云清洗（Cloud Washing）是一种具有误导性的营销手段，指的是通过将旧产品与云技术建立联系、在云端托管，或者将其宣传为"支持云技术"或"云就绪"的产品，以此对旧产品进行重新包装。在很多情况下，云清洗和将应用作为单租户解决方案在云端托管之间差别不大。实际上，对应用进行云清洗可能会带来极高的安全风险，因为源应用很可能并非为接入互联网而设计。因此，为使应用适配云环境所必需的安全控制措施只是"附加"或"改造"上去的，而非在解决方案的原生设计中就已包含。云清洗的方法通常与零信任等策略不相容。本书后面会详细讨论这一点，而且云清洗通常与应用从本地数据中心迁移到云端的"直接迁移"（lift and shift）方式相关。

4.23.13 内容分发网络

内容分发网络（CDN）是一个分布式服务网络，它根据用户与指定云实际数据中心的地理距离，向特定的目标受众分发内容。CDN 能够凭借在网络上靠近消费者的优势，实现高效的内容分发。大多数 CDN 分发的内容与流媒体服务以及实时视频游戏这类高带宽应用相关。

4.23.14 弹性

在云计算领域，弹性是指系统通过配置和解除配置资产及资源，以适应不断变化的工作负载需求的能力。由于大多数云服务提供商是按使用量来计费的，优化使用情况能够使资产和资源的配置与实际需求相匹配。这样一来，客户就不会为已配置但未使用的服务向云服务提供商支付过多费用。

4.23.15 CloudTrail

CloudTrail 是 AWS 特有的一项服务，它能够通过日志记录实现对 AWS 账户以及交互服务的治理、合规监管、监控和审计。由身份、角色或其他 AWS 服务触发的任何活动均会以事件形式记录在 CloudTrail 日志中。这些事件包括但不限于 AWS 管理控制台的活动、AWS 命令行界面（CLI）的输入内容、针对实例或账户调用的 AWS 软件开发工具包（SDK）及 API。

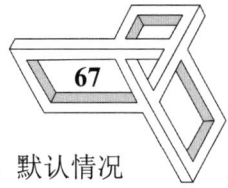

CloudTrail 是 AWS 用于威胁狩猎和确定入侵证据的强大工具之一。默认情况下，在创建 AWS 账户时，CloudTrail 服务会自动启用；如果不需要记录日志，则必须手动关闭。始终保持 CloudTrail 服务的开启是一项安全最佳实践。拥有适当的基于角色的访问权限后，用户可以通过在 CloudTrail 控制台中，根据设置中指定的数据保留期限来搜索事件历史记录，轻松查看各类事件。不过，可能需要根据合规性、安全要求以及云存储成本对相关设置进行调整。

4.23.16 开源

开源是一种开发模式，在这种模式下，产品的源代码由创建它的开发人员或组织公开提供给公众。开源产品推动了社区的协作式开发以及快速的原型制作进程，并且能够发现那些可能会对所有使用该解决方案的实体造成影响的漏洞。Kubernetes 是一个开源编排平台的例子。

作为一个攻击向量，如果多家公司在其产品中利用了存在漏洞的开源代码（库），那么开源漏洞可能同时影响多个公司。对 Log4J 和 HeartBleed 等历史漏洞的利用，都已证明开源漏洞的影响范围可以有多广泛。

4.23.17 服务等级协定

服务等级协定（SLA）是一种衡量准则，用于判定客户与云服务提供商之间就服务等级、可用性及性能所达成的约定是否依规运行。SLA 通常以合同协议的形式记录在案。违反 SLA 的后果多样，从退款、提供服务信用到除"抱歉，我们出现了服务中断"外不采取任何行动不等。

除了纯技术问题外，由网络攻击引起的中断和干扰也可能影响既定的 SLA。如果组织的数据或业务因云攻击而受到损害，可能会要求提供商按 SLA 规定的时间（通常以确认攻击发生后的小时或天数计算）进行通知。

4.23.18 虚拟机

虚拟机（VM）是一种基于软件的计算机（资产），它运行一个操作系统和应用环境，这些环境托管在一个代替了物理硬件的虚拟机宿主系统（即 Hypervisor）

上。虚拟机的管理和配置体验几乎与设置专用硬件的体验并无二致。简单地说，虚拟机就是机器（宿主系统）中的机器（资产）。

通过同时运行多个虚拟机，一台运行 Hypervisor 的物理硬件计算机可以并行执行多个虚拟机。在这种模式下，运行在不同虚拟机上的应用不会相互干扰。如果一个应用崩溃，它不应影响其他虚拟机中的其他资源。

虚拟机可以托管其他虚拟机，这类似于电影《盗梦空间》中展示的概念。这种做法可以通过在使用其他虚拟化技术的虚拟环境中嵌套恶意活动来混淆攻击向量。图 4-9 展示了这种深度达三层的嵌套情况，以及威胁行动者如何在虚拟机甚至嵌套虚拟机中掩盖其恶意行为。

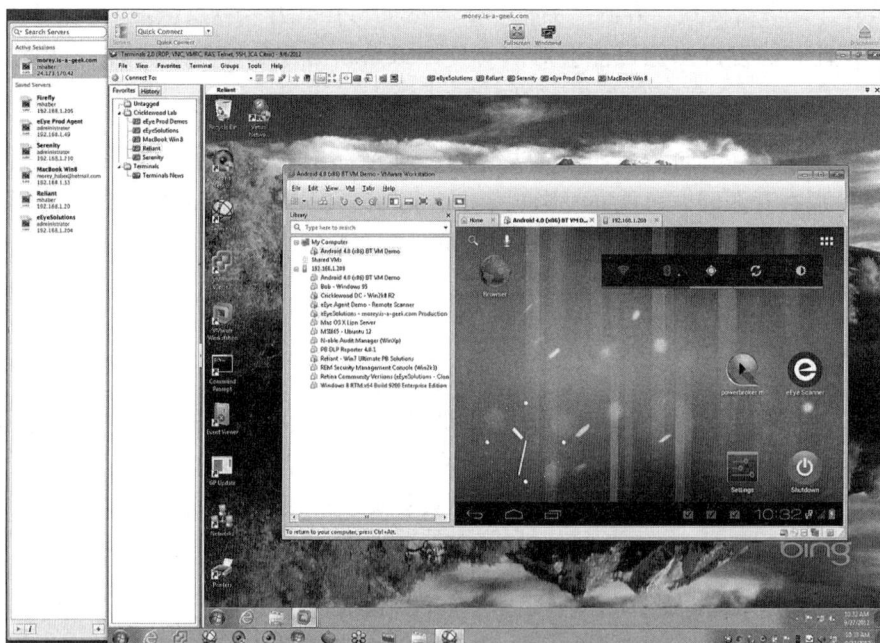

图 4-9　包含 VMware ESXi、Windows 和 Android 操作系统的嵌套虚拟机

最后，影响虚拟机的攻击向量可能源于虚拟机自身，或是托管它们的 Hypervisor。这甚至涵盖了针对 Hypervisor 的勒索软件，此类勒索软件会对每个虚拟机实例进行加密，将其作为人质。当内存中存在隔离缺陷并被诸如"内存行锤击"（Rowhammer）等技术利用时，或者当虚拟机的配置不足以防止不当通信时，虚拟机之间就可能发生横向移动攻击。

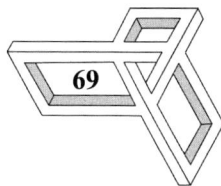

4.23.19 垂直云

垂直云是云服务提供商提供的一种解决方案，已针对特定行业领域（如制造业、金融服务、医疗保健或政府机构）进行了开发和优化。

4.23.20 虚拟桌面基础设施

虚拟桌面基础设施（VDI）是一种托管在虚拟机内的桌面操作系统，它向终端用户提供桌面服务，而无须对物理机进行远程控制。VDI 技术旨在快速创建具有保存设置或清理设置的桌面环境，可以利用弹性原则进行扩展，以便在需要时支持用户。目前市场上最常见的 VDI 解决方案提供商包括微软、VMware 和 Citrix。

4.23.21 SAML

安全断言标记语言（SAML）是一种开放标准，用于在资源之间（通常是在身份提供商和服务提供商之间）交换身份验证和授权数据。SAML 是一种基于 XML 的安全断言标记语言，支持单点登录（SSO）等身份验证技术，能够降低用户为每个网站单独存储或记忆多个凭据的风险。SAML 的主要功能是允许用户通过如多因素认证（MFA）等安全方法完成身份验证后，获得访问其他 Web 应用的权限。

4.23.22 OpenID

OpenID 允许用户使用现有的账户登录多个网站，而无须为每个 Web 应用创建新密码。从概念上讲，OpenID 建立在 SAML 的用例基础之上，但它在身份验证请求中增加了可用于后续流程的属性。作为用户，你可以指定将身份信息中的哪些信息（如姓名、电话号码或电子邮件地址等）与 OpenID 关联，以便这些信息能够与你访问的网站共享。借助 OpenID，你能够控制与访问网站共享的信息范围，而且无须在身份验证过程中共享密码或存在输入密码的可能性。

4.23.23 身份证明

身份证明是云服务提供商收集、验证和核实个人及其真实身份信息的概念和

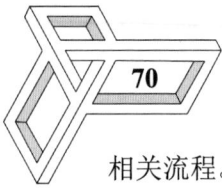

相关流程。身份证明使用基于知识的属性和公共及私有的国家身份系统来确认使用键盘（或移动设备）的人的身份与其真实身份是否匹配。这允许用户自我识别并提供证明，从而在不降低终端用户体验的前提下，为提供商实现具有高可信度的安全验证流程。

4.23.24　OAuth

OAuth 是一种用于访问委托的开放标准。它通常用作互联网上的身份（即用户）授权网站或应用访问其他网站上的信息。OAuth 的目的是实现用户身份信息共享，同时避免共享或泄露身份凭据、机密信息或密码。

4.23.25　FIDO

快速在线身份验证（FIDO，Fast ID Online）是一套与技术无关的强身份验证安全规范，由非营利组织 FIDO 联盟开发，旨在为客户端和协议层提供标准化的身份验证机制。FIDO 规范支持多因素认证（MFA）和公钥加密技术。与传统的密码数据库不同，FIDO 将个人可识别信息（PII），比如生物识别认证数据，存储在用户设备的本地（通常会使用可信平台模块[TPM，Trusted Platform Module]这样的高级存储技术）以保护数据安全。FIDO 将机密信息（密码、证书、生物特征等）进行本地化存储的做法，旨在解决云存储中个人数据面临的安全隐患。

第 5 章

资产管理

资产管理是一种最基本的网络安全最佳实践。无论技术是部署于本地、云端，还是运行在混合环境中，理解并记录所有资产都至关重要。毕竟，如果不知道资产的存在及其保护需求，便无法充分制定应对威胁的安全策略。在云环境中，即使这些资源不是你的计算机或资源，对其进行追踪和分类依然至关重要。这将有助于确保资产不会因身份管理攻击、数据治理问题以及可利用漏洞的持续存在而引发风险。

虽然关于资产管理的讨论可以聚焦于对组织在云中的所有资源进行清点，但云安全资产管理（CSAM）的一种重要形式对于防范云攻击向量至关重要。因此，这里的资产管理讨论将聚焦于身份，尤其是对资产管理和云安全策略至关重要的特权账户。

特权账户是网络攻击链的关键部分。据 Forrester 估计，这些账户及其凭据至少涉及 80%的数据泄露事件。对于每个注重安全的组织来说，保护特权用户账户以及日益重要的机器账户（非人类账户）是首要任务。它们也是满足许多监管要求和实现零信任的核心（稍后将作为零信任通用办公环境战略的一部分进行讨论）。根据获取的特权类型，威胁行动者可利用特权账户访问权限窃取敏感信息、更改系统、管理资源，甚至绕过安全控制并清除行动痕迹。

随着企业结构变得更加复杂分散、全面拥抱云，以及越来越多的用户在家工作，特权账户的数量和多样性正在呈指数级增长。每个云资产在其生命周期的某个阶段都至少需要一个特权账户。许多这样的特权账户正在悄无声息、不受监控、不受管理地扩散，为威胁行动者提供了潜入企业环境的危险后门。资产管理是控制这种风险的关键起点。

虽然一些特权用户是员工，但其他特权账户还涉及承包商、供应商、审计员，甚至是访问本地、云端或混合环境的自动化第三方服务和非人类实体。作为任何网络安全策略的一部分，最重要的第一步是进行资产盘点，并确保该盘点能够发现所有账户及其相关特权。毕竟，如果你不了解环境中存在哪些账户和特权，就无法设计出适当的策略来管理和降低风险。当整个云环境及其中存在的权限能基于功能进行识别并充分理解时，这种策略最为有效。

许多组织依靠资产发现技术来执行最基本的资产盘点工作。理想情况下，这种技术能够识别云中所有资产（无论是活跃状态还是休眠状态），并提供相关服务、账户、应用（软件）、配置、操作系统等详细信息。这些信息随后帮助组织根据敏感性、数据、所有权、地理位置以及潜在攻击向量等维度对资产和账户进行分类。

虽然数字发现并非完美无缺，且常常因技术限制存在一些盲区，但它确实为组织提供了亟需的基线。持续的资产发现随后成为网络安全实践中的常规环节，用于识别新资产、影子 IT、不合规系统，甚至那些如果不通过自动化管理就应被淘汰的资产。有了这些信息，云中的特权账户资产管理方能逐步成型。

管理云中特权账户的最佳方式是使用特权访问管理（PAM）解决方案。首先，PAM 支持在本地、混合和云环境中对（人类及非人类/机器）账户及其关联特权进行全生命周期管理与维护。常见用例可以包括特权凭据的安全存储、轮换和检索，移除管理权限、安全会话访问以及自动化流程中使用的机密信息管理。

以上所有 PAM 用例都有一个共同的要求：必须先发现或预知要管理的凭据或机密信息。为了简化这一流程，可考虑以下步骤。

1．进行资产发现并列举与每项资产相关联的账户。

2．识别敏感资产和核心资源。如可能，识别任何存储或处理个人可识别信息（PII）的资产。

3．对账户进行分类，以确定它是本地账户还是基于目录的账户。

4．对账户进行分类，确定其属于交互式账户还是基于机器的账户。如果是交互式账户，确保它不使用单因素认证。

5．确定与每个账户相关联的所有特权。

6．识别使用共享账户的所有资产、应用、服务、脚本等。根据定义，共享账户是指多个身份用于验证的任何账户。

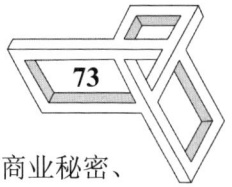

7. 根据资产清单评估每个账户的重要性。这包括个人可识别信息、商业秘密、财务信息、工资等。每家公司的资产清单可能不同，但任何资产的泄露和披露若可能导致极度尴尬、市场或财务压力，或构成"游戏结束"（即毁灭性）事件，则这类资产通常会被归类为"关键资产"。

8. 确定哪些账户可以访问这些资源，并将它们纳入特权访问管理范围。这一过程应该贯穿整个资产清单，直到覆盖所有被认为重要或为缓解感知风险所需的资产和账户。应始终添加新账户，并移除已弃用资产的所有权限。

9. 移除所有多余的特权和管理权限。

注意：虽然许多资产管理解决方案能够发现账户，但若未对账户的使用方式或来源进行分类，后续所有操作都将失去意义。一个缺乏关联性或上下文的账户列表，在账户遭到入侵时，无法提供任何潜在影响的有效评估。

虽然我们将步骤 1～9 中的过进行了简化，但需要承认的是，如果某些账户若未被发现并得到适当管理，它们将会对云攻击向量缓解策略构成最大风险。

那么，在云环境资产管理中，需要发现的最重要的特权账户有哪些，原因是什么呢？

- **域管理员账户**：在云环境或本地环境中，最重要的特权账户是那些几乎可以访问任何资产的账户，典型代表是域管理员账户。这些账户对威胁行动者来说价值最高。组织应尽可能减少域管理员账户的数量以及访问这些账户的人，并应将所有这些账户纳入特权访问管理。

- **非人类自动化账户**：接下来，需找出与应用、操作系统、数据库、服务、网络设备等关联的所有账户——这些账户通常被多个资产共享以实现特定功能。尽管这些账户通常不具备全面的管理权限，但攻击者一旦利用共享账户攻陷某一资产，就可轻易借此进行横向移动。威胁行动者通常会通过这种经过认证的"跳板"持续攻击其他资产，直至完成某种形式的权限提升并获取管理权限。一般来说，共享账户的存在本身就属于不良安全实践。然而，此类账户之所以普遍存在，是因为它们为某些用例提供了最可行、便捷的实现方式。因此，必须始终识别这些账户，并将其纳入特权访问管理体系。

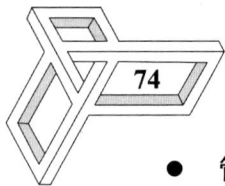

- **管理解决方案**：用于管理、监控、配置、自动化和安装/修改云环境的技术——从目录服务到安全解决方案——永远不应该有共享账户。虽然这在技术上可能并非总是可行的，但应始终尽量降至最低。安全最佳实践规定，用户对这些解决方案的访问必须始终是一对一的关系。因此，应用、网络、安全和操作系统管理员使用的所有账户都应该受到管理。这可以确保维持一对一的关系，并对所有访问行为进行监控，以识别是否存在异常操作。这包括在本地或云中发生的任何访问，以及由员工、承包商、供应商、审计人员等远程执行的任何工作。

- **服务账户**：每个云环境中最容易被忽视的账户是与运行服务和进程相关的服务账户。服务账户如同云环境中应用的基础设施管道，通常被分配无法本地登录的凭据，但它们可以被滥用或误用来危及操作系统或应用。服务账户通常是一种共享账户，根据应用的不同，可以在多个资产上共享，以便作为单一系统运行。当服务账户通过 PAM 解决方案来管理时，变更（如凭据变更）必须同步；否则，连接的资源将无法无缝停止和重新启动其服务。这就是为什么资产属性是资产发现过程中一个重要的组成部分。务必识别服务账户的所有位置，并自动链接共享账户，以便将账户作为一个组进行管理。否则，一些账户可能会被遗漏，导致凭据无法正确轮换，且利用相同服务账户的新资产也无法纳入管理。上述任何情况都可能导致安全漏洞和连锁故障。

- **云账户**：在使用云服务管理工作负载时，会根据身份、权限项和权限模型创建特定于供应商的 IAM 账户来管理实例、运行时和资源。作为资产发现的一部分，应在多云环境中枚举这些账户，并以统一格式（主体）呈现，以便进行风险评估。通过发现并纳入这些云账户，可以管理云账户的授权项，并确定在运营过程中账户是否存在过度配置、闲置不用甚至被滥用的情况。

- **特殊账户**：在账户发现和管理中，最易被忽视的一种账户类型是特殊账户。这些账户由服务台等团队在终端本地创建，用于支持系统重新镜像、信息技术功能维护等场景。通常，此类账户被创建为本地管理员账户，成为授权方合法访问主机的"后门"。可想而知，这些账户往往缺乏唯一密码，或因使用时长、地理位置或所属者等因素，在相似设备间共享密码。作为安全最佳实践，每个此类账户都应设置唯一密码。应对每台设

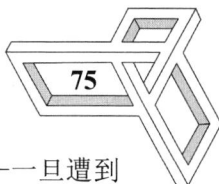

备的访问进行监控和管理，尤其是当它们与云资产通信时——一旦遭到入侵，这些账户可能成为攻击的初始入口。这带来了独特挑战：基于本地和云的密码管理解决方案通常无法建立通往远程主机的网络路径以管理这些凭据，对于远程办公用户而言尤其如此。此外，基本的终端加固措施应阻止任何可能用于管理这些账户的入站连接。因此，这些账户的管理通常通过 PAM 代理完成。发现功能则通过相同或类似技术实现，以向资产管理数据库填充必要属性，确保将账户纳入管理，并防止终端上的特权账户成为入侵环境的入口。

- **嵌入凭据的账户**：开发人员、管理员甚至应用将凭据嵌入脚本、配置文件或编译代码中的原因多种多样。这通常与敏捷开发的 DevOps 自动化相关，但从开发、质量保证和自动化的角度来看，最佳安全实践可能超出其控制范围。这些文件可能是任何部门为实现任务自动化（如业务逻辑）而创建的脚本，也可能是设置凭据后自行编译代码的第三方程序。许多较旧的企业资源规划（ERP）解决方案都存在此类缺陷，这也凸显了"云清洗"为何是不可取的做法。嵌入机密信息的做法已被公认为高安全风险，因此若有可能，发现并纳入这些凭据进行管理至关重要。然而，一旦发现存储在文件中的机密信息和密码，可能需要借助额外的自动化工具来替换它们，或在 PAM 解决方案中重新编译代码。

除了这些重要的特权账户类型外，还存在大量其他需要发现的账户。安全最佳实践建议，企业应识别、分类和评估其环境中每一个账户的风险，以确定敏感度和优先级，从而通过持续监控将其纳入管理范畴。自动化发现流程还可定位在发现过程中找到的与密码/账户属性相关的风险，例如默认密码、重复使用的密码或长期未更新且已失效的密码。

遵循经过验证的特权账户资产管理计划有助于提升云安全态势。通过利用资产管理数据库并发现所有账户，可以有效地管理对云环境构成的关键威胁。此外，作为最佳实践，特权账户的发现、纳入管理和移除（注销）应该是一个融入日常运营的持续性流程。

第6章

攻击向量

建立安全云环境的第一步是了解它可能遇到的威胁。你的环境可能遭受的攻击向量将构成需要优先保护的领域清单。即使对于那些精通该主题的人，特别是那些深知网络安全领域之广阔的人，这项任务也可能显得艰巨。你需要避免"分析瘫痪"，避免陷入试图一次性解决所有问题的循环中（我们将在本书后续章节中再讨论一点）。目前我们能提供的最佳建议是，研究现有的网络安全框架。许多专业人士已深入分析攻击面并识别了攻击向量，因此你无须从头开始。在理解云攻击向量时，可将这些框架视为工具包、指南，在某些情况下甚至可以是权威参考。

需注意的是，没有任何单一框架能解决所有问题。你需要从每个工具包中提取适合组织需求的要素。在下文中，我们将带你了解多个有助于理解攻击向量的资源（尚未涉及缓解策略），这些资源可能适用于你的组织。当在阅读这些资源时，开始对它们进行分类，这将有助于确定哪些内容适用于你的组织，进而帮助你制定成功标准，以量化云环境安全保障工作的进展。

最后，请记住——万变不离其宗。这是因为云中的攻击向量与本地部署的攻击向量几乎相同，但在衡量组织面临的风险时却有所不同。如果你还没有意识到这一点，那么很快就会意识到。攻击向量的类型如图 6-1 所示。

如果你是网络与计算技术的学习者，一定知道 OSI 模型将网络实现划分为 7 层。有人调侃说，若将"人为因素"作为攻击向量叠加在顶层，实际上应该有 8 层，但这并非该模型的官方组成部分。而在云计算环境中，云本身确实构成了一个独特的攻击向量层。因此，如图 6-1 所示，各层分别如下。

- **物理层**：OSI 模型的最底层，侧重于在网络中传输原始的非结构化数据位所需的电气或光学特性。这包括所有物理规格，如电压、引脚布局、电缆线、屏蔽、硬件，甚至用于传输的无线电频率。物理层设备包括网络集线器、布线、中继器、网络适配器或调制解调器。这一层容易受到基于嗅探的攻击。对于云，这主要涉及基于无线网络的攻击。

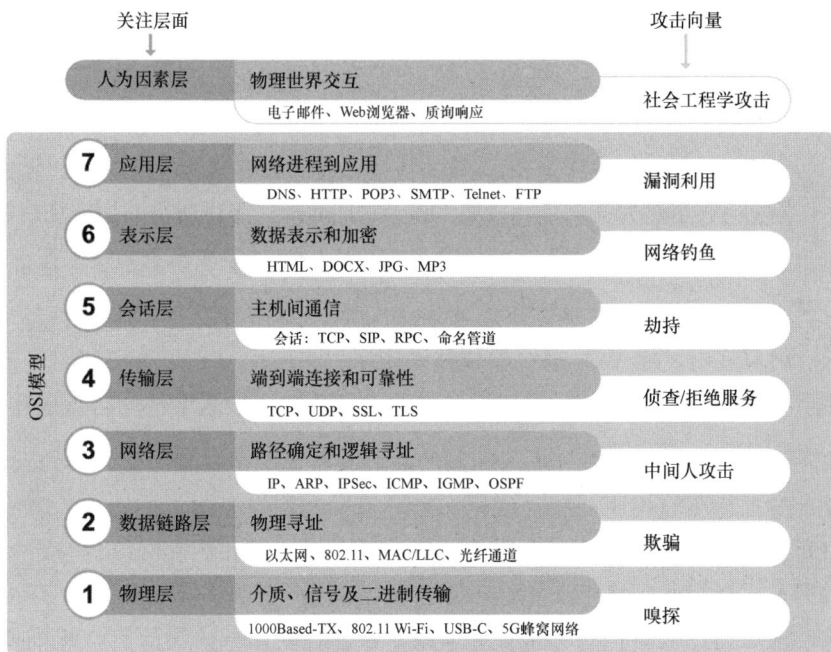

图 6-1 攻击向量的类型

● **数据链路层**：在数据链路层，直接连接的资产用于执行节点到节点的数据传输，数据被打包成帧进行传输。数据链路层还能纠正因物理层问题而可能出现的错误。数据链路层规范包含两个部分。第一部分是介质访问控制（MAC），为网络上的设备传输提供流量控制和多路复用。第二部分是逻辑链路控制（LLC），在物理介质上提供流量和错误控制，并识别线路协议。作为一种攻击向量，欺骗攻击在这一层的风险最高。

● **网络层**：网络层负责接收来自数据链路层的帧。一旦确认传输无误，网络层就会根据帧内的地址将其转发到目的地址。网络层使用逻辑地址（如IP）来路由源端和目的端的流量，从而找到目的地址。网络路由器通常与这一层相关联，以执行路由功能。对于云来说，几乎所有通信都要通过互联网，因此可能会受到中间人攻击，即使是私有云也不例外。

● **传输层**：传输层管理数据包的传输和内容错误检查。它管理数据包的大

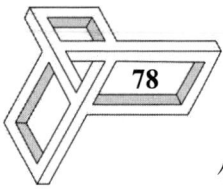

小、排序，并最终管理资产之间的数据传输。传输控制协议（TCP）是最常见的传输层协议，容易受到拒绝服务攻击。

- **会话层**：会话层控制资产之间的对话。机器之间的会话或连接在这一层建立、管理和终止。会话层服务还包括身份验证、重新连接和状态管理。在这一层，劫持攻击最为普遍。

- **表示层**：表示层根据应用接受的协议、设计和内容为应用层格式化和转换数据。该层对云计算至关重要，因为它还处理应用层所需的加密和解密。表示层也是终端用户面临的最大风险层面，网络钓鱼攻击主要发生在这一层。

- **应用层**：终端用户和应用层直接与软件应用进行交互。这一层支持终端用户应用，如 Web 浏览器或移动应用。在应用层，漏洞和利用是云环境中主要的攻击向量，新闻报道中的大多数数据泄露事件均与该层相关。

在云环境中，这些层级与攻击向量的映射关系和本地环境类似，但较为松散。可以说，与本地环境相比，在互联网和云环境中实施许多此类攻击更为容易。例如，中间人攻击会在会话过程中拦截网络流量，以嗅探和欺骗网络流量，为后续攻击做准备。在企业网络中实施这种攻击需要部署资产来拦截、解码、路由或转发流量，这对远程威胁行动者来说并非易事，即使对内部人员而言，也需要一定的黑客技能。然而，当网络连接依赖不安全的 Wi-Fi 提供服务时，通过互联网完成此类攻击会更加容易。因此，与本地环境相比，每种攻击的潜在风险严重程度和执行难度可能有所不同。这体现了"变化越多（执行难度），不变之处越多（攻击向量）"的特点。表 6-1 即表达了对此的观点。

表 6-1   OSI 和攻击向量，对比云环境与本地环境中实施攻击的难易程度

OSI	层	攻击类型	本地环境	互联网/云环境
1	物理层	流量嗅探	困难	视情况而定
2	数据链路层	欺骗（spoofing）	困难	中等
3	网络层	中间人	困难	中等
4	传输层	网络侦查/拒绝服务	中等	中等（视目标而定）
5	会话层	会话劫持	中等	中等
6	表示层	网络钓鱼	简单	简单
7	应用层	漏洞利用	中等	简单
8	人为因素层（非官方，但相关）	社会工程学	简单	简单

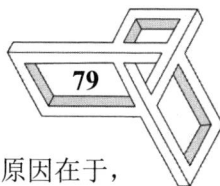

本地环境在较低层级（如物理层、数据链路层）更难被攻破的主要原因在于，其网络具备物理安全防护措施，例如设置了门禁系统，对线缆管理间进行封闭管理，以此防止已获取不当访问权限的威胁行动者实施物理网络篡改。混合云与私有云环境的安全性应被视为与本地环境近乎相同，因为云服务提供商的物理安全措施（如同企业自有建筑的安全防护）已为你提供固有的保护。公有云则因直接暴露于互联网而有所不同——唯一例外是第 7 层（应用层）。

对于存在可行攻击手段的外部漏洞，通常会优先在互联网层面进行修复以防止入侵。随后，企业会根据漏洞的严重程度和时间安排（如有必要）进行内部补丁更新。因此，威胁行动者通常更容易在外部发现可利用的漏洞，因为网络边界仍提供了一定的防护层。但遗憾的是，随着远程办公趋势的持续，从 OSI 模型第 5 层（会话层）及以上层级对远程设备进行安全维护的挑战日益增加，这一问题也变得愈发突出。

正如我们反复强调的，云环境攻击向量常与身份验证相关。这对保护所有依赖密钥进行身份验证的云资源构成挑战——即使部署了最先进的多因素认证和安全工具，若策略制定不当或缺乏特权访问管理，云资源仍面临风险。若身份管理体系薄弱，风险面不仅会扩展到漏洞利用和密钥泄露，还可能涉及威胁行动者利用的恶意身份。因此，我们需要将完善的身份管理、访问管理和策略管理有机融合，全方位保障云环境中的身份验证安全。由此可见，对于云攻击向量，我们最需关注的实际上是第 6 层（表示层）、第 7 层（应用层）以及非官方的第 8 层（人为因素层）。

请考虑图 6-2 中基于身份的验证流程图，以及它如何适用于更高层级的安全问题。

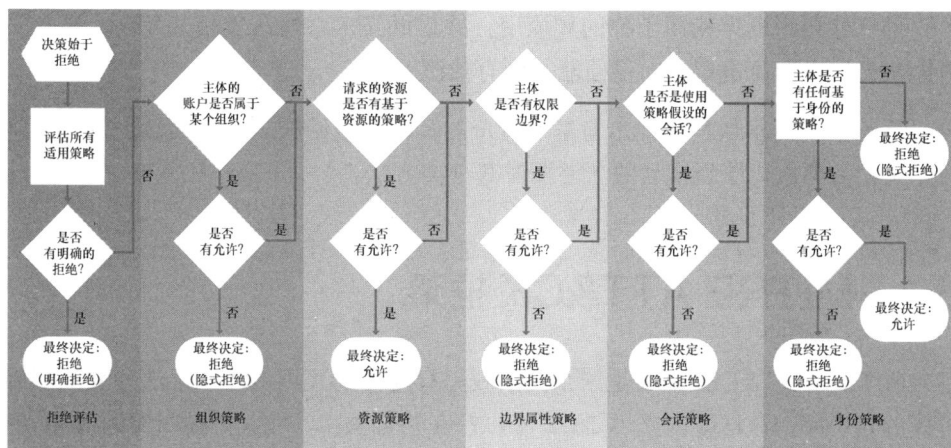

图 6-2　在云端的基于身份的验证

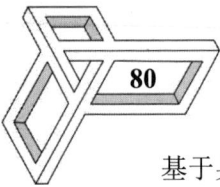

基于身份的验证与访问决策可划分为以下 6 类。

- **拒绝评估（Deny Evaluation）**：该模型体现最小权限原则与零信任理念，初始设定为拒绝访问状态，随后需经验证逐步赋予访问权限。仅当不存在明确拒绝规则时，才启动访问流程。

- **组织策略（Organizational Policy）**：是否存在允许该身份访问的组织级策略？

- **资源策略（Resource Policy）**：目标资源（资产或应用）是否允许此访问？此步骤确保只有经过适当管理的授权设备或资产才能进行身份验证操作。

- **边界/属性策略（Boundary/Attribute Policy）**：是否基于身份属性（如地理位置、时间、日期等）允许访问？在许多情况下，这是证明对云资源进行适当访问的核心步骤之一。

- **会话策略（Session Policy）**：根据所有先前的决策与属性，请求的会话是否有允许或拒绝访问的策略？该策略通常依赖行为分析、机器学习或人工智能技术实时实现。

- **身份策略（Identity Policy）**：身份自身是否具备可基于所有先前决策来确认访问权限的策略？这最后一步将身份验证结果与所有访问决策进行关联。

若将此逻辑框架应用于你的环境中，并借助技术手段落实相关策略，那么多数影响云环境的身份攻击向量便能得到有效缓解。

至此，我们已从学术视角与基于身份的策略视角回顾了攻击向量。下一节将讨论它们如何应用于现实威胁，并探讨其分类方法。

6.1 MITRE ATT&CK 框架

MITRE ATT&CK 框架是一个关于威胁行动者所采用的攻击手法和漏洞利用方式的知识库。该框架创立于 2013 年，旨在整合黑客（尤其是被归类为 APT 的攻击团队或组织）的常用战术、技术及攻击路径——彼时这些攻击主要针对微软

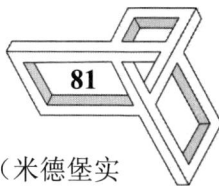

Windows 系统。与许多优秀工具类似，ATT&CK 起源于一项研究项目（米德堡实验[FMX]），该项目最初旨在利用终端数据提升入侵后的检测能力。

基于所收集的信息，MITRE 决定构建一个框架，以弥合网络攻击生命周期理论、杀伤链概念与可实施防御措施之间的鸿沟。此举以更直观的形式使攻击向量的理论知识变得更加具体可感。通过将这些知识整合至统一框架中，ATT&CK 还推动了攻击术语的标准化——这恰是信息技术行业常因术语混乱而陷入困境之处。

在最佳情况下，ATT&CK 框架提供了一种对攻击进行建模的工具，这不仅对研究攻击向量的团队有用，也有助于负责防御工作的团队评估自身的防护工作进展。值得庆幸的是，MITRE 认为该框架应普惠于众，并于 2015 年 5 月公开发布了首个版本。

此后，该框架不断扩展，涵盖更多操作系统（如 macOS、Linux）、平台（如移动设备）和云平台，后者与我们最相关。图 6-3 所示为当前的 MITRE ATT&CK 框架概览。

截至本书写作时，完整的 MITRE ATT&CK 框架涵盖 14 个领域的 200 余项顶层技术，包括侦查、执行、持久化、凭据访问、横向移动、数据渗出及影响等。通过引入子技术分类，该框架记录的攻击技术总数已扩展至约 600 项。

MITRE ATT&CK 官网支持按特定目标筛选技术条目，包括 Windows、macOS、Linux、云环境、网络及容器等方向。若在工具内启用在线筛选功能，并针对云攻击向量（涵盖 Microsoft 365、Azure AD、Google Workspace、SaaS 及 IaaS 等子目标）进行设置，技术条目将精简至 76 项。值得注意的是，这些条目与本书前述概念高度关联。

由于云环境依赖网络，大多数攻击都与基于 Web 的攻击策略密切相关。寻找窃取凭据的机会、将用户引流至伪造站点以盗取凭据，以及利用获取的访问权限提升特权、窃取数据或瘫痪系统——这些威胁场景促使我们高度关注身份、账户、凭证和机密信息。

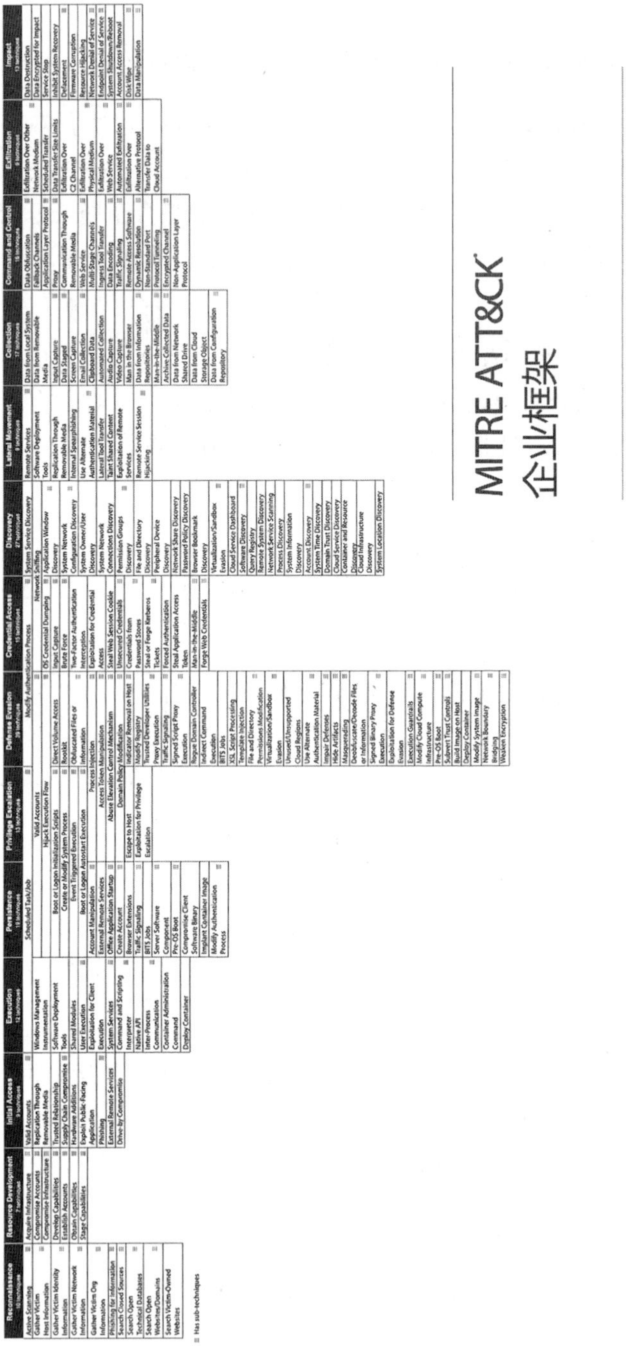

MITRE ATT&CK
企业框架

图 6-3　用于攻击向量的 MITRE ATT&CK 框架

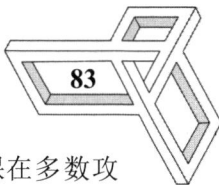

值得庆幸的是，云服务提供商会投入大量的时间和资金，以确保在多数攻击到达服务之前就将其拦截。尽管如此，云端庞大的数据、系统与服务资源仍如同攻击者眼中的"圣杯"——一旦云服务提供商防线被突破，其影响将难以估量。

毋庸置疑，MITRE ATT&CK 框架是网络安全从业者（无论经验深浅）的宝贵知识库。无论你需要识别安全薄弱环节，还是策划红队模拟攻防演练，该框架均可提供系统化指导。

在后文中，我们将对云攻击向量进行核心定义拆解，并在本书后文探讨相应的缓解策略构建方法。

6.2 权限

若论攻击向量的"代言人"，权限的过度分配堪称典型。全球范围内，企业仍普遍以粗放方式授予用户权限——例如直接赋予管理员或 root 权限，而实际上更精细的权限设置已足以满足用户完成特定任务的需求。需要明确的是，极少有用户会主动渴求管理员权限。他们通常只是尝试执行自认为合理的操作，却因系统提示"权限不足"而受阻。

在可能产生的不满情绪的驱使下，用户会提出获取更高权限的请求，以便完成任务。聪明的申请者甚至会强调权限缺失将导致工作无法开展。根据我们的经验，安全团队放松控制措施或分配过度权限的首要动机往往是避免用户投诉。由于这在庞杂的安全事务中看似微不足道，因此针对终端用户的权限请求，最常见的快速但草率的解决方案就是授予超级用户权限（并承诺未来适时收回）。而所谓的"适时"，往往要等到下一次审计暴露系统内过多超级用户权限持有者时。如果你正面临此困境，无须过度自责——这种现象远比人们想象的普遍。但同样重要的是，切勿将其视为可接受的风险，必须立即采取纠正措施。

对于试图入侵资产的威胁行动者而言，权限过度分配的用户账户犹如金矿。普通用户账户的密码往往易于猜测，或可通过其社交媒体上公开的信息推导获得。这些用户账户所关联系统的安全防护通常弱于核心网络，因而更容易受到社会工程学攻击。此外，用户账户持续活跃于系统中，在海量合法操作中发现异常行为变得极为困难。

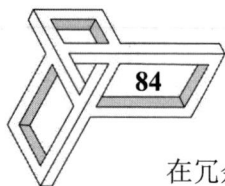

在冗余权限与活动干扰屏障的双重作用下，有效的权限控制必须位列网络安全策略的优先事项，且如前所述，必须严格遵循最小权限原则。这不仅要求精准匹配用户任务需求授予权限，更需通过持续监控与动态调整机制，消除因"权限膨胀"而导致的攻击面扩大的风险。

6.3 漏洞

许多组织在漏洞管理方面面临着严峻的挑战。此处我们将"漏洞"定义为以下 4 类。

- **软件技术缺陷**：指软件中可能被威胁行动者利用以获取系统额外访问权限的技术问题。

- **代码实现错误**：解决方案的编码过程中存在的错误，可被恶意代码利用以实施攻击。

- **配置错误**：因不当配置产生的非预期入口点，可为攻击者提供可乘之机。

- **人为因素漏洞**：人员通过任何机制使未授权的第三方获得系统访问权限的行为。

本节首先聚焦前两类技术性漏洞展开分析。

众多网络威胁和数据泄露报告（包括 Comparitech 公司的报告以及 Check Point 公司的 *Cyber Security Report for 2021*）显示，超过 75%的成功攻击利用的是已存在两年以上的漏洞！这指的是技术漏洞，即软件缺陷使威胁行动者能够访问系统和/或提升其在系统中的账户权限。近年来，这一数字并未显著变化，表明我们需要持续应对这一威胁。这适用于所有资产，无论其所处位置或是否为云原生或"云清洗"系统。

技术漏洞通过通用漏洞披露（CVE）（MITRE 提供的另一项服务）进行记录和报告，CVE 为每个注册的漏洞分配唯一标识符（CVE ID），并提供已知漏洞列表及详细信息和参考资料，以帮助修复/缓解每个漏洞。

尽管云服务提供商通常承担识别和缓解漏洞的责任，但我们绝不能忽视漏洞对我们的系统和数据可能产生的重大影响。云服务提供商仅对其可控范围内的漏

洞负责。即使在最抽象的服务（如 SaaS）中，配置错误和权限过度分配也属于服务提供商控制范围之外的问题，因此超出其保护职责范围。你和你的团队必须明确这一分界，并清晰、谨慎地思考所有可控事项以及需要管理的漏洞。根据云服务类型的不同，部分漏洞需由你修复，部分由云服务提供商解决，其余则委托给为你的云业务提供支持的第三方合作伙伴处理。

6.4　系统加固

如果你和我一样，在看到本节标题时心想："这是一种缓解措施，对吧？"那么至少你并不孤单。话虽如此，系统加固无疑是一项复杂且极具挑战性的任务，很难做到尽善尽美。若处理不当，它反而可能成为攻击向量。在几个关键领域中，加固可能从解决方案变成问题。

如果你遵循某个已发布的系统加固（安全配置）标准，例如互联网安全中心（CIS，稍后会介绍）的标准，你无疑会发现某些应用服务器或服务需要保持端口开放以支持正常操作。于是，我们实施了系统加固标准，之后却又为了适应实际环境而降低了标准的严格程度，这可能体现在运行某些服务或开放网络端口等方面。这本身并非错误，但哪些端口被保留开放以及谁能访问它们，则绝对是值得关注的领域（本节重点讨论端口加固）。因此，我们需要找出这些端口，识别合法通信，并通过访问控制列表等技术锁定它们。尽管听起来简单，但在许多情况下（尤其是云环境中），这极其困难。

首先，人们对 TCP/IP 端口的理解往往不足。从历史上看，监听端口和发送端口不一致的情况会导致极其棘手的问题，如同噩梦一般。如今，有状态防火墙可根据有效的初始连接允许特定通信。例如，客户端通过端口 65000 连接 SSH 服务器的 22 端口后，防火墙会自动允许来自 SSH 服务器的入站流量到达客户端的 65000 端口。

以简单的电子邮件为例，你需要开放出站 25 端口和入站 25 端口，因为邮件服务器需相互通信。此外，为了支持邮件客户端，还需开放 POP3 和 IMAP 的入站端口（最好是安全版本）。

这些基于端口的加固措施应用于云环境中的所有应用和操作系统，同时，所有不必要或未被使用的端口都应予以禁用。这再次印证了基础资产管理的重要性。

资产管理流程能帮助构建架构图，明确哪些部分需要加固，哪些部分需要保持不加固状态，以确保系统正常运行。

维护加固配置是一项持续挑战。它并非一次性工作，必须定期进行审查。系统功能的变化（无论是整体调整还是用例扩展）若涉及新增网络服务，将导致端口需求的增加。用户自行修改也是潜在的风险——但没人会将自己工作站的 IP 地址添加到 1433 端口的允许列表中，以便从自己的桌面管理 Microsoft SQL Server（但愿这种事情永远不会发生）。

加固可能间接沦为攻击向量的最后一个领域是自满。不要因为系统已加固就认为它绝对安全。即便加固措施正确无误，系统的安全性也只能达到在当前条件下的最佳状态，然而，威胁环境是处于动态变化之中的。新发现的漏洞仍可能被利用，因此加固远不止禁用服务和端口，还需设置密码复杂度等配置，从认证环节降低资产被入侵的风险。

在云环境中，所有内容均通过开放端口访问。若端口关闭但应用仍在运行，攻击向量可能被缓解，但真正的加固要求同时禁用应用和端口。许多应用可能需要在本地运行特定的服务及其进程来完成特定任务，不过，它们能够接受通过关闭端口来拒绝所有入站连接的情况。这在许多环境中是可容忍的风险，但端口配置错误仍可能导致意料之外的攻击向量。

6.5 Web 服务

Web 服务可能存在大量潜在的攻击向量。这些服务通常通过 API 进行访问，由于其具有多租户特性，往往在初始阶段提供较为宽泛的访问权限，并依靠良好的认证机制来保障安全。但值得注意的是，它们通常不会因多次凭据验证失败而锁定账户。这看似适得其反，实则因为开放的接口若允许锁定账户，将极易被用于实施拒绝服务攻击。

正如其他章节所述，机密信息（无论何种形式）始终是 API 认证的核心要素，因为我们面对的是机器、系统或功能账户而非个人用户。相比之下，个人用户可通过移动设备或专用密钥令牌提供双因素认证（2FA），而 Web 服务则不具备这种机制。因此，必须确保所有使用 Web 服务的系统安全，并保护 Web 服务本身免受基于密钥的攻击。此原则适用于任何依赖机器间单因素认证的资产——即使机

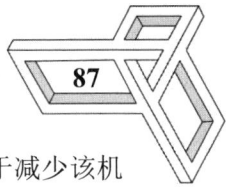

密信息是动态且频繁更换的。理解系统到系统的认证的局限性，有助于减少该机制必然引入的攻击面。

本地 Web 服务（仅限于云架构或本地私有云内部）使用访问控制列表（维护允许/阻止的 IP 地址或范围），仅允许与需要访问服务的系统相关联的 IP 地址进行通信，以此实现流量控制。这为点对点 Web 服务 API 通信提供了有效的缓解措施和低成本安全方案。对于公有云托管服务，也应尽可能应用此策略。应避免使用动态分配的地址，即便这些地址是通过动态域名系统（Dynamic DNS）进行处理的。源 IP 的静态地址对于确保控制措施的有效性来说至关重要，因为相较于攻破一个固定的 IP 地址，伪造一个未分配的 IP 地址或者篡改 DNS 记录要容易得多。

6.6　OWASP Top 10

开放式 Web 网络应用安全项目（OWASP）是一个由非营利组织 OWASP 基金会牵头的社区项目，其宗旨是助力各类机构安全地开展 Web 应用开发工作。该项目始于 2001 年，其基金会于 2004 年在美国正式注册（另有一家非营利实体注册于比利时，名字为 OWASP Europe VZW）。

2003 年，OWASP 团队发布了其首个十大（Top 10）安全风险清单，该清单详细记载了各类机构及其所使用的 Web 应用所面临的关键风险。此后，OWASP 几乎每年都根据收集的调查数据更新该清单。

许多组织以 OWASP Top 10 安全风险清单为基础来制定网络应用安全策略，将对清单中所列风险项的评估与解决置于优先地位。该清单还被其他机构、测试系统和实施工具视为准标准，广泛用于安全实践。

2021 年 9 月发布的 OWASP Top 10 安全风险清单（2021 年版）包含以下风险（内容未完整列出，需参考完整报告）。

6.6.1　A01:2021——访问控制失效

本风险项聚焦于应用内部的访问控制方式。它给出了一些最佳实践，比如在权限模型中遵循最小权限原则，对所有页面的访问都采用零信任策略（并非单纯假定 URL 能提供安全保护，而是切实验证访问行为是否恰当），并且禁止通过操纵请求来获取数据访问权限。本风险项关联了 34 个通用弱点枚举（CWE），这些弱点枚举记录了与访问控制失效有关的具体情况。

6.6.2 A02:2021——加密机制失效

加密操作通常着重关注两个关键场景：数据处于静态存储状态时以及数据在传输过程中。在这两种情况下，如果实施不当，都有可能导致敏感数据泄露。本风险项所关联的 CWE（共 29 条）的重点在于确保所采用的加密方式对于正在处理的数据而言是恰当且足够的，能够起到保护作用。随着数据保护立法的不断扩大和惩罚力度的加大，本风险项在未来几年将变得越来越重要。

6.6.3 A03:2021——注入攻击

本风险项曾在 2017 年占据 OWASP Top 10 安全风险清单的首位。当前它不再位居榜首并不意味着其重要性降低，反而凸显了更多应用正在解决这一问题。注入攻击指的是恶意用户具备在 URL 中添加或替换数据访问命令，进而绕过应用层面的数据访问控制的能力。XKCD 的漫画作品 Bobby Tables（见图 6-4）就是这种攻击的典型例子。

图 6-4 用于净化数据库输入的 XKCD 漫画

6.6.4 A04:2021——不安全的设计

本风险项与其他大多数风险项不同，因为它聚焦于设计层面，而非实施层面。完美实现的糟糕设计仍然是糟糕的设计。这凸显了将安全性融入应用架构的必要性，这一理念通常被称为"设计即安全"。从"如何开发应用并对其进行安全防

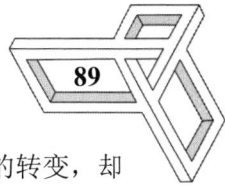

护"到"如何以安全的方式开发应用",这看似只是措辞上简单无害的转变,却蕴含着深刻差异。本风险项所关联的 CWE 有 40 个,这表明我们今天在这方面做得很糟糕。

6.6.5 A05:2021——安全配置错误

从实施和运营的角度来看,安全配置错误是媒体报道中的最常见问题之一。如果你知道自己所处的云环境存在配置错误,这种攻击向量其实是很容易避免的。具有讽刺意味的是,问题的根源往往完全由实施过程驱动。即使是世界上最安全的应用,也有可能因用户错误配置而被威胁行动者滥用。这里常见的因素包括使用默认密码、不必要地授予超级用户权限且未及时撤销等。与本风险项相关的 CWE 有 20 个,这可以说明其范围并不广泛。但请记住,安全配置错误的影响可能是灾难性的。

6.6.6 A06:2021——存在漏洞且过时的组件

本风险项涉及用于开发和交付应用与服务的软件组件,这些组件往往被忽视,成为潜在的攻击途径。云环境中,本风险项更为关键,因为相较于本地部署环境,这些软件组件更容易遭受攻击。确保组件主动更新到最新受支持的版本至关重要。

作为企业,你应该向供应商询问它们有哪些技术来保护你使用其解决方案。本风险项在 OWASP Top 10 中并不常见,因为它没有映射到任何 CWE。存在漏洞且过时的组件列表始终在不断变化,因此很难跟踪所有潜在的候选组件,全面评估覆盖范围更是难上加难。好的漏洞管理软件应能让你看到环境中所有已安装的组件,还能让你将其作为评估策略的一部分进行跟踪。积极的补丁管理和更新计划将确保环境中的软件是最新的,并且尽可能安全。

6.6.7 A07:2021——身份识别与验证失败

在这里,身份识别与验证失败主要是与未能防范身份识别与验证攻击相关。本项攻击包括凭据填充、暴力密码攻击、弱/已知/默认密码、糟糕的密码恢复流程以及会话劫持。无论采用何种验证方式(即用户名/密码、生物识别、智能卡),验证用户身份都是准许访问云中系统的主要机制。

如今,显然应淘汰(个人账户的)单因素认证机制。尽管如此,大多数身份验证仍依赖密码，因此即便生物识别技术日益普及，企业也绝不能忽视良好的密码实践和密码管理规范。总体而言，有 22 个 CWE 涵盖了身份识别与验证应确保安全的多种方式，尤其是在软件开发过程中。这一点同样适用于环境内从终端用户到支持人员的所有验证环节。

6.6.8   A08:2021——软件与数据完整性故障

近年来，软件完整性已成为一个严重的问题，一些重大的数据泄露漏洞往往源于关键软件的更新环节。这类攻击被称为供应链攻击。威胁行动者以软件供应商为目标，但并不直接攻击供应商本身，而是为了获得对其客户的访问权。从软件供应商的角度来看，必须确保 OWASP A06 中涉及的组件来自可信来源，具有适当的签名，并且未被篡改。从软件用户的角度来看，他们希望确保软件更新遵循同样的管理和来源验证流程。

在关键应用中，数据完整性至关重要，因为数据通常存储在应用本身之外的数据库服务器中，而数据库服务器通常由云服务中的终端用户管理。数据可能会被篡改，从而影响软件的运行，扰乱或误导组织的活动。数据操纵的潜在影响可能比软件漏洞的影响更大，因为它可能更难发现。由此可见，数据完整性是关键应用的核心。也就是说，要确保数据完整性要求与相关数据的特性相匹配。

6.6.9   A09:2021——安全日志记录与监控失效

在网络安全的预防和防御中，可见性都是至关重要的。很明显，那些你没有留意或者无法察觉的地方，恰恰是最有可能出现安全漏洞的地方。由于对安全事件的记录和监控不够全面或不够清晰，本风险项在 2021 年的 Top 10 榜单中上升了一位。要区分合法活动和恶意操作，记录关键活动（如进出系统的身份验证）以及配置更改（包括访问权限）至关重要。

除了日志记录，我们还需要事件监控，理想情况下，事件监控应与批准的活动相关联。例如，缺少变更管理工单意味着存在恶意活动，这足以成为触发积极应对措施的强烈信号。

虽然 OWASP Top 10 的重点是软件开发，但本风险项在缓解相关威胁时依赖于外部日志存储和评估。只有 4 个 CWE 表明了本风险项的重要性及其影响范围。单

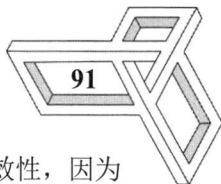

纯为了记录日志而记录，并不能提升安全性，实际上会降低安全性的有效性，因为系统中会产生更多的干扰信息。就像许多安全领域一样，适当的控制可以保持重要的平衡，而行为监控、机器学习和人工智能都有助于实现智能身份和访问安全。

6.6.10 A10:2021——服务器端请求伪造

服务器端请求伪造（SSRF）因向用户提供的功能增加及某些服务的支持而更容易发生。这种攻击在云场景中更常见，因为基于云的服务通常依赖其他云服务来生成最终产品。应用和支持服务经常要求用户提供这些其他服务的 URL，同时通过某种配置形式与主应用交互，这通常是图形用户界面（GUI）或基于文件的配置。

一旦攻击者获取 URL 配置权限，就可能滥用这些共享 URL 来攻击其他系统，甚至探测应用后端系统的细节。例如，通过尝试不同地址和端口组合的 URL，攻击者可发现开放端口及服务。尽管软件供应商需尽可能实施防止滥用的机制，但适当的权限控制（最小权限原则）在此场景下仍是抵御此类攻击的关键策略，如图 6-5 所示。

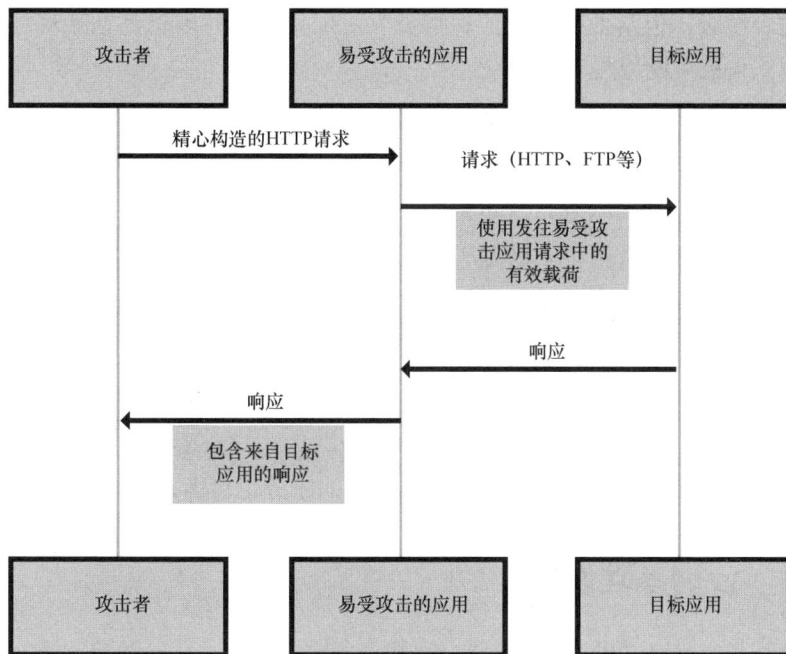

图 6-5 服务器端请求伪造

OWASP Top 10 的内容会随着时间和技术的不断演进持续调整，其中有的风险项被新增或合并，有的在清单中的优先级出现排名上升或下降的情况。

尽管 OWASP Top 10 的初衷是在安全开发生命周期（SDLC）中指导网络应用的安全实践，但安全领域的专业人士已认识到，同样的标准也能够用于评估任何 Web 应用的安全状况，无论这些应用是内部部署的现成解决方案，还是通过云服务托管的服务。通过对照 Top 10 清单，组织可系统性地识别并修复潜在漏洞，提升整体安全基线。

6.7 配置

配置管理有时与资产加固同义。资产通常包含默认配置，这些配置旨在在应用首次启用或获得许可时提供最佳的用户体验和默认的安全性。然而，由于最佳的用户体验并不总是最安全的，因此通常需要更改默认设置以提高安全性，或使解决方案适应生产环境的需求。有时，这些配置设置必须高度受限，以增强抵御网络攻击的弹性。这就是加固和配置管理常常可以结合在一起的原因。尽管有时二者适合结合，但其他时候则应保持独立。配置设置并不总是意味着加固，而不当的配置设置可能成为攻击向量。

配置不当仍然是数据泄露的主要原因之一。我们使用的系统功能日益强大，随着功能的扩展，需要考虑的配置项也越来越多。仅跟踪单个复杂应用或服务的配置设置就已经足够困难，这可能相当于跟踪数十、数百甚至数千个可能的配置设置。这项任务可能变得难以完成。

由 McAfee 编制的一份报告显示，企业平均会使用 1935 项云服务，这一数据凸显了配置管理所面临挑战的规模之大。如何确保每项服务均正确配置且不引入无谓的风险？的确，部分云服务的配置可能相对简单，然而需要留意的是，分配给这些服务用户和管理员的权限（其中涵盖默认账户及密码等信息）同样属于配置的范畴。若忽视这些细节，即使看似简单的服务也可能成为攻击入口。

6.7.1 公钥基础设施

公钥基础设施（PKI）是创建、管理、分发、使用、存储和撤销数字证书所需的一组角色、策略、硬件、软件和流程的总称。PKI 通常包括 4 个要素。

- **证书颁发机构（CA）**：证书的最终来源。CA 拥有根证书，根证书用于签署 CA 签发的其他证书，以防止篡改并为颁发的证书提供可信度。

- **注册机构（RA）**：负责验证证书申请者的身份。这在验证证书申请的有效性以及根证书所提供的可信度方面都至关重要。确认申请者的身份与其声称的一致，且其拥有证书即将验证的标识，这是数字证书价值的核心。CA 和 RA 可以是同一个组织，也可以是完全不同的组织。

- **证书数据库**：保存已颁发的证书和与证书有关的信息（元数据）。

- **证书策略**：使其他资产能够评估证书的存储和管理安全性，以及环境中证书使用的任何异常情况。如果缺乏对 CA 和 RA 的信任，PKI 将毫无价值。

PKI 生成的数字证书旨在确保电子信息的安全传输，其实现方式主要有两种：一是利用公钥和私钥对来加密数据（如前文所述），从而保证只有获得授权的一方能够进行解密；二是充当身份验证的"数字护照"，以此证明数据来源的真实身份。

作为终端用户，我们每天（甚至每小时）都在接触 PKI 或其输出成果。例如，当访问网站时，浏览器地址栏显示的锁形图标或绿色安全标识，均基于由 PKI 控制的证书安全连接。

尽管证书能证明数据来源的身份，但它无法保证数据本身的安全性——仅能证明传输方身份可信且数据在传输过程中已加密。

针对 PKI 或与 PKI 相关的攻击向量，往往侧重于未经授权访问已颁发给他人的证书，或骗取颁发不合法的新证书以获取不当验证。此类攻击可能破坏信任链，导致中间人攻击或数据窃取。

6.7.2　凭据

每年年底，我们都会被要求做一些网络安全预测。有一个预测每年都会出现——安全基础措施的实施依然薄弱。凭据是身份验证的核心，它不仅可能用于非法访问系统和基础设施，还可能在环境中横向移动，导致灾难性数据泄露的重大业务风险。

尽管这类重大新闻主要发生在本地环境中，但随着企业迁移至云环境，这些不良实践也随之进入新环境，而攻击本身几乎总是源自互联网。几乎所有类型的凭据都是身份验证的载体。通常，我们提到凭据时，想到的是用户名和密码。"凭据"在字典中的定义是"证明个人身份的文件"。从严格意义上讲，证书、密钥、通行卡等均属于凭据，这就是身份验证如此重要的原因。仅知道密码并不能证明你的身份。

作为攻击向量，特权凭据仍然是威胁行动者的终极目标。然而，即使是非特权账户也能为威胁行动者提供收集额外信息的权限，进而导致权限提升。如前所述，大多数成功的攻击始于被盗、购买或泄露的凭据。互联网上简直有数以十亿计的凭据可供获取。尽管我们可能自认为团队成员不会在公共网站上使用公司凭据或重复使用公司密码，但事实是他们会这样做，而且实际情况确实如此！

如今，日常操作所需的密码数量庞大。普通用户在日常生活中拥有 100 个以上的账户，每个账户都需要密码。试图记住少量密码或重复使用单一密码的情况并不罕见。这就是我们面临凭据盗窃问题的原因——威胁行动者一旦窃取到凭据，就会在各处重复使用。

为缓解密码问题，许多解决方案提供商推荐多因素认证（MFA），这可能需要使用物理凭据解决方案，如智能卡、通行卡、近场通信（NFC）密钥卡、感应设备和移动认证应用。这些方案均承诺改善现状，因为每个设备都是唯一的。然而，设备经常"丢失"，并面临自身的攻击向量，如 SIM 卡劫持。

对于共享账户（通常是任何系统中使用最频繁的账户），其凭据通常基于使用用户名和密码的单因素认证。对这些账户使用其他分层安全机制可降低被入侵的风险。这也是考虑对这些账户实施特权访问管理（PAM）以及对几乎每个系统中固有的特权凭据进行管理的另一个原因。

为此，我们在讨论凭据时必须提及最危险的凭据类型——默认账户。虽然 UNIX、Linux 和 macOS 中的 root 账户，以及 Microsoft Windows 中的本地和域管理员账户易于记忆，但物联网（IoT）的爆发催生了大量看似无害的新设备接入我们的网络。这些设备中的每一个都至少有一个默认账户，可能具有管理员权限。不幸的是，在我们的生产网络中，发现这些设备仍使用出厂默认凭据的情况并不少见（根据 Internet of Business 的数据，这一比例为 47%）。忽视更改默认密码继续为本地和云环境中的威胁行动者提供了丰富的攻击机会。

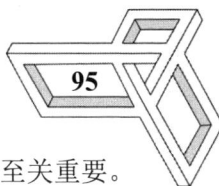

作为任何攻击者的关键目标，我们在规划缓解策略时了解凭据风险至关重要。风险最高的两类凭据是不安全的默认凭据和共享凭据/账户的薄弱管理。尽管凭据被盗或凭据强度不足存在风险，但基本的多因素认证（MFA）有助于缓解这些风险。当账户仅通过单一因素保护时，我们面临的安全事件风险最大。

6.7.3 密钥

尽管密钥在前文中已被归为凭据一类，但它在攻击向量中有着独特的地位。密钥通常用于非人类实体（如机器、系统、应用）间的通信，而这些实体往往需要高权限才能执行功能。

例如，企业应用的管理员虽能控制用户权限，但应用本身可能通过 API 完全掌控数据库的访问；另一应用也可能依赖密钥与系统交互——这在云环境中尤为常见。

需要密钥的用例往往涉及复杂场景。密钥轮换的最佳实践——尤其是在大型环境中——常常长期被忽视。这往往导致密钥轮换未能实施，进而使威胁行动者成功获取可提供不受限制访问权限的密钥。我们绝不能有片刻侥幸，认为威胁行动者不会发现密钥轮换机制的缺失，并调整攻击手段以规避检测。根据威胁行动者的目标，他们可能会选择创建自己的密钥，并通过模仿现有行为来隐藏踪迹。

密钥轮换或许能阻止其初始入侵，但一旦威胁行动者进入系统，密钥管理便不再是有效的漏洞缓解策略。从攻击者的角度来看，能够访问应用的密钥堪称"彩虹尽头的金罐"，他们会不遗余力地获取这些密钥。在密钥被窃取后更换密钥仅能延缓攻击，无法阻止攻击再次发生。因此，密钥管理需结合持续监控、最小权限原则以及多因素认证，形成纵深防御体系。

6.7.4 S3 存储桶

AWS 的 S3 存储桶作为数据泄露源头频繁出现在新闻报道中，其出现的频率远远超出了许多安全从业者所愿意承认的情况。存储桶的访问权限配置错误是导致数据丢失的主因，这凸显了无论平台如何，掌握数据存储位置及保护方式的重要性。

云安全公司 Ermetic 在 2021 年发布的报告中指出,所有的 AWS 账户都存在着"过度赋权的身份与配置不当的环境"这样的致命组合。测试显示,90%的 S3 存储桶存在被攻击风险,而攻击向量多样(本书其他章节将详述)。

S3 存储桶的漏洞如此普遍,以至于其使用本身即成为攻击者必争的攻击向量。攻击者深知 S3 可存储几乎任何数据类型,且权限模型可能允许完全开放的公共访问。面对如此庞大的攻击面,如何系统识别其中潜藏的攻击向量?

审计 S3 存储桶安全时,建议通过以下量化分类评估风险。

- **数据**:存储在 S3 存储桶中的数据面临哪些风险,以及敏感程度如何。

- **访问**:对拥有(读/写)访问权限的身份进行审核,确保权限配置合理。请记住,人类身份、机器身份和 API(用于从机器到机器的任何操作)都是如此。

- **记录日志**:对 S3 存储桶的所有访问都应使用 AWS 的 CloudTrail 进行记录。这将有助于识别数据的任何异常访问或使用情况。默认情况下,日志记录保留期设置为 90 天。根据个人业务或合规性要求,可能需要延长此设置,或将数据存档到辅助解决方案中。

- **监控**:如前所述,记录所有活动是一回事,但主动监控以寻找安全威胁迹象是另外一回事。在很多情况下,系统收集到表明存在攻击的数据,但却没有任何人或机器对这些事件进行监控,以查找安全威胁的证据。因此,日志记录和监控是相辅相成的,因为缺乏监控的日志形同虚设。

6.7.5　身份

我们已探讨过凭据作为确认身份的机制,以及凭据本身构成的重大攻击向量。尽管凭据是冒充身份最常见的手段,但身份本身的窃取所构成的攻击向量已不仅限于凭据窃取。在此语境下,我们讨论的是对系统内授权用户数字身份的窃取。一个典型的场景是劫持会话令牌,该令牌用于维持站点内多个页面间的身份验证状态。

人们常常忘记每个 HTTPS 请求都是完全独立的,协议本身并不维护状态;对用户进行身份验证的是网站代码,随后由网站代码提供机制来维持请求之间的状

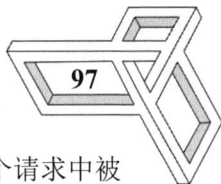

态。这通常通过使用身份验证时生成的令牌实现，该令牌会在后续每个请求中被来回传递。令牌要么通过 Cookie 传递，要么包含在请求 URL 中。当网站接收到令牌时，会对其有效性进行检查（令牌通常设置有闲置过期时间，目的是防止旧令牌遭到劫持或被重复使用）。倘若令牌依然有效，网站会把它的过期时间重新设置为当前时间加上闲置时长，并对该令牌进行更新。作为用户，这一系列操作都在后台进行；你只需持续与网站交互即可。如果用户闲置时间超过闲置超时时间，服务器将在下次请求时判定令牌无效，用户会被注销。

在这种机制的早期阶段，由于 HTTP 未加密，令牌存在通过嗅探在网络传输中被捕获的重大风险。获取令牌实质上等同于获取用户身份，因为网站会将任何提供有效令牌的请求视为与该令牌关联的身份发出的请求。

互联网的许多底层技术旨在跨潜在不可靠的基础设施维持连接。将令牌与 IP 地址绑定可能导致用户仅因其客户端通过 DHCP 或 Wi-Fi 漫游连接获得新 IP 地址就需要重新登录。这种情况可能因空闲连接、瞬时断线（这是 IPv4 地址空间有限性的表现）以及普遍存在的网络地址转换（NAT）而发生。NAT 因允许连接的设备数量超过可分配的唯一地址数量而闻名。

多年来，这些限制一直是困扰网站的难题。在云计算出现之前，IP 地址与身份关联的问题仅影响所访问的单个网站。如今，云环境通过多个控制台进行管理，这带来了新的风险：若某个拥有高权限（可对云环境进行操作）的身份被攻破，可能导致服务、系统和数据的灾难性损失。无论采用何种身份验证机制（即使尽可能合理地叠加多重认证因素），用于在请求之间维持身份的令牌都有可能被攻破。一旦令牌被盗，攻击者即可凭借其与目标系统进行交互。

如今，HTTP 连接已不常见。所有连接都应采用 HTTPS（安全的 HTTP），这意味着在传输过程中窃取令牌的难度大幅增加，但风险并未完全消除。用户的工作站通常比所访问的系统限制更少，一旦这些工作站被攻陷，攻击者就有机会劫持令牌。由于用户必须能够访问令牌才能将其发送至服务器，因此攻击者无须获得高权限即可实施攻击。任何攻陷用户桌面的攻击都可能使攻击者开启新的浏览器窗口，借此与云控制台交互而无须其他操作。虽然用户可能注意到新窗口的出现，但实际上存在一些技术手段可使窗口不可见。即使用户关闭浏览器，也无法阻止攻击者继续其活动。此外，还需考虑环境中的其他身份（包括登录工作站或服务器的用户身份），以及服务器、系统和应用通过网络通信时使用的非 HTTP/HTTPS 身份。无论何种情况，身份验证都会生成某种令牌，从而无须存储凭据（以便在每次请求时进行身份验证）或要求用户在每次交互时自行验证身份。

云环境基于 Web 的特性因其通信的无状态本质，将这类风险暴露无遗。令牌虽提升了效率，但也是可靠安全防护的挑战——对威胁行动者来说，它是极具价值的攻击向量。

6.7.6　权限项

如前文所述，权限项（entitlement）指的是特权、授权、访问权限和许可。凭据产生身份，身份产生权限项，权限项产生访问，而访问可能导致"灾难"——或者更确切地说，可能导致因数据泄露引发的灾难。

对于合法用户来说，权限项是其工作生活的核心要素，是完成岗位职责的关键。而对于网络安全从业人员来说，权限项往往是他们的"心腹大患"。标准用户权限通常被严格限制在环境中执行有限的操作，这是合理的：打开文档或电子表格，能够增删改查他们正在处理的文件——对于许多人来说，这就是日常工作所需访问权限的全部范围。

要理解权限项为何会成为一种攻击向量，可以考虑以下场景。有一天，一位员工受指派执行超出其正常访问范围的任务，于是提交申请并为其账户添加了一个权限项以便完成这项任务。然而，在数月或数年后，这个已被遗忘的权限项可能仍然保留在该员工的账户中，甚至会一直保留至员工离职或退休。对于刚成功入侵该员工工作站的威胁行动者来说，这个遗留的权限项极具吸引力，因为它允许攻击者执行标准用户无法自行完成的操作，从而进一步实施恶意活动。

在任何系统中，明确"谁有权限在何时、何地、以何种方式执行何种操作"都至关重要，而在我们不能直接掌控的环境（比如云计算环境）中，这一点的重要性更是显著提升。身份治理与管理（IGA）正是围绕身份以及对其的权限项、权利、特权、许可提供认证的 IT 实践领域。

试想一下，即使是合法拥有权限的用户（比如系统管理员），其权限范围也可能远超角色所需。这种情况并不罕见，尤其是在安全团队人手不足或者没有人专门负责身份管理的时候。由于没有时间精准梳理用户（或群组）在其角色下所需的具体权限集合，所以"先赋予所有权限，再事后监控"就成了普遍的做法。

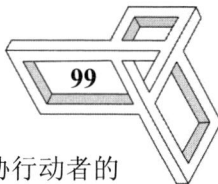

即便权限项管理得当，拥有较高权限的用户仍然会成为熟练的威胁行动者的诱人目标。沿授权链条向上追溯，更多攻击向量会浮出水面，最终均指向可助力攻击成功的权限滥用。

短期权限也会提供成功攻击的机会。一种常见的场景是，已被攻陷的账户会被自动化攻击程序持续监控，等待获取所需权限。一旦该账户获得了相应权限，自动化程序会立刻启动攻击，甚至可能在用户实际使用该权限之前就已经完成恶意操作，进一步扩大身份泄露的危害。

系统内的漏洞也可能使权限级别提升至超出系统授予的级别。这属于权限提升的一种类型，也是威胁行动者获取攻击系统和实施横向移动所需权限的另一种途径。

6.7.7　API

应用程序接口（API）为应用与其他应用、脚本、程序以及自动化服务之间的交互提供了简单的机制。每个 API 通过对服务的内部机制进行抽象封装，向其他应用提供服务。这使得 API 能够保持稳定，即使其背后的实现可能完全改变。这也意味着 API 可以长期存在，即应用之间的集成工作不必在 API 宿主发布新版本时每次都进行更改。

虽然 API 的概念是标准化的，但即使对于类似的 Web 服务功能，不同厂商之间 API 的实现和使用方式也可能存在巨大差异。过去和现在都有许多用于实现 API 的标准机制，但尚未有一种标准实现全面普及。API 端点（即 API 提供的具体功能）均以许多不同的方式实现，但在这些差异性中已经显现出一些一致性。

在云环境中，API 是机器背后的控制点。云计算和基于服务的方法的大部分优势完全由 API 的可用性驱动，通过服务间相互调用，实现从用户界面到云自身所在基础设施的动态配置等一切内容的交付。

不妨形象地把 API 看作非人类用户（机器）与云端进行交互的用户界面。云端 API 实现中最常用的标准是表述性状态转移（REST）。这种架构风格允许创建可靠的 Web（无状态）API，利用 HTTP/HTTPS 进行通信。即使是松散遵循 REST 风格的 API，也被称为 RESTful API。基于与人类用户界面相同的安全考量——通过加密保护连接和传输中的数据——所有基于云的 RESTful API 都应仅通过 HTTPS 访问。与人类用户界面类似，API 需要账户进行身份验证，并使用令牌（token）维护足够的状态信息，从而避免每次请求都需要重新认证。

尽管 RESTful API 高度面向软件之间的交互，但其受益于 HTTP 的简洁性，且其端点通常具有高度人类可读的特性。虽然多数人熟悉与 HTTP 交互相关的 GET（向端点请求数据）和 POST（向端点发送数据）动词，但在 RESTful API 中还有其他常用动词。其中最常见的是 PUT 和 DELETE，分别用于更新数据和删除数据。有了这些动词，API 端点通常会在单个端点上提供所有 4 种常见的数据操作（Create=POST、Read=GET、Update=PUT、Delete=DELETE），即业界通称的增删改查（CRUD）范式。通过这 4 个动词，任何 API 都可大幅简化为这些核心功能。这样做的优势显而易见：你获得了一种容易理解的 API 架构，而整个云正是基于该架构构建的。

然而，CRUD 的便捷性也使 API 成为云环境中的主要攻击向量。如果攻击者能够攻陷云服务商用于运行基础设施的关键 API，就有可能危及该云服务提供商的所有客户。如此高价值的攻击目标自然备受攻击者的关注。围绕 API 的防护措施往往十分强大，但这仍然无法阻止使用 API 的组织暴露其密钥和机密信息（API 认证中常用的两类要素）。这些信息可能通过硬编码的方式被意外泄露——要么出现在公开的源代码中，要么存在于实时站点中（此类事故已发生过）。无论哪种情况，一旦攻击者获取到用于管理云实例的 API 凭据，都可能给企业带来灾难性后果。

平均而言，企业正在使用的云服务超过 1900 种，因此 API 攻击面可能是所有已采用或正在迁移至云环境的企业面临的最大风险。API 赋予云计算敏捷性、灵活性和简洁性等优势，这些正是云技术的核心基石。正如那句名言"能力越大责任越大"，确保 API 安全是企业不可推卸的责任。在享受云原生架构红利的同时，必须建立完善的 API 全生命周期安全管理体系，从凭据保护、访问控制到持续监控形成闭环防御，方能在数字化浪潮中稳健前行。

6.7.8　拒绝服务

在勒索软件兴起之前，拒绝服务（DoS）攻击和分布式拒绝服务（DDoS）攻击是最为人所熟知的攻击向量。从定义上来说，勒索软件攻击也属于 DoS 攻击。

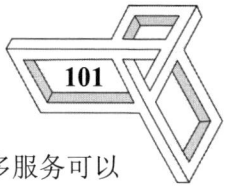

的确，DoS 攻击对网络而言仍然是一种现实而紧迫的威胁。目前有许多服务可以在不同层级提供防护。当然，也可以在本地和云环境中采取相应措施，这些内容将在后续讨论。

DoS 攻击的目标通常是阻止系统响应合法请求。威胁行动者通过破坏系统用于响应的服务来达成这一目的。

DDoS 攻击通常会向可公开访问的连接涌入超出其处理能力的流量。在该过程中，"分布式"特性在两个方面至关重要。首先，单一设备不太可能产生足够流量使大型网络瘫痪，因此威胁行动者需要攻陷大量资产以向目标输送流量。未受保护的网络摄像头、闭路电视摄像机和许多其他物联网设备是 DDoS 攻击流量的绝佳来源。其次，分布式攻击通过多源节点协同发送流量，使得攻击流量分散在不同的 IP 地址和端口，增加了防御方追踪攻击源头和实施有效拦截的难度。这种攻击不一定关注使用哪些端口或端口是否开放，其本质只是直接的流量洪泛。核心思路是用超出网络连接承载能力的数据填满"管道"（即网络连接）。以 Web 服务器为例，通往服务器的路由上的每个节点都有容量限制，越靠近 Web 服务器，这些设备被攻陷后导致网站离线（或看似离线）的可能性就越大——而对于潜在客户来说，这两种状态并无区别。

如果 DDoS 攻击的流量泛洪到 Web 服务器，即使已关闭除 443 端口（默认 HTTPS 端口）外的所有端口，服务器仍会接收每个数据包（通过网络传输的离散数据块）并将其丢弃。相较于直接攻击开放的端口（可以确定 443 端口将成为攻击目标），服务器在这种场景下的处理负载有所降低，但这仍会阻止 Web 服务器处理更多的数据包。

当流量足够大时，即使攻击关闭的端口也会使网络管道饱和，无法承载更多数据。如果在 Web 服务器前端的防火墙处阻塞该端口，防火墙也可能不堪重负。对于传输路径上的路由器、交换机、防火墙和网络基础设施而言，即使是云中的虚拟化设备，情况也是如此。这些企业网络设备很少孤立部署以解决单点故障（SPOF），但即便如此，如果没有适当的安全控制措施来缓解攻击，DDoS 攻击仍可能使基础设施瘫痪。

DDoS 攻击的分布式特性还体现在攻击阻断方面。使用单一 IP 地址来攻击环境的单个设备可以被快速轻松地阻断。然而，来自全球各地 IP 地址（IP 地址按区域分配）的数千台设备——其中一些可能实际上是被攻陷的合法客户设备——构成了重大挑战。更严重的是，威胁行动者可以使用 IP 欺骗来伪装流量洪泛的真实来源。通过这种技术，被攻陷机器发送的每个数据包都可能看似来自不同的源地址。

在云中，我们可能认为云服务提供商和弹性扩展机制已解决了自动规模调整问题，但云环境响应需求的能力也可被攻击者利用。在"悠悠球攻击"（yo-yo-attack）中，攻击者先施加足够的压力使环境扩展以应对负载，随后停止攻击。自动化扩展机制会随之收缩环境，此时攻击再启动。这种攻击看似徒劳，但无论扩展还是收缩都需要时间和资源，并会改变配置。如果未对扩展进行充分限制，攻击者可持续施压，迫使基础设施长期超出正常运行极限，导致云资源成本远超预算，直接冲击企业财务健康。

如果云系统为外部提供服务，DoS 攻击还可通过向合法 API 端点发送恶意数据实施（参见 6.6.10 节）。攻击者甚至无须攻破系统，向服务涌入导致合法错误的恶意数据，即可阻止系统正常运行。服务需要验证每次请求的数据有效性，而这会消耗时间和资源，两者均为有限资源。

除了发起大规模流量的 DDoS 攻击，威胁行动者还可通过"慢速攻击"瘫痪云服务。例如，基于通信请求刻意制造数据包响应延迟：打开连接后，等待至连接几乎超时才发送下一个字节；此过程持续进行。这会长期占用连接，阻止系统处理其他请求。若在慢速攻击中出现足够多的连接占用，系统可能因空闲资源耗尽而遭受另一种形式的 DDoS 攻击。

DoS 攻击之所以备受关注，是因为它利用了互联网的基本设计原则来发起攻击。互联网的设计目标是尽力将数据包从 A 传输到 B，即使网络的大部分已损坏或瘫痪。这种弹性设计使得在靠近攻击源的最佳位置阻止流量洪泛变得极为困难。因此，威胁行动者会利用云的优势（弹性伸缩、高可用性、易用性、简洁性、恢复能力和规模经济）发动攻击。

正如我们此前多次强调的：变化越多，本质越不变。我们需要牢记这一点，并在规划中纳入考量，因为 DoS 和 DDoS 攻击并未因云计算的出现而成为新事物。威胁行动者只是学会了如何利用云特性达成其目标。客观地说，仅 DDoS 攻击向量就可以单独成书。我们无法在此涵盖所有 DoS/DDoS 攻击的可能性，但互联网上有大量优质资源可供深入了解——当然，前提是你能访问这些网站。

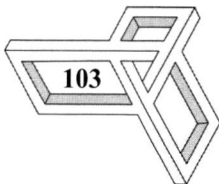

6.7.9 身份验证

在思考攻击向量时，身份验证常常容易被人们所忽视，尽管从本质上来说，它构成了系统访问的"三重门户"，即主入口（前门）、隐蔽通道（后门）以及备用路径（侧门）。我们会考虑所使用的凭据以及如何保护这些凭据，但对身份验证本身的关注却不多。如果你已经考虑到这一点，值得赞许——这需要洞悉现代攻击向量后的顿悟。

用户身份验证（无论何种用户类型）本质上是资源消耗型流程。该流程需要时间处理，在此期间身份验证服务会处于占用状态。系统可能会运行多个线程（并发的身份验证服务均在处理各自的身份验证请求），以营造多线程处理的假象，但身份验证请求具有更高的即时性，因此无法对其进行批量处理。

如果你刚读完 6.7.8 节，可能已经联想到针对身份验证机制的 DoS 攻击。你甚至无须尝试攻陷凭据，只需向身份验证机制发送无意义的随机数据，耗尽所有可用资源即可。如果这些请求未经过滤，且充斥着无效信息，攻击可能会迅速得逞。毕竟，身份验证未必是一个简单的机制，即使最基本的方法，通常也至少会使用一种加密过程，以及某种数据库或数据存储搜索。现在试想更复杂的身份验证场景：这类机制可能需要利用多个属性、处理时间和算法来完成身份验证，计算成本可能极高。如果所有可能的身份验证线程都被耗尽，系统将无法通过身份验证来采取补救措施。这在云环境中问题更为严重，因为此时你无法通过物理方式访问设备的紧急启动工具（crash cart）。

许多系统会运行账户锁定流程，主要用于防范暴力攻击——这类攻击会尝试所有可能的密码组合，试图找到当前正确的密码。在这些机制中，账户通常在经历 3 到 5 次失败尝试后会被标记为锁定状态，此时系统将拒绝该账户的任何身份验证尝试，即使使用正确密码也无法通过。有时，锁定状态会有一个超时周期，到期后自动解除，账户将再次允许登录尝试；有时则需要借助更高权限的账户进行手动解锁。部分系统还会采用渐进式锁定策略：每次后续错误尝试都会导致下次尝试前的延迟递增，直至最终触发锁定。所有这些方法都能有效防范暴力攻击，但如果合法用户恰好忘记密码，也可能因此陷入使用困境。在云环境中，这种安全性与可用性之间的微妙平衡，更需要精细的防护设计来妥善应对。

威胁行动者可以利用账户锁定机制增强 DoS 攻击的有效性，同时通过降低攻击频率规避自动流量管理系统的检测阈值。如果用户名易于通过邮箱地址或员工社交媒体信息发现或推断，那么威胁行动者只需几次尝试就能锁定组织内的账户，且锁定时间可能长达数小时甚至数天。更糟糕的是，若应用使用默认的数据库管理员账户访问数据库，威胁行动者可针对该账户发起攻击，阻止应用正常访问数据或运行。一旦威胁行动者通过这种方式利用身份验证防御机制禁用系统并锁定足够多的关键账户，企业将难以有效响应。因此，默认的管理员账户通常不会被锁定，但其弊端在于这类账户易成为暴力攻击和持续攻击的目标。

此外，还需重点考虑身份验证的设置与安全问题。Web 服务器的身份验证机制有多种可能：从传递用户名和密码的基本验证，到借助移动设备生物识别技术的多因素认证。开发人员可能为网站启用了所有可能的身份验证方式，或网站实施人员保留了默认配置，这两种情况都可能留下可被利用的身份验证漏洞。

基于云环境的松耦合特性，身份验证路径上的所有环节都需要进行适当的安全防护。即使某一环节被认为是"隐藏"的，也不能在互联网上暴露未经验证的连接，否则将被攻击者发现并利用。具有讽刺意味的是，云环境中根本无处可藏——只要你能访问某个环节，其他人也能找到并加以利用。

身份验证是一项我们无法针对特定个体拒绝访问的服务（只能通过地理位置等属性进行限制），因为此时我们尚未验证其身份。IP 地址相对容易伪造，因此不可依赖。即便验证 IP 地址也需要时间，而这一时间差可能被用作拒绝服务攻击的一部分。

多因素认证（MFA）可通过添加一个或多个依赖每次尝试都会变化的数据（且无法通过暴力破解）的验证步骤，消除账户锁定的必要性。然而需要注意的是，验证这些因素同样需要时间，而时间作为一种受限资源，也可能被攻击者利用为攻击向量。

6.7.10　证书

数字证书为基于云的系统带来了一些极具创造性的攻击向量。证书本身是一种安全机制，但并非独立存在——它们依赖于可追溯至证书颁发机构（CA）的信任链，而 CA 的有效性需经过验证。威胁行动者会试图访问组织的 CA 账户，从而利用多种攻击向量发动攻击。

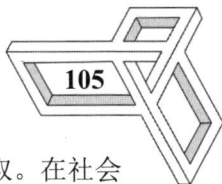

针对 CA 账户的攻击向量主要有两种：社会工程学攻击与凭据窃取。在社会工程学攻击中，威胁存在于 CA 机构和组织两端：攻击者会试图诱使 CA 机构针对现有的公司域名颁发新证书，借此搭建虚假网站（借助本书提及的其他攻击向量来重定向流量）或者实施中间人（MITM）攻击。MITM 攻击的潜在危害更大，因其往往在造成实质性损害后才被发现。

MITM 攻击会在浏览器中营造出安全连接的假象，同时将抵达攻击者系统的流量进行解密，而后重新加密并发送至合法目标，反之亦然。用户误以为自己直接连接至合法的目标系统，并顺利完成计划中的所有操作，而不会察觉异常。在多数情况下，即便响应时间发生变化，用户也会认为这是互联网的正常波动。此类攻击能够窃取用户凭据以及组织与目标系统交互的业务信息，通常与水坑攻击关联密切[①]。

试想一下，针对一个企业及其银行合作伙伴发起的 MITM 攻击。攻击者可以监控连接，窃取执行各类银行业务所需的凭据及用户交易习惯数据。这使得攻击者可以将其活动伪装在正常交易的范围、频率和金额内，从而绕过企业和银行部署的许多反欺诈检测防护措施。社会工程学攻击者的目标不止于此，他们会获取用于访问 CA 账户的关键凭据，入侵核心系统窃取或欺骗授权员工共享客户端证书（用于身份验证），以及伪造签名证书（用于对程序和/或邮件进行签名），这些都是不容小觑的攻击向量。

以 2011 年发生的一起事件为例。一名黑客通过入侵某证书颁发机构（CA）的合作伙伴账户（该账户用于转售 CA 服务），成功获取了 Google、微软（旗下的 Skype 和 Live）、雅虎以及 Mozilla 等多个知名网站的合法服务器证书。这起漏洞事件已被广泛记录。

接下来，再从非人为因素看证书的安全。客户端证书通常用于 API 访问，这类证书的安装与管理通常需要超级用户权限，因此窃取难度相对较高。威胁行动者若想获取这类证书，需拥有安装了证书的系统的管理员或根权限。一旦攻击者获取了证书副本并安装到自己的系统，就离高价值资产更近了一步。

与凭据类似，证书可能成为访问组织核心资产的钥匙——无论静态存储还是动态存储，均需将其视为敏感数据并实施严格保护。由于证书涉及复杂概念并依

---

① 水坑攻击是一种长期潜伏的网络攻击策略，通过在目标组织经常访问的网站上植入恶意软件，等待合适的时机触发，从而进行信息窃取或操纵。——译者注

赖外部资源，实际应用中常存在实施不当的情况：证书可能存放在不安全的文件系统中，或因权限配置过高而引发其他攻击向量。

6.7.11　BGP/DNS

　　BGP（边界网关协议）和 DNS（域名系统）虽然属于不同的技术，但它们都可能用于将网络流量误导到虚假的云位置或强制引发系统崩溃。Facebook 曾因一个简单的错误而发生系统中断，此次中断持续了长达一天的时间。

　　BGP 是互联网服务提供商（ISP）——尤其是自治系统（AS）——用来交换路由信息的协议。自治系统是路由域的另一种称呼，指处于同一管理控制或权限下的一组机器和/或网络。在通过 WHOIS 查询 IP 地址分配信息时，通常会看到 AS 编号，该编号标识了拥有所分配地址或地址段的管理机构。尽管一个 AS 编号绝不会被分配给多个组织，但大型机构拥有多个 AS 编号的情况却很常见。例如，考虑如何从 A 点到达 B 点，更确切地说，就是要确定 B 点的位置以及找到通往 B 点的路径。BGP 通常有两种形式：内部 BGP（iBGP）和外部 BGP（eBGP），但这是基于其使用位置的区分，而非独立的协议；它们都是 BGP。然而，BGP 确实会在路由中区分来源（内部或外部）。这一差异类似"我家内部有楼梯，外部有台阶"的关系。iBGP 用于 ISP 内部维护路由表，而 eBGP 则用于 ISP 之间的路由交换。

　　当两台路由器首次建立连接时，它们会通过 BGP 交换完整的路由表，在此之后，则仅交换路由信息的变更部分。这是互联网弹性设计的一部分。如果某条路由因任何原因失效，互联网会自动根据交换的路由信息来重新规划流量路径。这就好比卫星导航系统接收实时交通和道路封闭更新，并自动调整去往目的地的路线；你可能多年行驶同一路线而不变，但突发的道路障碍会让系统自动重新规划路线。

　　对于 BGP 来说，情况也是一样的，尽管互联网用户可能察觉不到这种变化。当你访问你最喜欢的网站时，数据流量会如往常般传输，除非你主动监控流量所走的路径，否则根本无从知晓路由已变更。这项技术是互联网运行的基石，却也可能被滥用为攻击向量。由于 BGP 在路由器间无须身份验证，且路由本身没有权威层级之分，所以无法识别"正确"路由。尽管 BGP 仅在路由器之间交换，且彼此连接是手动建立的，带有一定的信任基础，但这并不能完全杜绝滥用风险。

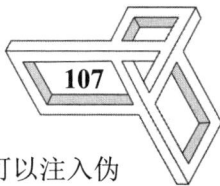

如果攻击者能够控制连接两个自治系统的合法 BGP 路由器，他们可以注入伪造的 BGP 数据，声称对某些 IP 地址拥有所有权，并将流量重定向到他们自己的系统，或者让流量流经他们自己的系统。这使得用户很难检测到自己正在通信的并非预期的合法目标。由于用户访问的是"正确的" IP 地址，一切配置都可以伪装得与官方网站完全一致，包括证书。这也为攻击者提供了机会——当用户继续与预期的合法站点和目标通信时，其流量会被迫通过攻击者的系统。攻击者借此检查传输的流量，可能会窃取机密信息或用虚假响应误导用户。TLS 在此确实提供了一定的安全保护，但如果目标服务器是伪造的，用户系统会与攻击者的系统建立安全连接，导致流量一旦到达攻击者服务器就完全暴露。针对 MyEtherWallet 的攻击表明，此类攻击的隐蔽性极高，而且让毫无防备的用户损失数千美元。

攻击者已经利用 BGP 重新路由来重定向流量并中断合法连接。由于 BGP 几乎持续不断地在互联网范围内转发路由变更信息，而在单个路由器之间的转发频率相对较低，这就为 DoS 攻击提供了机会——攻击者可反复向其他路由器通告某些路由"可用"或"不可用"，迫使它们不断转发这些信息。虽然 BGP 内置了保护机制，以避免此类活动（无论是否合法）引发路由风暴（即路由更新信息泛滥至整个互联网），但这些防护机制可能延长攻击后路由恢复稳定状态的时间，因为路由器无法区分合法与虚假的路由更新。

BGP 并非攻击者误导流量的唯一途径；DNS 提供了另一种方式，且这种方式更易危害云流量。DNS 的创建初衷是避免人们记忆数百个 IP 地址，而是用人类可读的名称（比如 www.ptpress.com.cn）来指代 IP 地址。系统通过 IP 地址通信，网络基础设施则使用 IP 地址进行远程连接，使用 MAC 地址进行本地连接。例如，192.168.0.1 这样的 IP 地址和 01:FE:23:24:33:B4 这样的 MAC 地址对人类来说都缺乏实际意义（不易记忆、记录和口头交流），但对机器而言却包含了足够的可用信息。

人类更倾向于使用描述性的域名，这些域名由有意义的字母或单词组成，更容易记忆。当我们在查询工具中输入一个 DNS 地址时，工具首先会联系为工作站配置的 DNS 服务器，以查找该名称并检索其认为是路由流量目标的 IP 地址。这使得工作站最终能够与目标资产通信。DNS 最初是一种非常静态的机制，查询表由人工管理。

在操作系统中仍然能找到 hosts 文件，这是在 DNS 成为通用标准之前用于查

询域名的工具。所有查询记录都本地存储在每台机器上，这给更新和同步管理带来了极大的麻烦。

在诞生初期，DNS 使用（部分实现方案至今仍在使用）文本文件在每台 DNS 服务器上存储查询表，并对配置文件进行集中化管理。如今，大多数 DNS 实现采用动态查询表，这些表可由具备相应权限的系统进行修改，并且成为 AD 和 LDAP 等目录系统的基础。考虑到 DNS 在当今网络运行中的关键地位，其却常因配置错误成为最易被攻击的网络技术之一，这着实令人担忧。

我有一位在销售部门工作的同事，每当遇到技术问题时总会说"都是 DNS 的锅"。令人无奈的是，这句话在相当多的时候都是正确的。我们无从解释为何 DNS 会成为如此棘手的难题，但推测其根源可能在于这项技术过于基础，导致人们对其重视不足，而非技术本身的复杂性。DNS 再次印证了"基础工作到位"的重要性，这应该成为所有人铭记的准则。在云环境中，DNS 问题同样印证了我们反复讨论的观点：万变不离其宗。在云环境中正确配置 DNS 与在本地环境中同等重要。

除此之外，不难想象，将域名转换为 IP 地址的目录系统必然成为攻击者的主要目标——他们试图将用户引入自己控制的系统。安全措施薄弱的 DNS 服务器可能被篡改查询表，将用户重定向至伪造的网站（这会指向一个不同的 IP 地址），这种攻击称为"DNS 毒化"。由于用户通常不会直接查看 IP 地址，因此这种攻击往往难以察觉。

公共网站普遍使用数字证书，这往往会提醒我们注意连接的安全性，但正如我们之前讨论的，生成或窃取证书以完成欺骗并非不可能。

在互联网（以及相应的云环境）中，域名并非随意获取——用户必须通过域名注册商（一家收费管理域名分配的公司）注册域名，注册商会记录该域名权威 DNS 服务器的 IP 地址。这有助于防止他人随意夺取域名控制权，但若攻击者获取了域名注册商账户的访问权限，这些权威域名就可能面临被劫持的风险。

此外，在本地基础设施内，攻击者可能更改系统用于域名解析的 DNS 服务器，出于恶意目的重定向连接。当使用 DHCP 时，这种攻击尤其有效，因为攻击者只需在单一位置更新信息，即可影响所有连接的系统。DNS 是层级系统：查询请求首先转发至权威服务器进行初始解析，解析结果再返回至发起查询的 DNS 服务器，最终传递给系统。为避免权威服务器过载，响应结果会在本地缓存。这意味着系统会无条件地接受所查询的 DNS 服务器的响应，因此这一过程可能被滥用。

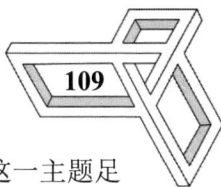

我们仅列举了影响 DNS 的几种潜在攻击示例。事实上，DNS 安全这一主题足以单独成书。然而，它作为云环境中的攻击向量，必须被纳入考量并加以保护。

6.8 勒索软件

多年来，勒索软件已从一种滋扰发展为一种几乎能瞬间击垮任何企业、组织甚至国家关键基础设施的攻击手段。如今的勒索软件不仅威胁工作站与服务器，更将矛头指向云资源和 Hypervisor，对虚拟机及实例进行加密。毫不奇怪，一想到这场危机，那些负责从源头防范此类攻击的投资者、高管和安全专家就会冷汗直冒、惶恐不安。

勒索软件的核心是一种恶意软件，网络罪犯用它感染计算机或云资源，然后加密文件和数据，使其无法访问，除非所有者支付赎金或满足勒索要求。当然，即便支付了赎金，也不能保证攻击者会恢复访问权限，尤其是当他们已经窃取了敏感信息的时候。

勒索软件最可怕的一点是，如今发动攻击已不再需要具备专业的网络犯罪技术。勒索软件即服务（RaaS）使得几乎所有威胁行动者都能从云端发起勒索攻击并参与分赃。除了在全球大多数地区属于非法之外，该服务与我们讨论过的其他云服务并无太大区别。

不幸的是，无论是 RaaS 还是有组织的网络犯罪，造成的恶果同样严重。从服务中断、经济重创到危及生命，如今的勒索软件显然已远超"滋扰"的范畴。当关键医疗系统遭到入侵时，勒索软件已被证实会危及生命，例如阻碍患者救治。那么，为何众多机构仍对这一威胁存在误判？我们可以做出哪些改变来防范勒索软件，尤其是在云环境中？

所有安全专业人员都会告诉你，并不存在能防范各类勒索软件的万全之策。但通过战略性的安全实践与关键技术，不仅能直接缓解勒索软件的威胁，更能大幅降低遭受毁灭性攻击的整体风险。

那么，企业如何显著提升防护云资源免受潜在勒索攻击的能力？请参考以下建议。

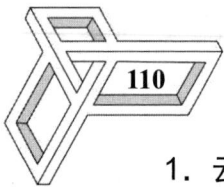

1. 云环境内外的安全访问控制

远程访问（尤其是第三方供应商的访问）通常是网络安全中的薄弱环节。多重因素导致第三方访问面临独特挑战。被授权访问网络和应用的供应商可能未遵循企业的安全协议。它们可能使用弱密码，或更糟糕的是使用默认密码，甚至在多人或多个第三方供应商之间共享同一套凭据。值得注意的是，本书后文将深入探讨远程访问协议（如 RDP）的风险及缓解策略。根据 Group-1B 的报告，2020年 52% 的勒索软件攻击与可公开访问的 RDP 服务器相关。

另一种具有高风险的做法是使用 VPN 为供应商提供"安全"访问。威胁行动者常针对 VPN 技术的漏洞或配置错误攻击供应链，窃取企业敏感数据。VPN 通常提供过于宽泛的网络资源访问权限，这不仅增加了潜在风险面，还会使合法的第三方用户获得远超其实际需求（比如仅一两个应用）的访问权限。

企业可通过摒弃针对供应商的"一刀切"式远程访问权限来掌控风险，这意味着淘汰 VPN，尤其当 VPN 软件和证书提供给第三方在其自有系统上使用时。这需要将"所有连接通过单一访问路径代理"的旧范式转变为新模式：不再依赖协议隧道或访问控制列表（ACL）限制网络分段，而是在身份层面为特定资源和应用（而非网络或主机）授予基于角色的访问权限，这通常被称为供应商特权访问管理（VPAM）。供应商或内部用户应仅被允许在特定时间段内访问特定资源、应用或工作流程——仅此而已。管理员还应能够批准或拒绝任何资源的访问请求，这远超当今任何 VPN 解决方案的能力范畴。

2. 管理特权机密信息

被攻陷的凭据是几乎所有 IT 安全事件的常见因素，勒索软件也不例外。勒索软件要执行攻击，需要获取特权，这是其持续存在的关键路径。因此，必须通过企业级特权密码管理解决方案来保护特权凭据，该方案需持续发现、纳入、管理、轮换和审计这些高权限凭据。凭据的自动轮换和强密码策略的持续执行，可保护组织免受密码复用攻击和其他密码利用行为的威胁。

3. 实施最小权限原则

正如拥有注册信息系统安全专家（CISSP）、注册信息系统审计师（CISA）等资质的美国国家安全公司总裁 G. Mark Hardy 所说，勒索软件并非魔法，它只能凭借用户或启动它的应用所具有的权限来运行。这既是其弱点所在，也是我们利

用工具在攻击开始之前遏制它的机会。因此，撤销本地管理员权限，并为所有用户、应用和系统应用最小权限原则，虽然不能阻止所有勒索软件攻击，但能阻止绝大多数的攻击。同时，通过关闭横向移动路径和降低权限提升的能力，该原则还能减轻成功入侵环境的勒索软件有效载荷的影响。最小权限原则甚至可以减轻凭据被盗的影响：如果凭据属于权限有限或没有特权/权限访问的用户、端点或应用，那么造成的损害可能也会减少。

4. 实施补丁管理

当然，减少勒索软件以及其他基于漏洞的攻击的最基本的方法之一，就是持续更新已知、已公开漏洞的补丁并进行修复。这会缩小攻击面，减少攻击者在企业环境内可能利用的潜在立足点。过去，重大的勒索软件攻击往往归咎于可被利用的未修复漏洞。如果需要具体案例，可参考 WannaCry 和 NotPetya 事件。目前，针对云环境的勒索软件攻击极少利零日漏洞（Web 服务是迄今为止最常见的攻击目标）。如果企业能高效实施补丁管理，这无疑是个好消息，因为这是抵御与云环境直接相关的最常见勒索软件攻击的最佳缓解措施。

最终目标是阻止勒索软件直接访问云环境。然而，这类攻击往往始于终端的漏洞利用，然后通过横向移动最终影响整个环境。这凸显了从攻击链角度进行思考的重要性——需双向追踪攻击向量，以明确安全控制的起点和终点。

6.9 加密货币挖矿攻击

加密货币挖矿作为一种攻击手段，将黑客攻击的概念拓展到了新领域。它通过利用他人的资源和资产来谋利，且受害者往往浑然不知自己已被劫持。

从云环境中已存在的各种攻击向量来看，威胁行动者既能攻击面向互联网的资源，也可能入侵用于边缘计算的设备，甚至从根本上破坏已部署的技术设施。然而，加密货币挖矿攻击的目标并非破坏。加密货币挖矿需要高强度的计算，会消耗大量资源和电力（能源），而且与现代硬件成本相比，其产生的回报微乎其微。因此，威胁行动者不再像合法的从业者那样自建挖矿场，而是攻击云资源和互联网其他节点上的漏洞资源，植入恶意软件为其执行挖矿任务。这样一来，他们无须耗费自身资金，便能未经授权地使用他人计算机进行挖矿操作。

加密货币挖矿攻击不仅会使受害者面临未来攻击的风险，还会消耗组织赖以构建业务模式的关键资源。如果你觉得这难以置信，不妨看看乌克兰一家发电厂的遭遇：攻击者为了进行加密货币挖矿，不仅汲取了过量电力，甚至在当地安装定制硬件实施攻击。那么，如何检测并防范此类攻击呢？可以从以下方面入手。

- **处理性能监控**：加密货币挖矿对资源需求极高。需监控过度的 CPU 性能占用，特别是对于未知和/或未经签名的进程。由于低速、低强度的资源（CPU 和内存）占用无法有效完成挖矿任务，试图通过这种方式规避检测的手段在加密货币挖矿攻击中并不常见。

- **外部进程管控**：对云端以及面向互联网的资产实施基本的应用控制是安最佳实践。建议采用允许列表、阻止列表机制，并且只允许带有有效证书的数字签名应用运行。这将阻止绝大多数的加密货币挖矿攻击，只有极少数基于"自带资源"攻击向量的攻击除外。

- **命令与控制检测**：加密货币挖矿攻击要得逞，必须由外部服务器分配任务（根据加密货币类型生成证明）并收集结果。使用云原生监控工具或基于云的防火墙，识别可能指向资产的命令与控制服务的流量模式。

- **反恶意软件部署**：云环境同样容易受到恶意软件和其他恶意代码的影响。无论采用侧扫技术、代理程序还是经过验证的防病毒扫描工具，都必须部署并管理反恶意软件解决方案，以检测并尽可能清除恶意代码。这是一项必须完成的核心措施。

- **基础安全措施**：如前所述，缓解大多数攻击的最佳方式是扎实落实安全基础措施，包括权限访问管理、身份访问管理、漏洞管理、补丁管理和变更控制。大多数加密货币挖矿攻击依赖未修复的漏洞或被攻陷的凭据，保持系统和身份凭据的持续更新是确保云资产不沦为攻击目标的最有效方法。

归根结底，加密货币挖矿威胁本质上只是恶意软件的另一种形式，其核心目标是窃取计算资源以牟利。

6.10　网络钓鱼

网络钓鱼的形式多种多样，并非仅限于电子邮件中的消息攻击。实际上，许

多毫无防备的用户曾因短信钓鱼（SMishing）和社交媒体钓鱼受骗。恶意消息诱使用户点击链接、打开恶意网页、下载恶意软件，或者在伪造的网站上提供凭据的威胁始终存在，这表明威胁行动者在劫持资产和窃取凭据的手段上极具创造力。正如我们之前讨论的，一旦他们获取了用户凭据，很可能意味着他们已获得访问一个或多个云应用的权限。

传统的网络钓鱼攻击通过电子文字信息引诱用户陷入骗局，而且部分信息可能来自社交媒体。而一种新型的消息攻击正通过其他云平台和提供用户间应用内消息功能的 SaaS 平台悄然兴起。以某个热门的在线拍卖平台的用户间消息为例：

"你好，关于我购买的商品，我得去加州一趟，我妹妹有心理健康方面的问题，所以我会在那里待几天。恳请将商品寄往新地址（见附件）。致谢！"

还有

"你好，我想询问一下我购买的那件商品，能否将其寄到下面的地址？因为一场意外，我的房子被烧毁了，我得换地址。谢谢！"

这些信息在拍卖结束后出现在平台的消息系统中，但并非来自真正的中标者。威胁行动者创建或劫持账户，发送看似来自中标买家的信息，试图欺骗卖家将商品发送到他们指定的地址而非真正的收货地址。如果卖家不仔细检查消息发送者的 ID，就成为攻击的受害者，将商品发往错误地点。在线拍卖平台强烈建议卖家仅将商品发送到已备案的地址，但用户很容易陷入此类陷阱。若商品价值不菲，卖家可能会因为发货地址错误而对商品本身以及相应的收入损失承担责任，这种损失并非由商品在物流中丢失、被盗或者支付环节出现问题所导致。一旦卖家受骗，最终可能需要向买家退款，导致钱货两空的双重打击。

这个真实案例融合了传统的网络钓鱼与在线拍卖，其犯罪行为已涉及实体操作并近乎构成邮件欺诈。然而，卖家是在收到钓鱼邮件后，在受欺骗的情况下将包裹寄到了错误的地址。那么，如何追责呢？这并不简单，特别是当诈骗涉及多方时。美国联邦贸易委员会（FTC）有如下规定：

问题："我是否必须退还我从未订购的商品，或者为其支付款项呢？"

回答："不，从法律角度来讲，如果你收到了自己未曾订购的商品，你有权将其当作免费赠品保留下来。"

所以，如果一个威胁行动者在云应用中发送钓鱼邮件，而另一个威胁行动者接收商品，你就必须向执法部门证明两个人之间的关联，以及前者发送邮件、后者接收商品的事实。即便攻击者自导自演（既是发送者又是接收者），也需要首先证明此人利用对云应用账户的访问权限发送了钓鱼邮件，并最终自行接收商品。如果他们使用一次性手机、公共电脑，或者利用已入侵的云应用账户实施攻击，这类证据可能极难获取。归根结底，这是一种看似简单却可能造成重大财务损失的骗局。

网络钓鱼攻击可以在任何包含消息应用的地方发生。当用户在线使用 SaaS 或云应用时，由于在他们在使用应用时会产生一种虚假的安全感，因此可能会更容易点击或执行不当操作。如前所述，这类攻击本身可能不限于电子形式，但造成的后果与其他常见犯罪类似（在本例中为商品盗窃）。

对于终端用户而言，这里有一个深刻的教训值得吸取：威胁行动者会利用文字、语言影响力、社会工程学以及混合攻击手段（消息和邮政寄件结合）欺骗毫无戒心的人以谋取经济利益。只要有文字阅读和消息交互的地方，就可能存在网络钓鱼攻击。当攻击出现在基于云的应用中时，我们需要像警惕恶意短信那样保持高度警觉。最重要的是，在做出偏离日常行为的操作之前，务必反复核查。例如在上述案例中，中标者应按正常流程接收商品，而不应仅凭一条简单、匿名的应用内消息就更改发货地址。总之，网络钓鱼攻击可能无处不在。

那么，如果这些网络钓鱼攻击伪装成商业推广邮件呢？作为任何成熟的安全管理流程的一部分，通过钓鱼模拟提供安全意识培训和渗透测试有助于保护组织并增强对多种威胁的免疫力。尽管有各种产品可帮助自动化检测和评估邮件攻击效果，但任何钓鱼测试的有效性完全取决于内容本身。如果钓鱼攻击样本漏洞明显（例如来自"尼日利亚王子"的"点击此处，我将向您的账户存入 9420 美元"），预计点击率会很低。

如果钓鱼样本针对特定目标，拼写错误极少，并包含鱼叉式钓鱼或"捕鲸"（针对高管）特征，则点击率和攻击成功率将显著更高。然而，这种方法存在一个缺陷：每次钓鱼测试通常只是针对某个时间点的单次邮件攻击活动，很少成为一系列相似邮件的一部分——后者能通过持续接触逐步建立终端用户对其"真实性"的误判。有一种非常成功的钓鱼攻击模式正是利用了许多营销邮件内置的"退订"功能，将其转化为水坑攻击和凭据窃取的途径。如果你觉得这个例子不可思议，请继续阅读，很快你将明白其中的套路。

每天，我都会收到大量来自喜爱品牌的营销邮件，推销家具、服装和电子产品。这些邮件几乎每天在同一时间送达，且均包含"退订"链接或按钮。点击"退订"后，部分网站会要求用户在修改偏好前进行身份验证，而另一些则不需要。任何要求身份验证的网站都值得警惕。如果原始邮件本身就是网络钓鱼邮件，那么索要凭据的行为可能就是一种攻击手段。毕竟，管理邮件偏好设置为什么还需要进行身份验证呢？以下是这种网络钓鱼攻击的运作方式，以及为何无论攻击类型如何，它都能通过持续的攻击活动渗透你的员工群体。

首先，假设你每天都会收到某个喜爱品牌的营销邮件。攻击者可通过钓鱼渗透工具复制邮件内容（每日发送），并将"退订"链接替换为伪造的身份验证页面（水坑攻击）。大多数钓鱼工具可直接生成此类仿冒网站，并定制得足以以假乱真。接下来，攻击者每天向目标多次发送该邮件，并根据最新广告内容每日修改邮件细节。若目标点击链接，甚至会跳转至真实商品页面，进一步增强邮件的"合法性"。很快，目标会因邮件数量过多而厌烦，最终出于烦躁点击"退订"。当他们尝试退订时，只要填写凭据或触发其他有效载荷，他们在该网站上的信息就会被窃取。

我们深知这种手段十分狡猾，但它揭示了网络安全教育和钓鱼攻击中的一个重要问题：安全培训和测试往往是一次性的，而非持续性的。即使实施持续性钓鱼渗透测试，多数测试也未能提供系列化或关联性邮件，无法通过长期接触瓦解终端用户的警惕性。根据我们的观察，基于"持续攻击活动"的策略往往是最有效的——攻击者通过连续发送符合用户预期的邮件，逐步建立用户的"基本信任"，而这类邮件正是员工最容易点击的。所有用户通常会信任自己"预期收到"的常规邮件，因此更可能与其进行交互（如点击链接、回复或退订等）。

6.11　横向移动

对于网络威胁行动者而言，能否实施横向移动，直接决定了其攻击范围是局限于单一资产，还是能在云环境中全面渗透并长期驻留。威胁行动者最初可能通过多个方法成功渗透环境，比如机会主义网络钓鱼攻击、基于被盗凭据的定向攻击、漏洞利用。然而，横向移动是查找有价值数据、攻陷更多资产，并最终执行恶意软件以对任何已攻陷资产进行侦查以及命令与控制的手段。为简化说明，图 6-6 展示了这一过程（该图可以在《特权攻击向量（第 2 版）》中找到）。

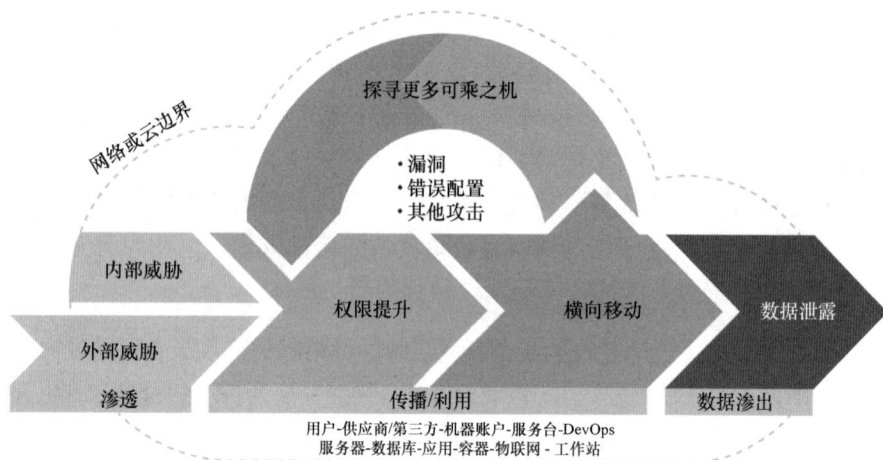

图 6-6   特权攻击向量攻击链

简单来说，横向移动是指从一种资产（身份、账户、数据库、资产、容器等）转移到另一种资产的能力。横向移动是网络攻击链的关键阶段，根据已发布的研究发现，约 70%的网络攻击中都存在横向移动。

可以从以下角度思考阻止横向移动的策略：攻击者通过漏洞利用或窃取的凭据，在云环境中建立初始立足点（滩头阵地）。但仅凭这一初始入口，攻击者很难直接访问其目标资产——这仅仅是他们在安全防护中发现并利用的一个薄弱点。然而，真正的危险在于，攻击者会将此立足点作为跳板，借此获取更多权限，逐步接近攻击者觊觎的核心资产。通过正确的安全策略，可将攻击者的滩头阵地限制为一个（极其）孤立的小岛，使其无法连接其他资源池，也无法进行"跳岛"攻击。这将形成死胡同，且若安全解决方案正常运行，可检测到入侵行为并修复漏洞。若防护得当，针对横向移动的防御态势可使攻击者陷入孤立无援的境地，限制其破坏范围，同时为企业争取时间检测并最终将攻击者逐出环境。但关键在于，横向移动不仅限于主机间的"跳岛"，其实现方式多种多样——本质上，它是利用某一资产获取另一资产访问权限的能力。

当谈及横向移动的安全意义时，关注点不应仅局限于主机，还应放在"资产"上，因为资产所涵盖的远不止主机本身。参与横向移动的资产可以是以下任何一种以及相应的组合。表 6-2 比较了攻击向量类别与资产类型。

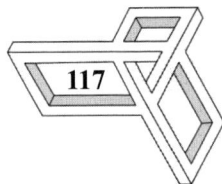

表 6-2 资产与攻击向量的比较

资产	特权攻击	资产攻击	身份攻击	在云中的判定
操作系统	基于凭据、哈希的攻击或黄金票据攻击	漏洞、漏洞利用和配置错误	凭据、默认账户、访客/匿名账户和共享账户	虚拟机、Hypervisor 或容器被攻陷
应用	凭据攻击或应用到应用的攻击（包括中间人攻击）	漏洞、漏洞利用、配置错误、不安全架构和生命周期结束	凭据、默认账户、访客/匿名账户和共享账户	运行时被渗透、数据泄露或被勒索，或者遭受拒绝服务攻击
容器	凭据不安全或连接不安全	漏洞、漏洞利用、配置错误、不安全架构和敏捷开发运维风险	凭据或机密信息被自动化攻击攻陷	实例、数据、自动化或工作流被攻陷
虚拟机	基于凭据、哈希或 Hypervisor 的凭据攻击	漏洞、漏洞利用、配置错误、不安全架构、敏捷开发运维风险，以及基于 CPU 和内存的漏洞	虚拟机或 Hypervisor 中的凭证、默认账户、访客/匿名账户和共享账户	操作系统、其他虚拟机、Hypervisor 或容器被攻陷
账户	凭据窃取或滥用、身份盗窃（包括暴力破解、密码喷洒攻击、重复使用等）	凭据窃取、滥用、内存抓取和不安全的凭据存储	凭据、默认账户、访客/匿名账户和共享账户	横向移动到共享该账户的其他资产，并实现特权提升
身份	凭据重用、账户与身份的关联攻击（例如，通过电子邮件账户名）	不适当的账户关联	账户间横向移动和特权提升（如果可能）	横向移动到与同一身份关联的其他账户，并实现特权提升

尽管这些资产之间的横向移动技术（包括特权和资产攻击向量）存在实质性差异，但威胁行动者的目标是一致的：在相似或共享基础服务的资产之间进行横向移动。例如，威胁行动者可能从操作系统横向移动至应用，继而利用前文提及的任意攻击向量组合（实际存在的攻击向量远不止这些）攻陷更多账户。这就引出一个显而易见的问题：当横向移动可能以这么多不同的方式发生时，该如何防范？首先，需要考虑导致横向移动发生的根本缺陷，这些缺陷源于攻击者利用针对资产和身份的特权进行攻击，进而影响了云环境中的操作。从广义上讲，网络分段是限制云环境中横向移动的一种手段，但要阻止威胁行动者的行动，还需理解并实施针对特权、资产与身份攻击向量的特定安全控制措施。

资产攻击通常通过漏洞管理、补丁管理与配置管理进行应对或缓解。这些是每个组织都应落实的传统网络安全最佳实践，但众所周知，真正能将其高效运转的组织寥寥无几。我们需要与团队探讨的核心问题是，由于基础网络安全防护措施做得不到位，横向移动已经成为勒索软件、加密货币挖矿和其他恶意软件等现代威胁的主要攻击向量。

零信任和即时特权访问管理等现代理念为缓解特权攻击向量的威胁奠定了基础,但对基于资产或身份的攻击收效甚微。因此,对于基于资产攻击的横向移动,我们必须确保安全基础措施在每周、每月、每年都得到有效执行。这种持续性有助于确保我们不会在云安全态势中暴露弱点,避免因漏洞与利用程序的组合攻击或基于失陷凭据的身份验证攻击而被入侵。接下来将以特权攻击的形式,探讨相应的防护策略,看看如何更好地应对此类威胁。

横向移动的第二种方法是基于特权攻击向量。这通常包括某种形式的特权远程访问,在如今的环境下,这是威胁行动者入侵资产并实施横向移动的最简单的攻击向量。

渗透云环境最常用的技术有下面这些。

● 密码猜解。

● 字典攻击。

● 暴力攻击(包括密码喷洒等技术)。

● 哈希传递。

● 安全问题利用。

● 密码重置攻击。

● 多因素认证缺陷利用。

● 默认凭据滥用。

● 后门凭据。

● 匿名访问利用。

● 可预测的密码创建规则利用。

● 共享凭据滥用。

● 社会工程学攻击。

● 临时密码滥用。

● 重复使用或循环使用的密码。

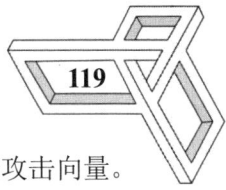

如果同一身份关联的多个账户遭到入侵，攻击向量可能演变为身份攻击向量。在这种情况下，一个人拥有的所有资源（及其账户）、负责管理的资产，或具有特权/非特权访问权限的对象，都会基于账户与身份的关系成为横向移动的途径。这一点在讨论横向移动时至关重要，因为资产并非总以电子形式存在——资产可以是抽象的，比如身份或容器形式的软件。无论如何，这种移动本质上是资产间的"支点转移"，属于横向移动的一种形式。

通过有效执行以下几项安全最佳实践，可大幅遏制特权攻击向量引发的横向移动风险。

- **采用最小权限原则**。这不仅能从源头降低威胁行动者获取立足点的风险（如利用执行权限安装恶意软件），还能限制其可利用的访问路径。移除不必要的管理权限可从整体上减少对云环境内核心资源通道的访问。而落实真正的最小权限原则需要即时特权访问管理——这种策略将特权账户的实时使用请求与权限配置、工作流程和适配的访问策略直接绑定。通过强制实施最小权限，横向访问路径的数量、可访问的时间窗口和持续时长都将受到限制。换言之，最小权限原则能消除持续性的越权访问风险。

- **强制实施权限分离和职责分离**。当应用于用户时，这意味着要将用户权限分配到独立的用户和账户，并确保特定职责只能通过指定账户来执行。因此，如果一个账户被攻陷，威胁行动者可获取的权限范围将被严格限制。这也意味着管理员不应该使用其 IAM 用户账户在执行管理工作的同时又用来访问电子邮件。

- **实行特权身份管理**。如特权凭据管理（包括凭据轮换、消除默认或重复使用的凭据等），这一最佳实践能消除大量攻击手段，同时削弱其他攻击的有效性。例如，为高特权账户实施一次性口令（OTP）可以防止密码重用攻击。频繁轮换凭据也意味着，通过被盗取的凭据来攻陷账户的威胁窗口期在时间上是有限的。

- **智能化身份访问管理**。智能化的身份访问管理可用于快速检测和响应入侵迹象。这是在攻击升级之前阻止攻击的重要组成部分。所有特权会话均应监控异常活动（如尝试执行不当命令）。此外，强大的防御能力还包括对会话的集中控制能力，包括暂停、记录和终止会话。

此外，零信任概念（后文将作为通用办公环境访问云的一部分详细讨论）可用于防御横向移动攻击，其核心是采用多维度防护策略。零信任方法强调实施严格的访问控制，默认情况下不信任任何人、任何地点、任何时间的访问，即使是已位于云环境内部的实体。零信任旨在确保资产间除非获得第三方信任和后续批准，否则不允许进行授权或身份验证。

请记住，任何资产之间都可能发生横向移动，而我们需要防范的正是资产之间的不当信任关系。如图 6-7 所示，不同的漏洞利用手段（漏洞、机密信息、密钥和身份）可用于在资产之间进行横向移动。

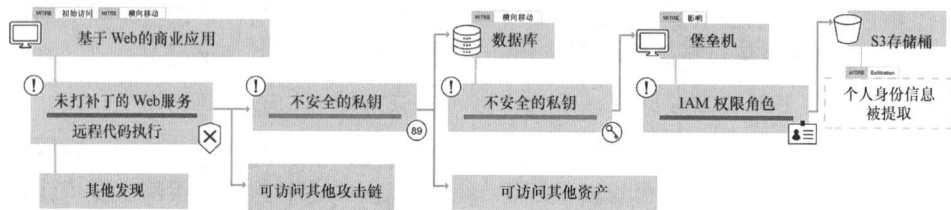

图 6-7   使用多种方法进行横向移动

横向移动有多种形式，所有这些形式都允许威胁行动者扩大其在环境中的覆盖范围，并在执行攻击任务时可能攻陷更多资源。需要注意的是，横向移动并不总是需要窃取凭据。横向移动可以通过漏洞与攻击工具的组合、配置错误等方式实现，最重要的是，它还可以通过本地或云端资产共享的文件和资源来实现。

在讨论了横向移动的基本原理后（从资产到特权和身份），现在看看横向移动在基于云的应用中是如何运作的。这里需要考虑下面两个主要的攻击向量。

● **云内移动**：通过相同或不同类型的资产实现资产间的"跳岛"。

● **终端用户或本地资产与云的交互**：通过机器对机器（M2M）连接实现的跨环境横向移动。

在安全的 SaaS 平台内，身份间的横向移动通常是很困难的，除非威胁行动者掌握其他用户的凭据，或平台因配置错误允许模拟其他用户（包括权限提升）。然而，用户之间共享的资源却可能允许横向移动。例如，若某个 SaaS 应用允许文件上传或嵌入超链接，且未对文件或 URL 进行恶意软件审查，威胁行动者可能会发布一个包含恶意文件的内容，诱使毫无戒心的用户在浏览器中打开或下载。理

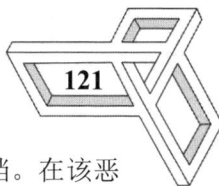

论上，一个能够访问 SaaS 应用的威胁行动者可以上传常用的恶意文档。在该恶意文档被发现之前感染大量客户端。或者，攻击者可在频繁使用的链接中嵌入 URL——这些链接在发布时看似无害，后续却被篡改以承载恶意意图。两者的结果相同：SaaS 应用中的身份间横向移动可通过应用内共享的资源实现，恶意用户或被劫持的用户可借此攻陷其他用户。由于没有反恶意软件解决方案是完美的，威胁越高级，此类攻击成功的可能性就越大。一旦成功，同样的载体就会被用于横向移动。

接下来考虑基于云的应用与远程资产的交互。以 SolarWinds Orion 事件为例，Orion 的自动更新服务被植入恶意代码，并交付给 SolarWinds 的客户。从本质上讲，无论是否出于恶意，从云服务中下载的任何内容都可能影响远程设备。遗憾的是，类似事件多年来屡见不鲜，例如糟糕的反病毒签名导致不当的文件删除、性能下降甚至系统崩溃（如蓝屏死机）。鉴于云服务或者 SaaS 应用下载并在远程设备上执行代码可能构成威胁，供应链攻击、SaaS 劫持甚至质量控制疏漏导致的不当更新，都可能对环境造成影响。如果更新包含恶意代码，点对点的横向移动就会开始扩展到范围内的所有系统。SaaS 应用会在无意中成为恶意软件的传播工具，或未经授权的配置变更为威胁行动者的横向移动打开大门。目前，这主要是供应链问题，但 SaaS 劫持已真实发生——加密货币平台 LiveCoin 的停止运营即归因于此。从后端服务器到社交媒体均被攻陷，该加密货币交易所陷入瘫痪，也停止了对外服务。

变更控制是验证所有更新以抵御这两类威胁的关键。作为安全最佳实践，所有云解决方案均应为用户启用多因素认证（MFA）。考虑到现代攻击向量对凭据的威胁，单因素认证已无法满足安全需求。

最后，采用以身份为中心的安全方法并结合特权访问管理，我们就可以解决许多此类问题。这包括确保所有人类和非人类身份尽可能唯一；按最小权限原则部署应用；确保机密信息（如密码和密钥）唯一且不重复使用。这样一来，即使某个 SaaS 应用感染了资产，传统的横向移动技术也无法利用其他账户和特权。这些建议在本书中反复提及，也再次强调了一个核心关键：技术环境日新月异，但安全的基本原则始终不变。在云上，我们的安全建议依然有效，因为横向移动已不再局限于主机间或设备间的转移了。

对于威胁行动者来说，横向移动是一种关键的攻击策略。这允许威胁行动者能够从通过初始攻击手段在组织内偶然获得的立足点，转移到其他更具价值的资产。横向移动的技术可以基于资产、特权或身份，其涵盖的特征范围广泛，从人类身份到操作系统上未修补的漏洞均包含在内。

6.12　RDP

远程桌面协议（RDP）是一种支持完整桌面体验的技术，可为远程用户提供远程音频、剪贴板、打印机和高分辨率图形文件传输（可根据带宽动态调整分辨率）。由于其安装过程中存在大量漏洞且认证机制薄弱，近期有安全专家戏称 RDP 为"勒索软件分发协议"。

1998 年，微软在 Windows NT Server 4.0 操作系统中引入 Windows 终端服务器功能作为附加组件，该功能支持通过 TCP/IP 实现网络远程桌面访问。此后发布的每一个 Windows 操作系统版本均保留了该功能，并在 Windows XP（2001 年 10 月发布）时代成为主流。自 Windows XP 系统发布以来，RDP 已成为 Windows 桌面和服务器操作系统远程会话访问的默认标准协议。

历经 20 余年的发展，RDP 已迭代多个版本，通过新增功能逐步成熟为可靠的远程访问协议。但与此同时，RDP 也伴随诸多安全问题。随着"新常态"的出现——远程办公增多、云计算依赖度上升、环境愈发分布式——RDP 的使用场景已远远超出其设计初衷。在过去的 18 个月里，多份关于威胁和数据泄露的研究报告指出，RDP 的滥用正推动勒索软件及其他基于云的网络攻击愈演愈烈。

在核心层面，RDP 使用单个 TCP/IP 端口（默认是 3389 端口）发起连接，其技术源自 T.128 应用共享协议。这里不深入探讨每个数据包和帧的构造细节，重要的是要知道所有 RDP 通信通常为点对点加密传输，承载完整的用户远程操作数据（包括高效传输和处理整个用户体验所需的全部信息），并具备容错、身份验证甚至多显示器支持等多种机制。所有这些操作都不需要 HDMI、USB 等物理线缆，而是通过网络在资产之间传输所有数据。实际上，只要有 TCP/IP 网络环境，RDP 就能在 Wi-Fi 甚至蜂窝网络上正常运行，如图 6-8 所示。

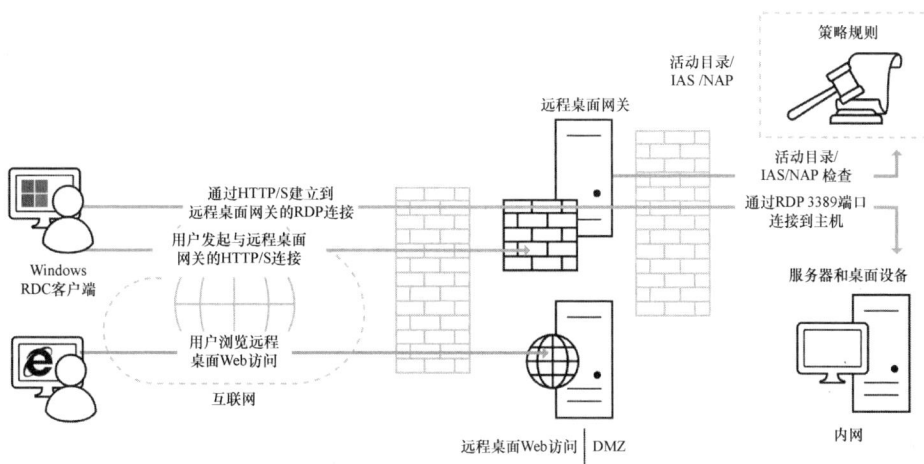

图 6-8　远程桌面协议（RDP）通过互联网进行网络通信

图 6-8 所示为典型的 RDP 连接场景。客户端可以通过互联网使用浏览器或远程桌面客户端连接到本地或云端的远程桌面网关。尽管这些连接基于 HTTPS 运行 RDP，但直接通过 RDP 连接云资源的风险要高得多。为了降低风险，远程桌面网关（RD Gateway）或远程桌面 Web 访问服务器（RD Web Access Server）中的身份验证和抽象控制（定义为策略规则）可屏蔽直接访问带来的恶意活动。

然而，RDP 最大的风险在于将 3389 端口直接暴露在互联网上，或者允许 RDP 流量直接穿过防火墙访问内部网络的资产。这些做法很常见，我们应当不惜一切代价去避免这些问题。事实上，如果你熟悉 Citrix 服务器或微软 Windows 终端服务器的使用，那么你可能一直在使用 RDP 而自己却浑然不觉。

各种规模的企业均可能使用 RDP 访问服务器、与员工协作或远程访问桌面（模拟线下办公场景）。尽管这种场景风险较低，但仍需警惕，因为边界控制虽能抵御外部攻击，但一旦某一资产被攻陷，RDP 可能成为横向移动的通道。RDP 最常见的应用场景如下所示。

● 提供具备应用访问权限的堡垒主机，使其接入模拟本地资源的环境。

● 使用通用办公环境（COE）为员工或承包商提供（或接入）云环境的虚拟桌面接口（VDI）。

● 为远程服务器提供图形用户界面，以便进行维护、设置和故障排除（无论服务器位于何处）。

- 为服务台、呼叫中心和技术支持团队提供远程用户访问权限，以便提供技术支持服务。

- 允许员工、承包商、供应商或审计人员访问桌面，提供近似于线下办公的用户体验。

在一个支持"任意地点办公"的世界里，这些都是非常实用且重要的用例。然而，其中一些用例相较于其他用例具有更高的风险。RDP 在理想且可控的环境中可以很好地工作。但要确保 RDP 的安全性，以防止恶意会话、劫持、不当访问、漏洞利用、权限提升等问题，所需的信息技术和安全成熟度远超出 RDP 的默认设置。

RDP 的默认设置仅提供了加密和基本的安全防护。如果仅依赖这些默认设置来保障安全，对于大多数组织来说将构成不可接受的风险。那么，当 Windows 资产与云环境进行内外连接时，如何保障 RDP 在内部和外部操作中的安全性呢？

RDP 的首要安全规则是，无论对终端和系统进行了多少加固措施，将 RDP 直接暴露在互联网上以供访问都是绝对不可接受的。这种暴露的风险极高，并且经常被利用。RDP 仅应在安全的网络分段内使用。为什么？因为 RDP 主机支持监听端口以等待入站连接，即使是最安全的安装配置也可能被探测到所运行的 Windows 操作系统及其版本。一旦这些信息被掌握，社会工程学攻击、缺失的安全补丁、零日漏洞利用、暗网中的凭据泄露和不安全的密码管理都可能通过 RDP 导致不当访问。

因此，我们应摒弃在外部主机上暴露 RDP 的这种错误做法。这一范围甚至包括员工在家中使用的笔记本电脑等移动设备，或支持移动办公的设备。任何可能拥有或确实拥有公共 TCP/IP 地址的设备都不应启用 RDP。这就是为什么许多组织要求使用 VPN 或现代远程访问解决方案来连接外部资源。

即使这些设备位于 DMZ 或云中以缓解这些潜在风险，"不将 RDP 暴露在互联网上"这一原则依然适用。但如何为安全的云分段充分保障 RDP 的安全性？我们可以从默认配置的已知情况入手。

- **访问列表**：在 Windows 主机上启用 RDP 后，默认情况下只会允许本地或域管理员访问（取决于当前配置）。虽然这能阻止标准用户访问，但存在不可接受的风险，因为只有管理员可通过 RDP 进入资产，这不符合最

小权限的安全最佳实践。因此，应该取消管理员的访问权限。仅向适当的标准用户账户授予 RDP 访问权限，且应该遵循即时访问模型，即访问权限仅在完成任务所需的最短时间内有效。此外，应该全面监控并记录会话活动，以确保会话的合规性。必要的最小权限、即时访问和会话监控控制可通过特权访问管理（PAM）解决方案最彻底地实施。

- **默认账户**：如果不严格遵循上述访问列表建议，威胁行动者可轻松破解管理员账户，以从其他资产访问 RDP。如果管理员默认的用户名是 administrator，则至少在某种程度上几乎必然会发生数据泄露。因此，建议将本地机器或域的管理员账户重命名为不同、唯一且不容易被猜测的名字。虽然这并不能保护 SID（Windows 的安全标识符），但至少可以混淆用户名。此外，以管理员身份进行 RDP 访问应仅在不可避免的用例中执行，而不适用于日常远程访问需求。日常需求应使用具备我们当前讨论的所有特性的专用解决方案来实现。

- **身份验证**：网络级身份验证为 RDP 通信提供了最强大的身份验证方法。如果没有开启这一功能，凭据将以明文形式发送到远程主机或域控制器。遗憾的是，非 Windows 系统的 RDP 实现可能只支持这种比较旧且不安全的身份验证机制。

- **加密**："高"加密级别为 RDP 网络通信提供了最强的加密。如果没有设置此选项，系统将通过域控制器去协商目标支持的最大密钥强度（而不是通过组策略选项设置的最大密钥强度）。

- **剪贴板重定向**：RDP 服务器支持剪贴板重定向，因此远程会话可以轻松地将内容从远程系统复制、剪切并粘贴到连接设备，反之亦然。这一功能非常容易被滥用，比如用于数据提取或者粘贴密码等系统信息。

- **网络和 LTP 打印机重定向**：RDP 服务器为远程访问会话提供打印机重定向功能。该功能允许将本地设备和域控制器的网络打印机以及 LTP 连接到远程资产。这可能导致打印敏感信息，并将恶意打印机驱动程序引入到环境中。因此，为了防止数据被远程打印和泄露，RDP 应配置为禁止网络和 LTP 打印机重定向。

- **会话管理**：Windows 服务器允许每个用户账户进行多个 RDP 会话。如果用户意外断开连接，可能会导致工作效率低下，甚至造成信息丢失，因为新会话无法重新连接到前一会话（该会话将被视为孤儿会话）。可以通过限制访问来缓解这种情况，尤其是将管理员的会话数量限制为一个。此设置还可作为恶意 RDP 的基本会话管理解决方案，因为同一时间仅允许一个会话，从而更容易追踪访问记录。

要实施这些设置，组织应该在组策略选项中配置所有内容，并通过活动目录进行应用。未加入域的资源必须单独进行设置并强化，以匹配该配置。无论哪种情况，只要有一台主机配置错误，都可能会带来巨大的风险。然而，这种情况始终在发生。

在牢记 RDP 配置的安全最佳实践的同时，也必须定期监控和管理其他风险。

● **漏洞**：自 RDP 诞生以来，各个版本存在诸多漏洞，包括 BlueKeep 和 DejaBlue 等允许远程代码执行和权限提升的高危漏洞。对于任何使用 RDP 的环境（云环境或本地环境），信息技术管理员需要及时了解安全更新并进行部署。如果缺少这些补丁，几乎没有缓解控制措施能阻止漏洞利用。

● **客户端**：RDP 的协议文档公开透明，许多第三方产品可以充当 RDP 的客户端，macOS 和 Linux 等其他操作系统也基于开源和专用代码包含原生 RDP 客户端。如果在这些客户端中发现漏洞，那么风险就可能会反向传导至 RDP 主机服务器。因此，通过应用控制等手段管理环境中允许的 RDP 客户端（如限制类型、版本）至关重要，以确保终端用户访问不成为攻击向量。

● **许可**：微软要求在环境中使用 RDP 时需要获得相应许可。部署第三方解决方案或开源版本可能会违反微软的许可协议。尽管这听起来有些荒谬，但请确保所部署的任何使用 RDP 的第三方解决方案都已获得微软的正式授权，以合规使用其技术。

对于许多组织来说，RDP 的安全风险是无法接受的，无论是在内部还是在外部使用 RDP，哪怕是最轻微的不合规都是不可接受的。因此，这些组织需要一个不依赖操作系统原生功能的远程访问战略解决方案。

对于支持 RDP 作为客户端或服务器的现代微软 Windows 资产和其他操作系统，还存在一些其他的选择。在管理云环境时，可以考虑以下远程访问协议。

- **VNC（虚拟网络计算）**：VNC 是与 RDP 竞争的另一种远程访问协议。它是一个图形化桌面共享解决方案，使用远程帧缓冲协议通过中继屏幕更新来控制另一台计算机的屏幕、键盘和鼠标。VNC 相对于 RDP 的主要优势是，它不依赖于某一平台，并且在同一平台上具有来自不同来源的多个服务器和客户端实现。使用 VNC 时，可以选择供应商、开源版本或风格并进行部署。

  遗憾的是，VNC 存在许多与 RDP 相同的安全和加固缺陷，包括潜在的弱加密、明文传输和认证加固的局限性。尽管一些专有安全解决方案基于 VNC 来解决这些问题，但它们与任何其他第三方远程访问实现一样属于付费解决方案。与 RDP 一样，使用 VNC 的资产绝不能直接暴露在互联网上，同时也应对内部资产进行相应管理。

- **SSH（安全 Shell）**：如今的微软 Windows 允许几乎所有功能都通过命令行执行。2018 年，微软正式将原生安全 Shell（SSH）添加到操作系统中，以方便远程执行该功能。虽然不是基于图形界面，但 SSH 提供了一种安全的方法来远程登录 Windows 主机并执行命令和脚本。SSH 的加固步骤与 RDP 相似，需要正确配置账户访问、加密和访问控制列表。因此，它应该只在内部使用，绝对不能直接暴露在互联网上。下一节将详细讨论这一点。

- **第三方解决方案**：专有远程访问技术的实现架构通常与 RDP、VNC 和 SSH 有很大不相同。这些技术不是在主机上打开一个监听的 TCP/IP 端口，而是倾向于使用基于代理的技术向管理器、设备、SaaS 解决方案或网关技术发起连接请求，并等待入站连接请求。这种实现非常适合部署在云中，因为没有开放端口，端口暴露的问题就得到了解决，并且访问认证在远程访问管理器（而非目标本身）执行。此外，流量通过服务路由以保护网络路径，而不是防火墙可能阻止的点对点通信。

一些提供专有远程访问解决方案的供应商已经解决了与 RDP 相关的所有挑战和缺陷。然而这些都是企业级解决方案，并不是免费的。这些解决方案使用的底层协议也属于专有技术，以防止威胁行动者通过逆向工程破解技术细节。

最先进的第三方安全远程访问解决方案可能提供屏幕录制、多屏幕共享、安全模式启动，甚至无须完整会话或开放端口的远程注册表访问等功能。然而，账户管理仍然是一个挑战，因为每个解决方案都需要基于目录服务或通过本地基于角色的访问模型，向每个潜在目标授予认证权限。无论用户和资产是在 Active Directory、LDAP 还是 Azure AD 中分组，都需要进行此设置。管理员需要设置谁在何时有权访问什么资源，而不是允许广泛开放的访问（这会给企业带来更大的风险）。与 RDP 不同，默认情况下该解决方案不向任何人授予访问权限，因此一开始它就遵循了最小权限访问模型。

6.13 远程访问（SSH）

在讨论 SSH（安全 Shell）暴露于互联网的问题之前，先快速回顾一下网络安全的基础知识：任何面向公网的不必要端口都应关闭。我们已详细讨论过这一点，并会反复强调，直到它像《鲨鱼宝宝》（do do da do）这首儿歌一样深入人心。此外，所有面向公网的远程访问端口应该始终处于禁用的状态，SSH 也不例外。

那么，为什么本节还要讨论 SSH 呢？原因很简单，SSH 几乎用于管理所有的云环境，但其 TCP/IP 端口（22）绝对不应面向公网。该端口应仅允许内网访问，并且在必要时应用安全控制措施。

以下是保障 SSH 安全的最佳实践。

- 使用复杂（非默认）的用户名和密码（使用特权访问管理解决方案）。

- 禁止以 root 身份登录（PermitRootLogin no）。

- 配置空闲超时时间（ClientAliveInterval 360、ClientAliveCountMax 0）。

- 禁止空密码（PermitEmptyPasswords No）。

- 限制可通过 SSH 认证的账户（AllowUsers User1 User2）。

- 确保系统使用最新版本的 SSH（Protocol 2）。

- 将默认端口从 22 更改为更高端口以混淆访问（Port 2025）。

- 仅允许特定 IP 地址（如代理、堡垒主机或跳转点）访问（iptables -A INPUT -p tcp -s [你的 IP] --dport 22 -j ACCEPT）。

- 启用多因素认证（取决于系统架构和第三方集成方案）。

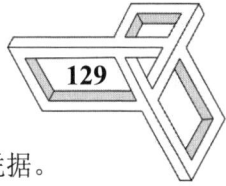

- 使用公钥/私钥进行认证（ssh-keygen -t rsa），而不是复杂的凭据。

- 将 SSH 绑定到不面向互联网的 TCP/IP 私有地址，仅允许内部访问，且可能需通过某种堡垒主机中转。绝不应将其直接暴露于互联网。

这些建议会使威胁行动者更难以攻陷你的资产。如果凭据被泄露、漏洞未修补或其他主机被攻陷，SSH 可能成为威胁行动者横向移动以执行恶意任务的通道。所有远程访问协议均存在此类风险。这些建议有助于确保只有通过强认证完成用户身份验证的资产才能安全访问 SSH。但对所有远程访问协议最重要的建议是，永远不要在互联网上暴露它们的开放端口！

6.14 其他形式的远程访问

管理云资源需要某种形式的远程访问，无论这些资源是虚拟机、基于编排工具的资源、无服务器资源，还是针对云服务优化的现代工作负载。任何远程访问的最大风险在于监听端口本身的暴露，这为威胁行动者提供了明确的攻击目标，而识别监听端口最常见的方法仅仅是端口扫描。因此，"永不公开暴露监听端口"的建议应当始终被奉为圭臬。

操作系统本身提供的最常见的远程访问协议是 RDP、SSH 和 VNC。所有这些协议都依赖监听端口来支持直接连接或基于代理（proxy）的连接。然而，第三方解决方案通常使用基于代理（agent）的技术，并不需要监听端口。它们不支持直接连接，而是通过代理使用出站持久连接与堡垒主机、授权代理、设备、SaaS 解决方案或跳板机进行通信，以促成远程访问会话。中间件服务通常由基于云的服务进行管理，该服务接受入站远程访问请求（通常是基于 443 端口的 HTTPS），并将请求转发到中间件（堡垒主机、代理或跳板机）以建立连接，如图 6-9 所示。

云端资源远程访问的最佳实践架构是通过另一层机制保障远程访问安全，该机制可监控合规活动、记录会话，并对远程访问会话本身应用策略——基于云的目标资产无须开放任何类型的监听端口，443 端口（HTTPS）除外。若因技术或环境限制无法在目标资产安装代理，大多数代理和跳板技术仍可自行建立传统的远程访问连接（如 RDP、SSH、VNC、Telnet 等），并继续促成连接。这既支持我们此前讨论的监控功能，保留操作系统的原生远程访问协议，又能提供云环境中正常运行所需的关键分段。

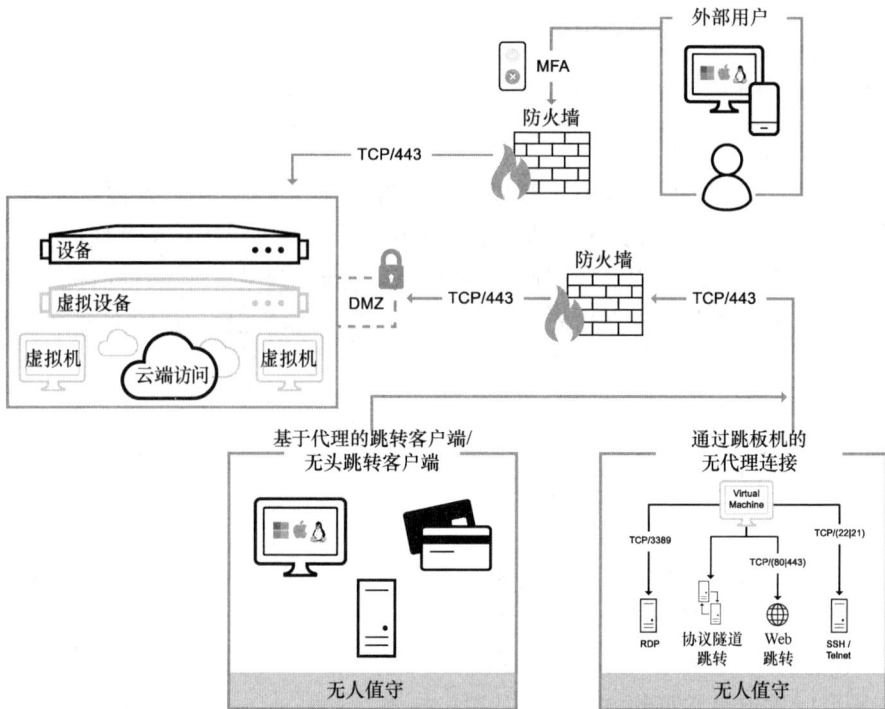

图 6-9   使用第三方解决方案和代理（proxy）技术的远程访问

在拥抱数字化转型时，云环境中的远程访问是最重要的云安全要素之一。尽管原生工具确实提供访问能力，但其安全性并非最佳。"尽可能不允许远程访问"的基本建议绝对正确。使用专用解决方案来落实这些安全最佳实践，将有助于完善缓解策略，具体内容将在下一章讨论。

6.15   社会工程学

社会工程学是影响企业和消费者的主要攻击手段之一，已成为美国执法部门的重点关注领域。美国联邦调查局（FBI）甚至推出一系列电视广告，警示公众防范来自短信和语音钓鱼的威胁。虽然这些警示主要面向消费者，但企业及其员工也需警惕此类风险，尤其是当虚假信息看似来自组织内部的可信成员时。图 6-10 所示为 John Titor 提供的一条短信截图。

图 6-10　声称是来自 CEO 的短信网络钓鱼攻击（John Titor 是一位时空旅行者）

　　这张截图来自一名员工，他收到了一条伪装成 CEO 发来的虚假短信。该员工起初进行了回复，但是当"紧急"任务变成为客户购买礼品卡时，才意识到自己上当。如果"礼品卡"这种攻击手段未纳入网络安全培训内容，或者当时该员工没有意识到这是一次攻击，就可能会被社会工程学手段诱导执行恶意且可能导致重大损失的任务。设想一下，若攻击请求是重置密码或提供资产访问权限会如何？比如，伪装的 CEO 信息可能会要求 IT 管理员解锁账户并转发新密码。回想 2020年 Twitter 遭遇的攻击，其大量顶级客户数据库正是通过帮助台和社会工程学攻击而遭窃。

　　针对云环境的社会工程学攻击并没有什么不同。当我们认为信息来源可信，尤其是当通信内容符合预期时，会盲目信任收到的短信、电子邮件甚至确认通知。如果信息伪造得足够逼真，甚至可能伪装成我们已信任的人，威胁行动者就已经完成了欺骗的第一步。如果我们相信这些针对云资产的钓鱼信息，可能会使企业大部分业务面临极高的风险。

从勒索软件到深度伪造语音技术，当今网络世界的威胁已使后果远超"购买礼品卡"的范畴。尽管我们可能会对收到的每封邮件、每条短信和每个电话都变得疑神疑鬼，但我们需要在保持理智的前提下，理解社会工程学的工作原理及其识别方法。这种认知为与基本直觉并无不同，但确实需要磨炼技巧以识别攻击向量，并找出易受攻击的自身习惯。无论如何，在行动前务必验证信息真实性并了解风险。首先，威胁行动者往往试图利用人类的几个关键心理特征来达成目标。

- **信任**：认为任何形式的通信都来自可信来源，且接收者自认为能识别出发件人身份。

- **轻信**：即使通信内容看似荒谬或不合常理，仍相信其真实性。

- **善意假定**：以为通信意图是为自身利益着想，从而倾向于回应或打开。

- **缺乏警惕**：对通信内容中的拼写错误、语法瑕疵或电话中的机械语调等异常现象不产生怀疑。

- **好奇心理**：未通过培训识别出攻击手法，或虽记得相关攻击向量但却未采取应对措施。

- **侥幸懒惰**：因通信内容表面看似可信，且认为核查链接或内容是否存在恶意行为的成本过高，选择敷衍应对。

当我们了解这些人性后，就可以有针对性地培训公司员工，使其不落入社会工程学的圈套。难点在于克服人性弱点，并确保培训内容具有灵活性，既能涵盖直接攻击，也能应对看似来自云资源的广泛攻击尝试。

以 2021 年末发生的一起伪造美国联邦调查局（FBI）的电子邮件攻击为例。威胁行动者攻陷了云中的邮件服务，冒充 FBI 的名义向无数用户发送恶意内容。虽然邮件来源看似可信，内容貌似真实，但攻击者的最终意图暴露了骗局本质。图 6-11 所示为这封伪造 FBI 邮件的示例。

From eims@ic.fbi.gov ☆　　　　　↷ Reply　→ Forward　⊠ Archive　⌀ Junk　🗑 Delete　More ∨　│　DKIM

Subject **Urgent: Threat actor in systems**　　　　　　　　　　　　　　　　　　　　　　09:03

To

Our intelligence monitoring indicates exfiltration of several of your virtualized clusters in a sophisticated chain attack. We tried to blackhole the transit nodes used by this advanced persistent threat actor, however there is a huge chance he will modify his attack with fastflux technologies, which he proxies trough multiple global accelerators. We identified the threat actor to be Vinny Troia, whom is believed to be affiliated with the extortion gang TheDarkOverlord, We highly recommend you to check your systems and IDS monitoring. Beware this threat actor is currently working under inspection of the NCCIC, as we are dependent on some of his intelligence research we can not interfere physically within 4 hours, which could be enough time to cause severe damage to your infrastructure.
Stay safe,
U.S. Department of Homeland Security | Cyber Threat Detection and Analysis | Network Analysis Group

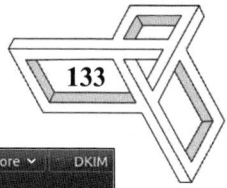

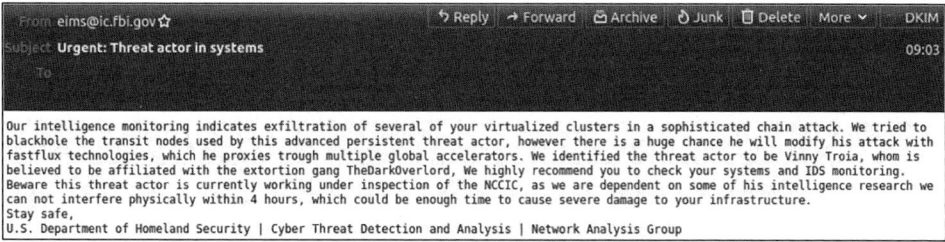

图 6-11　2021 年 FBI 钓鱼邮件

为此，请考虑以下培训要点和潜在的自我意识技巧，以阻止社会工程学攻击危害你的环境。

- 团队成员应该只信任来自己知且信任的团队成员或供应商的敏感信息请求。仅凭"发件人"栏中的电子邮件地址不足以验证请求，回复电子邮件也不可行（发件人账户或服务可能已被攻陷）。最佳做法是借鉴双因素认证技术：拿起电话或使用其他通信途径验证电子邮件的真实性。例如，致电提出敏感信息或异常访问请求的一方，核实请求的真实性。如果请求看似荒谬（如授予管理权限或共享密码），请根据内部政策或与IT、人力资源等其他相关方核实（可能是内部人员攻击）。对所谓可信人员（如上级）的请求进行简单验证，对阻止社会工程攻击大有帮助。此外，所有这些都应在打开任何附件或点击任何链接之前完成。如果电子邮件是恶意的，有效载荷和漏洞利用程序可能会在你进行任何验证之前，仅通过点击或打开恶意内容就自动执行。

- 如果请求来自一个未知来源，但有一定的可信度（比如所使用的云服务），可以采取一些简单的预防措施。首先，检查电子邮件中的所有链接，确保它们指向正确的域名。在大多数计算机和邮件程序中，将鼠标悬停在链接上即可显示实际内容。如果请求是通过电话提出的，切勿透露个人信息。记住，是他们给你打的电话。例如，美国国家税务总局（IRS）永远不会通过电话联系你，他们只使用美国邮政服务（USPS）进行正式通信。如果你接到紧急电话，不要让自己陷入仿佛"天要塌下来"的感觉中，《小鸡快跑》动画里的小鸡很早就学到了这个教训。

- 教会如何识别真正的通信相当困难。社会工程学攻击可以采取多种形式，从应付账款诈骗到服务中断通知，再到虚假的升级请求、个人资料验证和更新。仅仅说"请验证你的电子邮件地址"或"验证你的信用卡信息"只能应对极少数的社会工程学攻击尝试。此外，如果同事收到了同样的通信内容，这只能排除鱼叉式网络钓鱼作为可能的攻击向量。此时的最佳做法是首先考虑你是否本应收到这个请求，这是你通常会见到的事情，还是说收到它是一件不寻常的事情？如果是不寻常的，请默认保持怀疑态度，在继续之前验证意图。在深度伪造语音和照片几乎无法与真人真像区分的时代，这一点尤其重要。

- 最容易检测并抵御社会工程学攻击的方法就是识别出可疑的通信内容。这需要对通信内容进行一些"侦探式"观察，寻找拼写错误、语法瑕疵、混乱格式或者电话中可能为深度伪造的机械语音。如果请求来自你从未接触过的来源，这一点尤其重要。这类请求可能是密码重置、服务访问权限添加，或要求提供本应保密的信息。如有任何可疑之处，最好谨慎行事，例如不要打开任何附件或文件，不要点击任何链接，也不要口头回复。相反，应该向信息安全部门报告这种钓鱼攻击，他们会帮助你判断是否需要回复。

- 从社会工程学的角度来看，好奇心与过度自信的安全感是最大的隐患。"我相信我的电脑和公司的信息技术安全资源能完全保护我"是一种错误的假设。现代攻击可以绕过最完善的系统和应用控制解决方案，甚至利用操作系统的原生命令实施攻击。克制好奇心就是最佳防御：不要回复陌生电话里的"你能听到我吗"；如果发现上面提及的任何可疑情况，不要打开附件；不要以为自己绝对安全（尽管蜘蛛侠被蜘蛛咬了一口后很幸运，但现实并非如此）。事实上，钓鱼攻击可能发生在你身上，而你的好奇心不应该成为钓鱼攻击成功的帮手，天真会让你成为受害者。

社会工程学是一个重大的安全隐患，而在与云服务提供商合作时，这一问题会变得更加棘手。威胁行动者深谙如何伪装成云服务提供商，而用户对企业的信任往往仅基于公司名称，而非日常接触的具体人员。残酷的现实是，没有任何技术能百分百抵御社会工程学攻击。垃圾邮件过滤器可拦截大部分恶意邮件，自动呼叫系统能屏蔽恶意或可疑电话，但最终能否避免受骗仍取决于终端用户。尽管终端防护解决方案能检测已知恶意软件或基于行为的恶意程序，但无法解决社会工程学攻击所利用的人性弱点，尤其是当威胁来自内部，或内部资产被用作"攻击骡子"时。

抵御社会工程学攻击的最佳手段是进行安全教育，以及了解这些攻击如何利用人性弱点得逞。如果我们能认识到自身弱点并采取相应对策，就能最大程度地降低威胁行动者入侵资产、获取云环境（及本地环境）访问权限的能力。最后请谨记：人类意识应作为第 8 层纳入 OSI 模型。

6.16 供应链攻击

在过去的一年里，我们都深刻领教了供应链面临的威胁。无论这些攻击影响的是商业石油和天然气等产品，还是我们授权使用的软件解决方案，一次成功的供应链网络安全攻击都可能在现实世界中造成惨痛后果。尽管几乎所有的关注都集中在供应链的上游，但针对客户的攻击又该如何应对？当攻击影响到你的业务客户时会发生什么？这可能对企业产生何种影响，客户可能丢失的哪些数据会导致业务中断或给上游企业带来风险？

作为企业，我们通常会使用诸如安全评估问卷（SAQ）等工具来审查我们的供应商（本书后文会介绍该工具，附录 A 中提供了相应的示例）。然而，我们很少对销售的客户进行同样的审查。如果客户的网络安全状况不佳，他们的风险也可能会成为你的风险。供应链攻击可能是双向的风险。

首先，我们来分析客户可能持有的来自贵组织的数据。最常见的数据有下面这些。

- 员工联系信息：包括姓名、电子邮件地址、电话号码，甚至可能包括员工的手机号码。

- 银行信息：包括为所销售产品或解决方案进行电子支付的汇款信息。

- 用于登录客户门户及相关产品或服务网站的各类凭据。

- 如果是软件解决方案，还可能包括使用解决方案的许可证密钥。

虽然绝大多数安全专业人士会认为客户持有和传输的这些数据属于低风险范畴，但仍有一些与你组织有关的客户数据可能是高风险的。

- 如果客户出于额外处理目的使用贵组织的个人可识别信息（PII），也就是说，他们购买了你的数据，那么其组织内发生的数据泄露可能成为极高风险事件。当客户购买你在正常运营和产品使用过程中收集的分析数据时，这种情况很常见。2014 年 Equifax 和 T-Mobile 遭遇的攻击便是典型案例。

- 如果客户使用贵组织的产品，并可主动向论坛或在线存储库提供自定义脚本或代码，那么内部威胁或被攻陷的环境可能会引入恶意代码，其他人可能在不知情的情况下使用这些代码。这种风险会影响供应链上游和下游的客户。

- 如果客户与贵组织存在相互买卖产品或解决方案的合作关系，共享数据量会随着合作深度呈指数级增长。这在技术集成和合作伙伴关系中屡见不鲜。任何一方被攻击，除泄露前面提到的所有数据外，还可能泄露路线图、设计图和财务情况等敏感信息，进而损害合作关系和业务运营能力。

为此，如果客户遭攻陷，贵组织可以采取以下调整后的传统缓解策略。

- 确定客户使用你的解决方案的所有地理位置。根据所销售的产品和解决方案，当地法律可能要求你向政府机构（如联邦贸易委员会或当地警方）跟进报告。对于弹药等管制产品、年龄限制产品，甚至包含强加密功能的软件等受管控产品，这一点尤为重要。

- 通知所有与该客户有接触的员工，提醒他们警惕与遭攻陷客户相关的网络钓鱼和其他诈骗活动。

- 根据企业规模，可能采取传统的欺诈警报和信用冻结措施，以保护财务信息的安全。如果你允许从账户进行电子借记操作，这一点就更为重要。

从本节内容可以得出一个关键要点：供应链的上游和下游均存在漏洞。你的网络安全计划应该考虑到来自任何一个方向的数据泄露所带来的影响。在最坏的情况下，可能需要终止与该客户或供应商的业务往来，他们丢失的数据可能对你的企业造成毁灭性打击。请记住，你与客户在技术和数据方面的共享关系通常是通过云环境实现的。

6.17　其他云攻击向量

曾几何时，每家公司都担心自己的网站被篡改，或者某项资产是否存在漏洞。

他们并不担心网络钓鱼问题，而是担心垃圾邮件（无用的电子邮件）；他们不考虑恶意自动更新，而是担心如果系统中安装了特定的杀毒软件，Windows 的下一次更新会导致所有电脑崩溃。在过去 20 年间，网络安全领域已发生了巨大变化；而在最近几年，一场比过去 20 年总和更令人担忧的演变已然发生。

过去，威胁行动者通常试图利用漏洞谋取经济利益。他们可能使用勒索软件，或利用数据泄露在暗网上将数据变现。在过去的一年里，攻击的矛头已经转向科技公司本身，随着攻击者对客户和供应商均造成损害，这些攻击事件屡屡登上新闻头条。对多数企业而言，目标越偏向技术与网络安全领域，遭攻击后的关注度就越高，毕竟，网络安全公司难道不该是防护最严密的组织吗？

有趣的是，许多在供应链攻击中成为目标的科技型组织，已经实施了可靠的网络安全实践（例如安全加固和监控），这些实践对提高生产效率和确保安全运营都很实用。但事实证明，这仍不足够——供应链正面临端到端的风险。

这就引出了一个问题：威胁行动者如今为何能屡屡得手？答案是他们采用了一种相对企业来说较新的双攻击向量策略，这种策略对供应链构成了重大威胁。这两种攻击向量均源自互联网，并以云环境为目标。

供应链攻击向量本质上很基础，分为如下两种。

● **对企业自身的攻击**：这是一种老套的攻击手段，包括扫描、网络钓鱼以及持续攻击资产，试图从前门（互联网）闯入。这些攻击既可以针对办公室或居家办公人员操作的资产，也可以针对云资产。如今，所有暴露于互联网的本地资产，以及员工、承包商和供应商使用的大量设备与应用，都已成为攻击目标。

过去 20 年，我们专注于防范本地攻击，传统解决方案若实施得当，能高效缓解威胁。但是近年来，这些攻击已转向提供解决方案的供应商上。

● *产品自身的网络安全漏洞*：企业需要考虑的另一个攻击向量是其内部开发的产品、授权的软件和解决方案（包括安全工具本身）的网络安全状况（或缺乏安全防护的情况）。这些产品部署在整个企业中。

这并非新的威胁，但这些产品正成为威胁行动者的目标焦点。企业推向市场的解决方案中存在的缺陷、漏洞、攻击利用代码及错误配置，正在给客户和制造商自身带来巨大痛苦。

尽管许多公司已经采用安全代码审查、产品渗透测试和补丁管理最佳实践，但威胁行动者正越来越多地针对供应商、供应链和已授权其解决方案的公司进行定制化攻击。SolarWinds Orion 事件正是基于这种攻击向量的典型数据泄露案例。

以一款针对 WhatsApp Android 用户的简单蠕虫病毒为例。人们发现该应用本身存在漏洞，恶意软件被设计成利用 WhatsApp 作为传播工具来传播这种蠕虫病毒。威胁行动者的目标并非 WhatsApp 的母公司 Meta（原 Facebook），而是其产品——通过云环境将其作为感染其他资产的传输工具。除其他影响外，产品漏洞被利用带来的收入损失可能极为惨重。例如，截至 2021 年 1 月，SolarWinds 股价暴跌近 40%。

即便是拥有全面数据隐私和安全测试机制的苹果公司，也可能成为受害者。例如，iOS 14.4 修复了多个已被野外利用的零日漏洞。无人能独善其身，但我们必须警惕，威胁行动者不再仅仅瞄准组织的"门窗"（外围资产），而是转向我们制造并部署在机构内部以支持业务运行的产品。威胁行动者利用供应链攻击，不仅感染单个终端用户，还能波及所有使用受害企业解决方案的客户与用户。

成千上万的技术供应商正在加强安全措施，确保其产品不会发生此类攻击。他们验证构建服务器、证书、API 日志和许多其他可能的失陷指标来源，执行监控并努力确保产品具备防篡改能力。但正如企业防御的困境，任何修复、缓解措施或产品测试都无法做到 100%有效。

作为技术供应商，所有人都需要比以往更全面地对产品进行端到端测试，在威胁行动者之前发现尽可能多的设计缺陷和漏洞。组织和供应商需要及时修复这些问题，并确保即使是基础设计也是安全的。否则，整个应用在遭受攻击时可能像纸牌屋一样不堪一击。

第 7 章
缓解策略

我们对云环境思考得越多，就越会发现，本地环境中存在的挑战如今已在云端变形演化。诚然，风险面发生变化，暴露程度发生变化，所有权与环境也发生了变化。然而，我们仍在讨论特权管理、身份管理、漏洞管理、补丁管理以及凭据与机密信息的安全——这些我们多年来打交道的领域本质未变。但是在云中，我们实际实施控制、提供管理以及进行详细监控的方式已大不相同。因此，牢记网络安全的基础知识至关重要，只需思考如何在云端以新方式应用它们即可。这些缓解策略对基于云的攻击向量最为有效，且仅是我们多年来所做工作的延伸——技术演进日新月异，安全本质历久弥新。

7.1 特权访问工作站

保护云环境的一种最常见的方法是确保用于管理的云计算环境的所有管理访问均安全无虞。拥有特权凭据的人员所使用的典型工作站，往往是威胁行动者的理想攻击目标。因为这些凭据一旦被盗取，就可能用于发动攻击以及后续的横向移动。由于这些是真实的凭据，此类攻击更难被检测到。因此，保护云管理的最佳实践是提供专用资产（物理机或虚拟机）专门用于对云的特权访问。此类资产称为特权访问工作站（Privileged Access Workstation，PAW）。

在典型环境中，会为某个身份（用户）提供用于云管理的专用 PAW，并分配唯一的凭据和/或机密信息，以执行与该资产和用户相关的任务。如果有人尝试从非 PAW 资源或另一台 PAW 使用这些机密信息进行访问，这可能是遭到入侵的一个迹象。

在实际操作中，用户登录 PAW 后，仍不应直接访问云环境。特权访问管理解决方案应代理会话、监控活动，并注入托管的凭据（对用户隐藏这些凭据），从而使用户安全地执行任务。如果设置正确，所有这些步骤对终端用户完全透明，并且只需几秒即可自动完成。这种做法是一项安全最佳实践。因此，提供特权访问管理的解决方案对于通过 PAW 管理特权访问至关重要，尤其是在连接到云环境时。

以下是实施 PAW 的一些最佳实践。

● 使用经过安全加固并监控所有活动的专用资产（物理资产或虚拟资产）。

● 基于最小权限的理念运行，并落实应用允许和阻止列表管理（以前称为应用白名单和黑名单）。

● 安装在支持 TPM（可信平台模块）的现代硬件上（最好是 2.0 或更高版本），以支持最新的生物识别和加密技术。

● 对特权访问工作站进行漏洞管理，并通过自动化及时完成补丁更新。

● 访问敏感资源时需通过 MFA 进行身份验证。

● 在专用或可信网络上运行，不与存在安全风险的设备处于同一网络中。

● PAW 只使用有线网络连接，不接受任何类型的无线通信。

● 使用物理防篡改电缆以防止设备被盗，尤其当 PAW 为笔记本电脑且处于人员流动频繁的区域时。

虽然 PAW 为云管理员提供了更高的安全性，但它绝不能用于以下场景。

● 浏览互联网（无论使用何种浏览器）。

● 用于电子邮件和即时通信。

● 通过诸如 Wi-Fi 或蜂窝网络等不安全的网络连接执行操作。

● 使用 USB 存储介质或未经授权的 USB 外设。

● 从任何工作站对 PAW 进行远程访问。

● 运行会破坏安全最佳实践或引入新漏洞的应用或服务。

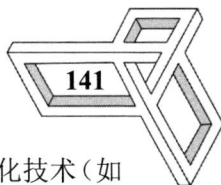

为了简化这种方法并避免使用两台物理计算机，许多组织利用虚拟化技术（如VMware、Microsoft、Parallels、Oracle 等），在单一设备上使 PAW 与基础操作系统并行运行。主系统用于日常的生产性任务，而另一系统则作为 PAW。然而，采用这种方式时，理想情况是将日常活动和 PAW 都在经过安全加固的操作系统上进行虚拟化，以实现更好的隔离，但这并非总是可行的。至少，PAW 应该进行虚拟化并与操作系统隔离（禁止剪贴板共享、文件传输等），且不与日常办公的计算机混用。

7.2 访问控制列表

访问控制列表（ACL）是一种安全机制，用于定义谁或者什么可以访问资产、存储桶、网络、存储等以及对象的权限模型。ACL 由一个或多个条目组成，这些条目基于云中的账户、角色或服务，显式允许或拒绝访问。每个条目赋予指定实体执行特定操作的能力。

ACL 的每个条目由两部分组成。

● **权限**：定义能执行的操作（如，读取、写入、创建和删除）。

● **范围**：定义可能执行操作的主体（如，特定账户或角色）。

举个例子，假如你有一个需要限制访问的存储桶，这个存储桶涉及具有不同安全和业务需求的多个角色。其中一个角色可能允许读取访问，另一个可能具有维护能力，此时你的 ACL 可能包含两个条目。

● **条目 1**：可以向允许查看数据的授权账户范围授予"读取"权限。

● **条目 2**：可以向负责维护的账户范围授予"写入"和/或"删除"权限。

最终的结果是得到一组 ACL，这些 ACL 基于"需知"原则限制对存储桶中数据的访问。虽然对于基于云的企业应用，这个示例比较简单，但它构成了我们讨论 ACL 以及保护云资产的基础。

请参考图 7-1 所示的 N 层基于 Web 的云架构。

ACL 应存在于各层级之间的每个连接以及每个可用性组内，以防止不当的网络和访问通信。这包括用于防止以下情况的 ACL：

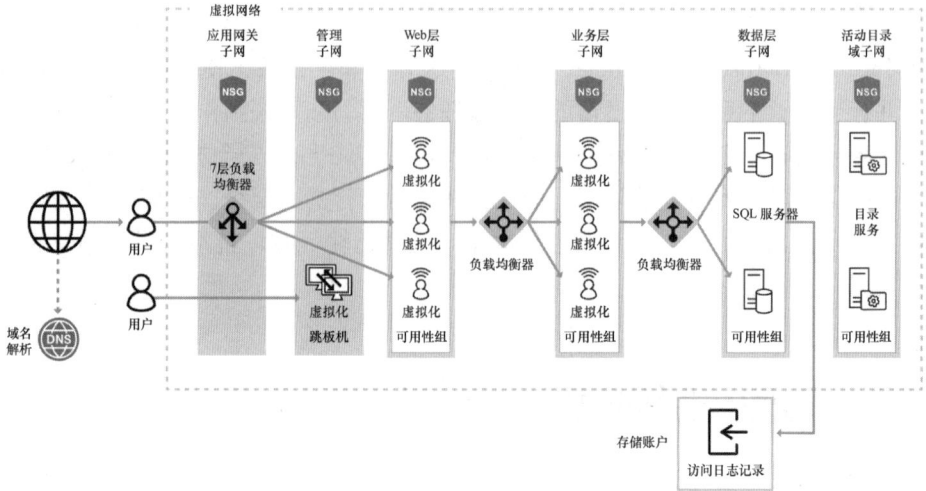

图 7-1　N 层基于云的 Web 应用

- 防止网络流量未通过适当的资产通信而直接跨层传输;

- 防止来自互联网的连接直接与负载均衡器以及任何层级通信;

- 通过在负载均衡器上添加基于地理位置（IP 地址和地理定位服务）的 ACL，阻止来自不当地区或已知恶意 IP 地址对应用的访问;

- 防止在同一层级内出现不当通信，从而避免出现横向移动或不当的应用间访问;

- 防止任何层级尝试与虚拟环境管理资源或虚拟网络进行通信。

考虑到上述要点，所有网络流量应始终遵循可预测的路由，并且对于任何不当活动，都应借助警报、日志和事件进行监控，以发现潜在的攻击迹象。也就是说，如果任何资产遭到了攻击，威胁行动者通常会试图偏离既定架构和可接受的网络流量，以入侵云环境。除非 Web 应用本身因开发缺陷导致数据泄露（如 6.5 节所述），否则上述情况几乎总会发生。

当访问操作和网络流量必须遵循预定义的路由，且仅允许源自特定来源时，ACL 是云环境中限制访问的首要且最佳的安全工具。考虑到云环境不存在真正意义上的边界，仅有特定的 TCP/IP 地址暴露在互联网上，并且传统的网络架构已实现虚拟化，ACL 有助于维护这些概念上的边界，并且支持远超本地环境可能实现的复杂架构。

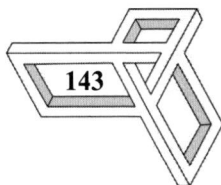

7.3 加固

请务必对你的资产进行加固，且要持续不断地进行！如果我们对具体加固什么并不清晰，那就加固云环境中的一切资产，以及所有与之相连并执行管理功能的设备（蝙蝠侠在与超人对抗时就明白了这一点[1]）。虽然这看似是最基本的建议，但加固措施不到位，恰恰是云环境中某些最基础的云攻击向量的根源。

首先，让我们快速回顾一下加固的概念。如第 6 章所述，资产的加固是指通过更改自定义设置和默认设置，以及使用工具提供更严格的安全态势，来减少安全设备中安全缺陷的过程。这是一项甚至在资产部署到网络并准备投入云生产环境之前就必须采取的必要步骤。这消除了加固过程中潜在的运行时问题，以及威胁行动者可能基于操作系统、应用或资产中存在的服务、功能或默认配置所利用的漏洞。

那么，良好的云加固需要什么？因为环境条件不同，它与传统的本地服务器和工作站所使用的控制方式不同。虚拟机的加固确实与本地部署的服务器和工作站的加固类似，但由于云服务提供商的技术实现方式不同，而且终端用户缺乏物理访问权限（如 USB 接口和磁盘槽），容器、无服务环境和虚拟基础设施的加固具有不同的特点。

终端用户要如何着手协调从本地到云端的资产加固工作呢？幸运的是，已经有人为你完成了大部分的工作。请参考表 7-1 中的加固标准（注意，这只是基于本书涵盖的主要云服务提供商的示例）。

表 7-1　云环境和虚拟机的加固标准

互联网安全中心（CIS）		
AWS	AWS 基础的 CIS 基线	AWS 基础是一套针对云和混合资产的综合管理与安全解决方案
	AWS 三层 Web 架构的 CIS 基线	三层架构是多层架构中最流行的实现方式，由单个表示层、逻辑层和数据层组成
	AWS 终端用户计算服务的 CIS 基线	终端用户计算（EUC）是指帮助非程序员创建应用的计算机系统和平台

---

[1] 电影情节主要强调了准备对抗强大的对手时，对所有可能的资源进行加固的重要性。——译者注

互联网安全中心（CIS）		
Azure	Microsoft Azure 基础的 CIS 基线	Azure 基础是一套针对 Azure 的综合安全、治理和成本管理解决方案。该方案以 Microsoft Azure 云采用框架为基础
	微软 Office 365 基础的 CIS 基线	微软 365 是一种 SaaS 解决方案，包含微软 Office 以及来自微软 Azure 云服务的其他服务，如电子邮件服务和协作服务
GCP（Google 云平台）	Google 云平台基础的 CIS 基线	Google 云平台基础是一套针对 GCP 中资产安全与管理的综合后端及用户解决方案
	Google Workspace 基础的 CIS 基线	Google Workspace 是由 Google 开发和推广的一系列云计算、生产力和协作工具、软件及产品的集合

NIST 800-144：Other Guidelines on Security and Privacy in Public Cloud Computing

IST 800-53 rev 5：Security and Privacy Controls for Information Systems and Organizations

ISO 27017：Information Technology － Security Techniques － Code of Practice for Information Security Controls based on ISO/IEC 27002 for Cloud Services Standard

ISO 27018：Information technology － Security techniques － Code of practice for protection of personally identifiable information (PII) in public clouds acting as PII processors

FedRamp：联邦风险与授权管理计划（FedRAMP，The Federal Risk and Authorization Management Program）为政府机构所使用的云服务产品的安全授权提供了一种标准化的方法

　　虽然这些代表了一些最好的第三方加固建议，但值得注意的是，几乎所有云服务提供商也会为自己的技术栈提供加固指南。这些指南会针对每个解决方案，详细说明需要更改的设置、可使用的原生工具，以及应用于其独特特性的审计能力。

　　作为一种经验实践，云资产的加固是一系列工具、技术和最佳实践的集合，旨在减少技术应用（application）、系统、基础设施、Hypervisor 和其他独立于云服务提供商领域的安全漏洞。资产加固的目标是通过消除潜在的攻击向量并缩小系统的攻击面来降低安全风险。通过移除多余的程序、账户功能、应用、开放端口、访问权限等，威胁行动者和恶意软件在云环境中获得立足之地的机会就会大幅减少。

　　资产加固需要一种系统性的方法，以便在整个云部署过程中对潜在的安全漏洞进行审计、识别、消除和控制。云中的资产加固活动有多种类型，请参考图 7-2。我们选用词云图进行说明，因为它有助于强调本地部署与云部署之间的差异。根据云部署的具体情况，这可能会帮助你确定加固的优先级（尤其是当你将风险作

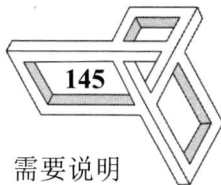

为变量来决定单词的颜色和大小时），并有助于与团队成员进行沟通。需要说明的是，在试图说服团队理解优先事项或某个主题的重要性时，永远不要低估词云的作用。它是一个用于根据主题解释相关性或统计数据的有效工具。

图 7-2 云加固词云图

　　尽管资产加固的原则具有通用性，但具体的工具和技术确实会因所实施的加固类型而有所不同。资产加固贯穿于整个技术生命周期，从最初的安装开始，历经配置、维护和支持阶段，直至在使用寿命结束、设备退役时进行最终评估。系统加固也是合规要求（如 PCI DSS、HIPPA 等）的一部分。

　　所选择的云加固类型取决于现有技术中存在的风险、可用的资源，以及基于风险确定的修复优先级。下面是云加固所需的关键特征。

- **审计**：对现有云技术进行全面审计。使用渗透测试、漏洞扫描、配置管理和其他安全审计工具来查找系统中的缺陷并确定修复的优先级。依据NIST、微软、互联网安全中心（CIS）、美国国防信息系统局（DISA）等机构制定的行业标准，针对资源开展系统加固评估。

- **策略**：无须一次性加固所有系统，但它们应该在投入生产之前完成加固。因此，根据资产类型和技术生态系统中识别的风险制定策略与计划，并使用分阶段的方法依次修复危害最大的安全缺陷，以确保任何遗留问题都能得到及时处理，或者根据这些问题带来的风险给予特殊处理。

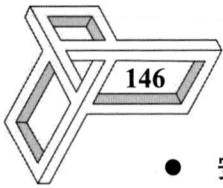

- **安全更新**：确保部署自动化且全面的漏洞和补丁管理系统，以识别不正确的资产设置以及缺失的安全补丁。这有助于修复那些可能会削弱系统安全性的配置，以及那些可能会与未缓解的现有漏洞结合利用的风险。

- **网络**：确保正确配置基于云的安全控制，并定期审核所有规则，保护远程访问点和用户，阻止任何未使用或不需要的开放网络端口（ACL），禁用并删除不必要的协议和服务，以及加密网络流量。

- **应用**：删除任何不需要组件或功能，根据用户角色和上下文（例如应用控制）限制对应用的访问，删除所有示例文件和默认密码。应通过特权访问管理解决方案来管理应用的密码，以强制使用密码最佳实践（密码轮换、长度等）。对应用的加固还应检查与其他应用和系统的集成情况，并移除或减少不必要的集成组件和权限。

- **数据库**：创建管理限制，例如通过控制特权访问来规范用户在数据库中执行的操作、启用节点检查以验证应用和用户、加密传输中和静态的数据库信息、强制使用安全密码、实施基于角色的访问控制（RBAC）权限，并删除未使用的账户。

- **虚拟机（操作系统）**：启用操作系统更新；删除不必要的驱动程序、文件共享、库、软件、服务和功能；加密本地存储；收紧注册表和其他系统权限；记录所有活动、错误和警告；实施特权用户控制。需要特别注意的是，除了那些允许虚拟机与（或通过）Hypervisor 进行通信（如共享文件和剪贴板）的加固措施外，本地物理机操作系统的加固与云中虚拟机操作系统的加固几乎完全相同。这些加固措施通常来自 Hypervisor 或云服务提供商针对其平台制定的加固指南。因此，可以参考操作系统制造商、美国国防部（DoD）、互联网安全中心（CIS）等机构的加固指导。虚拟机和物理机加固最大的区别在于物理访问加固相关的控制措施。

- **身份和账户管理**：通过删除整个云环境中不必要的账户（例如孤儿账户[①]、默认账户和未使用的账户）和特权来实施最小权限原则。

[①] 孤儿账户是指在缺乏活跃所有者的情况下，仍有权限访问网络中的应用或系统的账户。其产生的一个原因是，当员工或供应商因角色变动、离职或其他原因停止使用账户时，未及时将账户禁用或删除。——译者注

资产加固需要持续的努力，这些投入将通过以下方式在组织中带来实质性的回报。

- **目标功能优化**：加固后，不必要的程序和功能减少，操作问题、配置错误、不兼容、资源冲突以及被攻击的风险随之降低。

- **安全性提升**：攻击面的缩小意味着数据泄露、未经授权的访问、系统攻陷以及遭受恶意软件攻击的风险都会降低。

- **合规性和可审计性**：运行中的进程、服务和账户减少，环境复杂度降低，意味着对环境的审计通常更透明、更直接。只有真正需要的内容才会真正处于运行状态。

最后，对于任何旨在缓解攻击向量的措施，需反复测试加固效果。因加固导致云中的应用运行出错或 Web 应用所需服务被禁用的情况并不少见。在进入生产环境后才对环境进行加固，无疑是一种不当的做法。

在整个开发和质量保证过程中，应当对加固措施进行测试以验证各类异常情形，并记录未加固可能带来的风险。这不仅是良好的安全操作规范，也是许多监管机构的要求。

7.4 漏洞管理

与我们讨论过的其他内容一样，漏洞管理是适用于任何环境的安全最佳实践，但当将其应用于云环境时，有必要理解其中存在的关键差异以及影响。这主要是由于漏洞评估所使用的方法与其他环境不同。如果需要漏洞管理和漏洞评估的完整定义，以及各自的安全最佳实践，请参考《资产攻击向量》一书。

以下是在云环境中执行漏洞评估最常用的 5 种技术。

1. **网络扫描**：基于网络地址或主机名来定位资产，进而执行漏洞扫描。

- **已认证扫描**：使用合适的特权凭据，通过远程访问对资产进行身份验证，进而执行漏洞评估。

- **未认证扫描**：仅利用网络暴露的服务，通过开放端口、运行的服务、TCP

指纹、漏洞利用代码，以及会显式输出版本信息（如版本 4.20）或通过字符串格式来输出版本信息的服务，尝试识别漏洞。

2. **代理技术**：代理技术通常指的是一种借助系统权限或 root 权限安装的小巧轻便型软件，用于对整个资产范围内的漏洞进行评估，之后将评估结果报告至本地文件，或者集中上报给漏洞管理系统。

3. **备份或离线评估**：利用模板、镜像备份或其他离线资产存储方式，在受控环境中对未加固的资产（启用远程访问功能，并启用或创建一个特权账户），运用已认证的网络扫描技术进行漏洞评估。只要评估的镜像为最新版本、未被修改且在评估期间可启动，即可提供准确结果。完整复制整个环境通常在质量保证或实验室中进行。

4. **API 侧扫技术**：这种现代化的漏洞评估方法利用云服务提供商提供的 API 来管理资产，并借助该 API 枚举资产内的文件系统、进程和服务，以查找其中的漏洞。这种方法之所以有效，是因为云服务提供商的 Hypervisor 通常可通过 API 获得对资产的完全访问权限，并通过漏洞评估的签名进行准确识别。由于这仅是一个识别进程，API 侧扫可以使用只读的 API 账户进行，这与通常需要管理员或 root 访问权限的网络扫描形成对比。另外，API 侧扫不需要启用特殊的远程访问服务。

5. **二进制检测**：除代码分析外，二进制检测是一种评估已编译二进制文件漏洞的较新技术。它能够识别二进制文件中包含的开源漏洞，旨在针对从第三方获取的、可能成为构建过程和云产品一部分的已编译应用进行检测。这项技术有助于尽早发现漏洞，加速制定补救计划，并根据所使用的开源组件追究源头的责任。

相较于本地部署的漏洞评估技术，这些技术的独特之处在于，备份评估和 API 侧扫技术是专门为云环境开发的，原因如下。

● 基于认证的网络扫描技术要求在云环境中的主机处于未加固状态且允许远程访问（这是不可取的）。

● 未认证的网络扫描无法提供足够的结果，以确定资产在暴露于互联网时是否真正易受已知攻击。

● 除了虚拟机中运行的部分操作系统（主流的 Windows、Linux 以及其他少数几种）之外，代理技术可能与基于云的虚拟机不兼容，尤其是使用自行构建的虚拟机时。

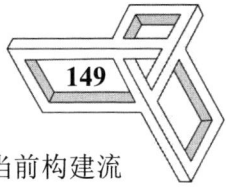

- 代理技术通常存在对操作系统的依赖，而这种依赖可能成为当前构建流程的一部分，且启用后会引入不必要的风险和成本。

- 代理技术在容器或无服务环境中通常运行不理想。

- 网络扫描和代理技术利用网络流量和 CPU 资源来识别资产的漏洞。如果你拥有大量资产，并且根据资源消耗向云服务提供商支付费用，那么每次扫描很可能会产生相当高的成本。

- 二进制检测目前仅限于对 Linux 和 Windows 系统上编译的开源技术进行分析，无法评估编译后的专有库。

如前所述，云环境中的漏洞管理与本地环境中的漏洞管理一致，其目标都是发现风险，但评估技术可能会有所不同。另一个区别在于 MTTR（平均修复时间），或者在这种情况下称为平均修复漏洞时间。由于云环境中的风险面更大（尤其是暴露在互联网上的资产），对于高危和严重级别的漏洞，应针对其修复工作制定更严格的服务等级协定（SLA），并通过补丁部署和验证等方法予以执行。

最后，正如本书讨论的，漏洞和补丁管理应当与凭据和机密信息的管理并列，成为云环境中的最高优先级任务，以减轻和修复云攻击向量。

7.5　渗透测试

虽然渗透测试看起来不像是云攻击向量的缓解策略，但它在云应用的安全性中起到了至关重要的作用。根据定义，渗透测试是对计算机系统、云资产或其他技术进行的授权模拟网络攻击，其目的是评估系统的整体安全性和抵御攻击的能力。渗透测试绝不应该与漏洞评估混为一谈，因为渗透测试不使用特征签名来检测漏洞，而是使用主动的漏洞利用代码来证实漏洞可以在攻击中被利用。执行该过程是为了识别可被利用的安全漏洞，包括未授权的各方访问系统功能、数据、运行时、配置的可能性，以及潜在地横向移动到组织中更为关键的资产的可能性。

渗透测试本身可以在生产环境的资产中实时进行，也可以在实验室中进行，以测试系统的弹性。渗透测试发现的安全问题应在产品投入生产部署前得到修复，或者根据所利用的原始漏洞的严重程度，按照 SLA 进行修复。

进行渗透测试的人员被归类为道德黑客或白帽黑客，他们帮助在威胁行动者（黑帽黑客）挖掘到漏洞并利用它之前确定系统的风险。

作为组织的云攻击向量缓解策略的一部分，请考虑以下有关渗透测试的安全最佳实践。

- 渗透测试应定期进行，至少每年进行一次，如果可以的话应更为频繁地进行。虽然大多数合规计划要求每年至少进行一次渗透测试，但这通常不足以真正评估系统的风险，特别是在系统变更较为频繁的情况下。对于每个组织来说，其目标应该是持续进行渗透测试，以实时评估任何情况下的风险。

- 每次重大解决方案发布时，或代码库发生重大功能变更时，均应进行渗透测试。

- 渗透测试的结果高度敏感，应谨慎处理。毕竟这些结果为黑客提供了攻击系统的蓝图。

- 渗透测试的结果将有助于支持许多云合规计划（如 SOC 和 ISO）所需的安全控制措施。

- 除非贵司属于财富 100 强企业，否则不建议由公司内部员工来执行渗透测试。作为一项安全最佳实践，应授权信誉良好的第三方机构执行所需测试。

- 渗透测试服务公司应当定期更换（通常每年一次，或者在系统评估完后更换），以提供攻击向量的全新视角，并确保测试人员不会产生懈怠。事实上，当道德黑客被要求反复评估同一个系统时，懈怠情绪真的可能会出现。

- 大多数云服务提供商都要求在进行渗透测试前通知它们，并告知将从哪些源 IP 地址进行测试，以避免将渗透测试误认为实际攻击。不同的云服务供应商对于通知的具体要求和允许的测试时间窗口都有区别。因此，在开始任何测试前，务必确保所有相关人员熟知这些要求，并已按规定做好沟通工作。在某些情况下，如果未经通知就进行测试，云服务提供商可能会认为这是严重违反合同的行为。

对云系统、应用以及云服务提供商进行渗透测试，是云攻击向量保护策略的关键组成部分。渗透测试的结果将帮助组织了解威胁行动者可能如何入侵系统，以及资产能否检测并阻止潜在攻击。记录下来的测试结果可以作为未来真实攻击中入侵迹象的参考，也可用于识别其他相关安全问题的征兆。

永远不要忘记，渗透测试是验证云环境是否已合理实施（具备合理置信度）以保护业务、数据和应用的最有价值工具之一。

7.6 补丁管理

云技术和本地技术的一个共同点是补丁管理。虽然对云资源应用补丁的方式多达数十种（从模板到实例和代理），但一个简单的事实是，漏洞总会被发现，而修复漏洞的最佳方法就是通过补丁管理来应用安全补丁。补丁管理解决方案旨在应用安全更新和解决方案补丁，无论资产类型如何。只要它是软件，它就应能打补丁。有些解决方案提供原生的自动更新功能，而另一些则需要借助第三方解决方案来实现功能覆盖。

根据操作系统和实施方式的不同，补丁管理解决方案包括以下几类。

- **关键更新**：这是一种针对特定代码（开源）或特定产品中与安全相关的漏洞而广泛发布的修复方案。关键更新是最严重的漏洞修复，应尽快应用以保护资源。

- **定义更新**：需要定期进行签名或审计更新以执行其预期任务或功能的已部署解决方案。防病毒软件的签名更新以及基于代理的漏洞评估技术都属于这类签名更新的例子。

- **驱动程序**：与安全无关的驱动程序更新，用于修复 bug、提升功能，或者支持设备、操作系统或集成方面的变化。

- **安全更新**：针对特定产品的非关键安全相关漏洞而广泛发布的修复程序。这些更新的评级最高可达"高"，应安排在正常补丁或修复间隔期间进行部署。这些更新可能会影响商业或开源解决方案。

- **累积更新/更新汇总**：累积更新为特定解决方案提供最新的更新内容，包括特定时间点的 bug 修复、安全更新以及驱动程序更新，其目的是将一段时间内或某一特定版本内的所有更新整合到一个补丁中，以简化或便于部署。

- **常规更新**：可应用的非安全相关的常规 bug 修复和更正。这些更新通常与性能提升、新功能或其他非安全运行时问题相关。

- **升级**：根据版本号划分的重大或次要操作系统或应用的升级，这些升级可以自动化部署。在云环境中，这类升级很少在生产环境中进行，而是针对可能属于 DevOps 流程一部分的模板和虚拟机运行。

为了保护云资源，关键更新和安全更新包含了大量有关补丁及其对应 CVE 的信息，这些信息由各个供应商发布。通过漏洞管理扫描了解漏洞所带来的风险，将有助于在云环境中确定补丁管理计划的优先顺序。然而，与本地环境相比，云中的补丁应用方式存在一些功能性的差异。以下是一些针对云环境的补丁管理需要考虑的事项。

- 本地部署的补丁管理解决方案通常要求资产的操作系统安装代理技术，以便应用补丁。而云中的资产可能未安装代理，甚至可能无法安装代理。

- 除虚拟机外，云环境中的运行资源可能无法在生产环境中进行补丁更新，这需要遵循与本地类似的变更控制流程。对于非虚拟机的资产，云中的补丁更新应该成为 DevOps 流程的一部分，必要时重新部署解决方案。

- 在可能情况下，可考虑使用云服务提供商提供的原生补丁管理功能来管理它们所提供的服务。维护安全的运行环境符合云服务提供商的最大利益。绝大多数云服务提供商都提供了易于使用的工具，以确保其产品易于维护且安全可靠。

- 在云环境中可采用缓解控制措施或虚拟补丁，在短时间内缓解漏洞风险，为制定或测试系统的潜在补丁争取时间。如果由于某些原因，无法为关键或高危漏洞立即打上补丁，可以考虑将缓解控制措施或第三方供应商提供的虚拟补丁作为一个临时解决方案。需要注意的是，缓解措施是通过设置或策略变更来降低风险，而修复则是实际打安全补丁来解决漏洞。

归根结底，云环境中的补丁管理与本地的补丁管理并无二致。由于风险面的存在，必须及时且可能需要以高度紧迫的方式来应用补丁。但由于缺乏补丁管理代理技术和 DevOps 流程，补丁的部署方式有所不同。这意味着可能无法在生产环境中直接打补丁，而是将新版本或已打补丁的版本作为 DevOps 流程的一部分发布。组织必须充分理解这两种方式，并将其纳入战略计划，以修复云攻击向量带来的威胁。此外，记得要监控和评估补丁管理方法，以寻求改进并优化组织弥补安全漏洞的速度。如前所述，良好的资产管理可以帮助补丁管理确保真正意义上的全面覆盖。

7.7 IPv6 与 IPv4

互联网协议（IP）是一种标准化的协议，允许资源通过网络相互发现和连接。IPv4 最初设计于 20 世纪 80 年代初，那时互联网还没有发展和扩张成我们今天所熟知的规模。请注意，IPv4 的发展历史悠久，如果你对其在军事通信领域的起源感兴趣，那么这部分历史值得一读。

随着互联网的商业化和全球性的增长，网络专家警告称 IPv4 存在能力局限，从可用地址数量（32 位）到内置安全性均有不足。因此，因特网工程任务组（IETF）开发并批准了 IPv6（128 位地址），其具备现代互联网所需的特性和解决方案：

- 改进的连接性、完整性和安全性；
- 支持具备网络功能的设备；
- 支持原生的端到端加密；
- 向后兼容 IPv4。

除了 IPv4 可用的公共编址资源数量有限这一问题（在很多情况下可以通过在云中和本地使用 NAT 解决），IPv6 的扩展地址范围还提高了可扩展性，并通过增加威胁行动者进行主机扫描和识别的难度来增强安全性。

首先，IPv6 能够原生支持端到端加密。尽管这项技术也叠加到 IPv4 上，但它仍然是一个可选功能，且并不总是能得到正确实施。当前，IPv4 加密与完整性检查的最常见应用场景是 VPN，而如今这些功能已成为 IPv6 的标准组成部分。这使得这些功能可适用于所有连接，且得到所有现代兼容资源的支持。一个简单的优势是，由于 IPv6 几乎内置了加密机制，因此无论部署在哪里，都难以进行中间人攻击，从而消除了这类攻击的可行性。

与我们之前讨论的 DNS 攻击向量不同，IPv6 还为域名解析提供了更优越的安全性。安全邻居发现（Secure Neighbor Discovery，SEND）协议可通过密码学手段确认主机在连接时所声明的身份。这样一来，地址解析协议（ARP）欺骗以及其他基于域名的攻击几乎失效，至少让威胁行动者极难实施这类攻击。相比之下，威胁行动者可操纵 IPv4 来重定向两台主机之间的流量，从而篡改数据包或嗅探通信内容。IPv6 使得此类攻击极难成功。

简而言之，IPv6 的安全性在正确实施时将远远高于 IPv4。因此，在构建云解决方案以及混合部署方案时，应将其作为主要协议。这里最大的障碍是确保所有资产（包括防火墙等安全解决方案）能够正确地使用 IPv6 进行通信。针对同时使用 IPv4 和 IPv6 的混合环境的威胁，这确实会给组织带来重大风险。纯 IPv6 部署是最佳选择，尽管它需要特定工具，且存在管理方面的学习曲线。

对于考虑在云环境中采用 IPv6 的组织，请留意以下最佳实践。

- 在开始从 IPv4 向 IPv6 转换时，如果两种协议同时处于运行状态，应谨慎使用隧道技术。隧道确实能够在 IPv4 和 IPv6 组件之间建立连接，或者在仍基于 IPv4 的网络分段中实现部分 IPv6 功能，但也可能引入不必要的安全风险。应尽量减少隧道的使用，并仅在必要时启用。启用隧道时，由于隧道内流量的路由和加密在本质上更难以识别，因此网络安全系统也更难以检测到攻击。

- 考虑整体环境和架构。相较于 IPv4，基于 IPv6 的网络架构可能更难理解和记录。简单地复制现有设置并仅更换 IP 地址并不会带来最佳效果。因此，在向 IPv6 转换时，应当重新设计网络架构以优化实施。在考虑到云服务、DMZ、LAN 和面向公网的地址（通常仍需作为 IPv4 编址）等所有受 IPv6 影响的组件时，这一点尤为重要。

- 确认整个环境与 IPv6 兼容且处于最新状态，并记录和测试向 IPv6 转换的规划。这可不是像开灯那么简单，这包括对云环境和混合环境进行完整的资产盘点。在此过程中，很容易忽略个人正在使用的网络设备或安全工具（尤其是漏洞管理和补丁管理等基础工具），这将随着时间的推

移产生不必要的风险升级。因此，除非是全新部署（通常这是最为推荐的），否则在准备充分之前不要启用 IPv6 功能，而且要反复测试 IPv6 转换过程。

7.8 PAM

接下来详细讨论特权访问管理（PAM）。在云环境中保护资产远不止于安全补丁、正确配置和安全加固。试想一下，一个被攻陷的特权账户可能给组织带来的金钱和声誉损失——Equifax、杜克能源（因第三方软件供应商问题）、雅虎和 Oldmar 水处理厂等案例仅为冰山一角，它们均因特权访问控制不足引发的数据泄露而遭受重创，其影响范围从公司股价暴跌、高管奖金缩水，到收购条款变更，甚至阻碍基本业务运作（如收款）。

对威胁行动者来说，一个被攻陷的特权密码在暗网上具有金钱交易价值，而对组织来说，其隐含的风险成本同样高昂。如果特权密码被泄漏且其保护的内容被暴露出来，它会带来什么样的价值和风险呢？这种事件会对资产和公司的整体风险评估产生重大的负面影响。

个人身份信息（Personally Identifiable Information，PII）数据库价值不菲，如设计蓝图或商业机密若出售给合适的买家，其价值甚至会更高。核心观点很明确：特权账户具有价值（有些价值极高），这里面临的挑战不仅在于保护它们，更在于首先识别出它们存在于何处。我们之前关于资产管理的讨论已详细强调了这一点。如果能发现特权账户的分布，就可以评估它们的风险并监控使用情况。任何不恰当的访问都可以通过日志管理或安全信息和事件管理系统（SIEM）凸显出来，并在必要时进行升级调查——这是我们所讨论流程和程序的一个组成部分。

根据特权账户的风险等级以及可访问数据的价值，不同特权账户的重要性具有显著差异。域管理员账户比拥有唯一密码的本地管理员账户更有价值（虽然后者可能足以用于进行未来的横向移动攻击）。威胁行动者可以通过域管理员账户访问域内的所有资产，而拥有唯一密码的本地管理员账户仅能访问单一资产。

对所有特权账户一视同仁并非良好的安全实践。以数据库管理员账户和用于开放数据库互联（ODBC）数据库报表操作的受限账户为例，虽然两者都是特权账户，但控制数据库的权限远高于仅提取数据的权限。

作为基于云的网络安全策略的一部分，如何将凭据和特权的保护提升到一个新的水平？请遵循以下最佳实践。

- 识别环境中的核心资产（敏感数据与系统）。这将有助于构建风险量化的核心框架。如果目前尚未对这些资产进行规划梳理，建议将其作为数据治理与资产管理计划的重要组成部分推进实施。

- 使用资产清单扫描工具发现所有特权账户。这可以通过免费的解决方案或企业级 PAM 解决方案实现，也可以考虑使用漏洞管理扫描工具实现。许多漏洞管理扫描工具能够执行账户枚举操作，并识别账户的特权和所属组。

- 将发现的特权账户映射至核心资产。根据业务功能，可以通过主机名、子网、活动目录（AD）查询、区域或其他逻辑分组完成映射，并在资产数据库中为这些资产分配一个临界等级（criticality），同时与漏洞管理计划建立关联。

- 评估资产的风险等级。可以使用基本的"严重/高/中/低"评级体系，但还需考虑核心资产的存在以及其他风险（如已评估的漏洞）。各项指标有助于加权计算资产风险评分。如果你正在寻找一个标准化的起点，可以参考通用漏洞评分系统（CVSS）和环境指标。

- 最后，将发现的特权账户进行叠加分析。资产的风险分析有助于判断一个特权账户被攻陷的可能性（通过存在的漏洞以及相应的漏洞利用方式），并可在账户映射之外为资产修复优先级提供依据。

在真实环境中，存储敏感信息的数据库可能会偶尔出现关键性漏洞，尤其是在补丁更新的间隔期。不过，这种情况（即补丁更新的时间窗口）持续的时间应尽可能短。若用于补丁修复的特权账户未受管理，即便已进行补丁修复，资产仍可能面临高风险。只有对特权和会话进行监控与控制，才能降低这种风险。资产的临界等级可以通过漏洞或无限制、未管理、未委派的特权访问来判断。因此，在云环境中，管理不当的特权账户（尤其未受保护、密码陈旧易猜、重复使用或使用默认密码的账户）都是绝对不可接受的。因此，实施并完善特权访问管理，不仅是降低云攻击向量的基础，更是释放云潜力的关键。

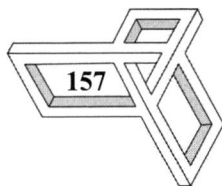

7.9 VPAM

信息技术中最有趣的一点在于，真正能改变网络安全格局的原创理念实属罕见。多数情况下，所谓的"下一代最佳方案"往往遵循着我们多年来践行的安全最佳实践，而新兴、热门的解决方案也多基于现有技术构建。事实上，可以说大多数现代网络安全解决方案不过是以往解决方案的衍生版本，仅在检测能力、运行时、安装方式、使用体验等方面进行了渐进式改进，以解决长期困扰组织的同类问题。尽管有些方案可能采用了具有专利价值的创新方法，但归根结底，它们的核心目标并未改变。这一现象在防病毒、漏洞管理、入侵监测、日志监控等多个领域都有所体现。

所以，面对供应商特权访问管理（Vendor Privileged Access Management，VPAM）这样的新术语，我们需要先剖析其核心定义，进而理解这种组合及衍生解决方案的实际形态，以及它为何与众不同。首先，我们来看一下与 VPAM 相关的几个基本定义。

- **供应商**：向其他个人或实体提供商品、服务、软件或有形产品的个人或公司。在许多情况下，这些产品或服务通常需要通过安装、维护等后续服务来保证其在一段时间内正常运行。供应商不一定是产品的制造商，但必须是实际销售解决方案的实体。产品的保修条款和责任范围可能会因供应商和制造商的条款而有所不同。在网络安全领域，制造商负责提供更新，而供应商可能根据合同协助安装。

- **PAM**：PAM 由一系列网络安全策略和技术组成，用于控制环境中（无论是本地还是云端）身份、用户、账户、进程和系统的高级（"特权"）访问（本地或远程）和权限。通过调节适当的特权访问控制级别，PAM 可帮助实体缩小攻击面，并预防或至少缓解因滥用高权限账户和远程访问而引发的攻击损害。

- **远程访问**：远程访问允许从远程位置访问云解决方案中的资产，如计算机、网络设备或基础设施。这允许一个身份进行远程操作，在使用该资产完成指定任务时提供近乎无缝的使用体验。

- **零信任**：零信任的核心理念是基于"永不信任，始终验证"原则实施技术方案。这意味着所有身份和资产均不应允许身份验证通过，除非请求上下文得到验证，且会话期间的行为始终处于主动监控之下。这包括实施零信任安全控制，无论访问来自可信网络段还是不可信的环境。访问策略的管理和监控行为是在安全控制平面中进行的，而访问本身则在数据平面中执行。

VPAM 允许第三方身份/供应商根据最小权限原则远程访问资产，而无须知道用于连接的凭据。实际上，访问所需的凭据是临时的，可能仅在需要时即时生成，并且所有的访问行为都会受到监控，以确保其合规性。

VPAM 与其他任何解决方案的不同之处在于它对现有技术的整合方式。它将供应商身份（包括外部管理的身份）与安全远程访问、特权访问管理和零信任的最佳实践融合为单一的解决方案。VPAM 利用云的最佳特性，为特权远程访问提供控制平面，并支持在数据平面（即组织需要供应商远程访问或管理资产的任何位置）实施。图 7-3 使用标准参考架构对此进行了直观展示。

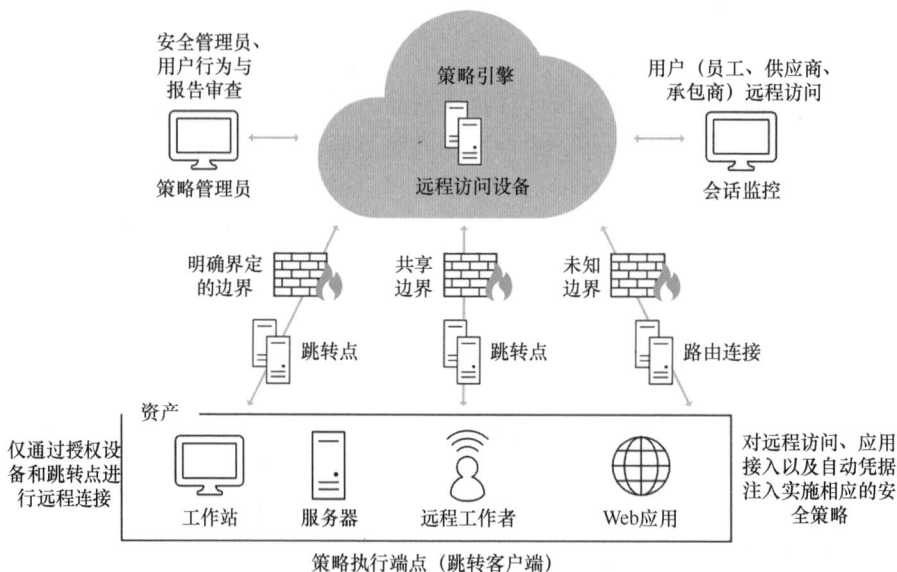

图 7-3   VPAM 参考架构

随着"随时随地办公"趋势的持续发展，如果考虑对供应商远程访问进行现代化改造，可以考虑 VPAM 解决方案。这是一个全新的解决方案类别，它融合了众多现有解决方案的优势，旨在统一解决供应商远程访问所面临的重大挑战，尤其是与特权相关的问题。实际上，采用 VPAM 后，组织无须再拼凑多个供应商的

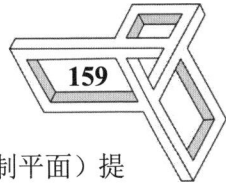

解决方案即可实现预期效果。VPAM 供应商可基于 SaaS 解决方案（控制平面）提供开箱即用的供应商特权远程访问功能，并能在数据平面实现快速部署。这里顺便提一个科幻相关的趣闻：星际飞船"信赖号"（USS Reliant，注册号 NCC-1864）的前缀代码仅为五位数 16309，通过这一简化的数字代码即可实现对星舰的完全远程控制。但在现实中，供应商绝不应拥有如此简单化的管理访问权限。

VPAM 适用于需要访问本地、云端或混合环境内资产的供应商、承包商以及远程办公的员工。

7.10 MFA

尽管我们一直将密码视为基于凭据认证（单因素）的主要形式，但妥善保护云安全需要其他认证技术。作为安全最佳实践且受众多监管机构强制的要求，多因素认证（MFA）已成为访问安全的标准配置。MFA 在传统的用户名+密码组合之外提供了一层额外的保护，大幅提升身份被盗用的难度，因此在保护敏感资产时始终建议使用 MFA。

MFA（双因素认证是 MFA 的子集）的基本理念很简单。除了传统的用户名和密码凭据之外，还需要一个"验证码"或其他证据来验证用户身份。这不仅是 PIN 码，最佳实施方式是拥有物理物品作为身份"证明"。"证明"的传递和随机化因技术和供应商而异，通常包括以下形式：知识因素（用户独有的所知信息）、持有因素（用户独有的物理物品）和生物特征因素（用户固有的生理特征）。

采用多因素认证为身份提供了重要的额外保护。启用 MFA 后，未经授权的威胁行动者极难提供正确访问所需的所有因素。在会话期间，若至少一个组件认证失败（如三个组件中有两个匹配），则无法充分确认用户身份，对受 MFA 保护的资产的访问将被拒绝。

MFA 模型的认证因素通常包括以下几种。

- 物理设备或软件（如手机应用或 USB 密钥），能生成定期重新随机化的秘密通行码。

- 仅终端用户知晓的临时秘密代码，如在请求认证时通过电子邮件或短信传输的 PIN 码。

● 可以通过数字方式分析其唯一性的物理特征，如指纹、打字速度、面部识别或带有关键词的语音模式（统称为生物识别认证技术）。

MFA 是特定于身份的认证层。通过认证后，分配的用户权限与常规情况无异，除非策略明确要求通过多因素认证提升权限。例如，在传统的用户名和密码模型中，若凭据泄露，威胁行动者可对任何接受本地或远程认证的目标进行攻击。对于 MFA，尽管需要物理介质等额外变量，但一旦认证通过，除非再次认证（权限提升）以执行特定的特权任务（如向另一远程资产进行认证），否则仍可能从初始位置横向移动（除非有任何分段技术或策略限制）。区别仅在于认证的起点。

MFA 要求从入口点即满足所有安全条件，而传统的凭据则无须如此（除非辅以其他安全属性）。威胁行动者可利用窃取的凭据按需改变身份，从一个资产横向移动到另一个资产。除非 MFA 系统本身被攻破，或者攻击者拥有某个身份的完整多因素认证挑战和响应信息，否则无法成功地针对 MFA 主机进行认证。因此，MFA 会话必须始终有一个初始入口点。会话启动后，使用凭据是威胁行动者继续特权攻击和实现横向移动的最便捷方式。

在云环境中，始终建议将 MFA 用于权限提升认证，除非将其与单点登录（SSO）等额外安全层结合使用。

7.11 SSO

在深入探讨单点登录（SSO）之前，我们先来扩展一下基本认证的概念。如前所述，终端用户的认证模型可以是单因素（1FA）、双因素（2FA）或多因素（前面讨论过的 MFA）。单因素认证通常基于简单的用户名和密码组合。双因素认证基于“你所拥有的物品”以及“你所知道的信息”，例如单因素认证中的用户名和密码（你所知道的信息）以及手机或双因素钥匙卡（你所拥有的物品）。多因素认证则更进一步，它使用生物特征等额外属性来验证身份。

所有这些认证模型的缺陷都集中在“你所知道的信息”，即传统的密码。密码可能会被共享、窃取或破解，一旦泄露，对企业而言风险极大。事实上，要管理一个云环境，可能得记住几十个不同的密码，或者依赖密码管理器。例如，LastPass 曾因一场据称大规模的主密码数据泄露事件而引发广泛恐慌。幸运的是，这一事件后来证实并不属实，但它确实引起了人们对类似基于凭据的云网络攻击的担忧。

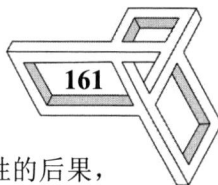

如果认证针对云资产，那么未经授权的身份访问可能会带来毁灭性的后果，对于使用这类服务来管理面向互联网的资产的客户来说，更是如此。因此，组织必须通过以下方式缓解风险：将"你所知道的信息"（密码）替换为"你知道且可更改，但不能共享或轻易被破解"的凭据。

其次，考虑一下你在工作中需要管理多少密码。大多数组织都有数百个应用，如果已推进数字化转型，可能会有数百家甚至数千家云供应商提供这些应用。这意味着每个应用都需要凭据——用户名（通常为电子邮件地址）和密码。作为安全最佳实践，密码不应该重复使用，这意味着你可能要记住数百个独特的密码，这显然超出了人类的能力范围。我们之前提到过密码管理器及其潜在的风险，而更好的解决方案是 SSO，尤其是与 MFA 结合使用时。

那么，什么是 SSO？SSO 是一种认证模型，允许用户对一组特定资产完成一次认证后，在指定时间内无须重新认证（只要操作源自同一可信源）。当结合 2FA 或 MFA 进行认证时，就可以高度确信用户身份的真实性。通过这种高可信度的认证，用户无须反复记忆每个应用的独特密码，即可访问指定集合中的所有应用——这一模型使密码管理器不再必要。

在将 SSO 模型应用到云环境和所有用户时需要注意，这里没有说"身份"一词，因为 SSO 通常只用于人的认证，而不是机器对机器的认证。在可信的工作站上，终端用户完成一次认证后，就可以使用所有所需的应用，直到注销、重启、更改 IP 地址或地理位置等。如果他们的主密码被泄露，那么只需更改该密码，而无须更改 SSO 管理的数百个应用的密码。事实上，如果 SSO 在企业内部实施得当，同一终端用户不能（也不应该）绕过 SSO 解决方案直接登录应用，SSO 用户甚至无须知晓 SSO 管理的应用密码，这些均由 SSO 解决方案自身管理（无论是通过注入凭据还是使用 SAML 来实现）。

SSO 支持通过单一入口完成所有业务应用的认证，并实现凭据的集中管理。基于此，在云环境中实施 SSO 时，请遵循以下注意事项。

建议操作

- 基于供应商的最佳实践加固 SSO 的部署。

- 启用 SSO 控制，根据资产和用户行为变化终止会话或自动注销用户。这包括系统重启、IP 地址变化、地理位置变化、检测到应用、安全补丁缺失等。

- 选择支持 SAML 等开放标准，并能根据业务需求兼容遗留应用的 SSO 供应商。

- 对所有的 SSO 认证日志实施监控，排查不当访问以及可能来自不同地理位置的同步认证尝试。

- 访问敏感系统时，考虑为 SSO 附加屏幕监控（录屏）解决方案，确保用户行为合规。

- 明确 SSO 部署范围内的所有应用，确保其支持 SAML 或其他安全可靠的技术。

- 验证身份目录服务的准确性和时效性。

- 在授予 SSO 访问权限时考虑用户权限，并遵循最小权限原则。

- 全局设定会话超时策略，或基于单个应用的敏感度设置会话超时策略。

禁止操作

- 禁止从不可信或非托管的工作站启用 SSO。这包括自带设备（BYOD），除非绝对必要，否则信息技术与安全团队无法衡量或管理此类设备的安全状态。

- 禁止仅使用单因素认证实施 SSO。单一密码泄露可能会导致用户所有关联应用暴露风险。

- 禁止在无法安装最新安全补丁的停服操作系统和设备上启用 SSO。

- 禁止终端用户在受 SSO 管理的应用中自主重置密码。

- 禁止在应用内对终端用户的个人身份信息（如账户名和密码）进行更改，此类变更可能破坏 SSO 集成或成为攻击入口。

- 切勿将 SSO 用于最高敏感度的特权账户，应将其独立管理。建议使用特权访问工作站（PAW）并单独管理工作站和凭据。任何人都不应通过一次认证获得广泛的特权访问权限。

- 禁止绕过 SSO 直接访问应用。

SSO 听起来能解决云环境中用户认证的大多数问题，但实施不当可能使其风

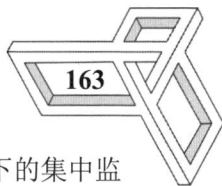

险比不使用时更高。若实施得当，SSO 可以为所有终端用户访问场景下的集中监控、管理、日志记录甚至目录服务整合奠定基础。需注意的是，我们此前仅讨论了终端用户的访问场景。请记住，SSO 不适用于机器身份，且组织不应将管理账户纳入 SSO，除非已部署了额外的安全控制措施。若需要针对管理账户启用 SSO，建议采用具备完整会话录制与行为监控功能的特权访问管理解决方案。

7.12　IDaaS

关于 MFA 与 SSO 的讨论均基于这样一个前提，即我们拥有有效的身份和账户关联。对于许多组织而言，本地环境中的身份管理始于微软的活动目录，并通过身份治理与访问（IGA）解决方案与多个异构系统集成。在云环境中，核心目标一致，但具体实现差异显著，需关注其本质影响。

组织迫切需要身份治理来支持基于云的解决方案，还需兼容甚至取代本地技术。任何组织都应极力避免多目录服务带来的复杂性，这种复杂性可能导致以下挑战：难以完成访问权限合规性认证，或无法基于角色、应用甚至数据类型证明组织内访问范围的准确性。这正是身份即服务（IDaaS）的用武之地，它利用云技术来解决云环境中身份管理与治理的根本性难题。

作为攻击向量缓解策略，建议采用单一（或尽可能少）的身份目录服务来管理所有云身份（无论人类身份或机器身份）。若可行，应将其与本地目录服务进行链接、同步，甚至完全替代。尽管许多读者可能已对此有所了解，但作为最佳实践，其优势可解决跨多个权威机构的身份协调难题，具体如下。

- 为取证、入侵迹象、日志记录、证书和证明提供单一的身份权威来源，而无须跨多个目录服务协调同一账户。

- 极大简化身份治理中的入职、调岗或离职流程，实现身份全生命周期变更的统一记录。

- 仅需审计单一目录服务即可识别违规身份、孤儿身份或影子 IT 身份（可能不包含本地账户）。这也最大限度地减少了对任何本地账户的需求。

- 综合解决方案可以降低维护多个目录服务所需的成本与人力。

● 如果发生安全事件，需要修改某个身份及其关联账户，则只需在一个位置进行更改，而无须跨多个目录服务手动更改，后者可能导致部分更改被遗漏。

如前所述，云环境中的身份管理对所有远程访问、自动化运维、DevOps 流水线、管理访问、维护和备份等所有环节至关重要，任一环节的身份管理疏漏都可能被滥用为攻击向量。因此，采用专为云环境打造的身份管理解决方案，是确保身份及其关联账户的管理本身不成为攻击向量的最佳模型与架构。

7.13 CIEM

云基础设施权限管理（CIEM）是用于在云中发现和管理权限及授权项、评估访问并实施最小权限原则的下一代解决方案。CIEM 的目标是解决当前身份访问管理（IAM）解决方案的不足，同时满足云原生解决方案中身份管理的需求。虽然 CIEM 概念可应用于使用单一云的企业，但其主要优势在于拥有一种标准化的方法，可扩展到多个云和混合云环境，并以统一方式持续执行最小权限原则和评估授权项的风险。

CIEM 解决方案可通过确保在云和多云环境中一致且严格地执行最小权限原则，来应对云攻击向量。云中的最小权限意味着只为用户（或机器身份）启用执行特定任务所需的特权和授权项。特权访问在本质上也应该是临时或有期限的。

CIEM 是一类全新的解决方案，完全为云构建且适用于云环境，使组织能够实时发现、管理和监控授权项，并对跨多个云基础设施（包括混合环境）的每个身份的行为进行建模。该技术旨在发现风险或不当行为时发出警报，并针对任何云基础设施执行最小权限策略，同时自动更改策略和授权项。这使得解决方案所有者可以轻松地将示例策略应用于传统上不兼容的云资源。

CIEM 对任何数字化转型项目和多云环境都至关重要，其优势如下所示。

● 为多云环境中的身份管理提供统一且标准化的视图，并允许对授权项进行精细的监控和配置。

● 云为资产提供了一种动态基础设施，可根据需求和工作负载来构建、拆除资产。如果配置过度，针对这些用例的身份管理可能会导致过高的风

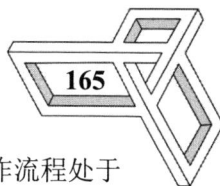

险。CIEM 提供自动流程，确保所有访问都是适当的，无论工作流程处于何种状态。

- 云提供商提供的身份访问管理解决方案只适用于其自身的云环境。当组织使用多个提供商时，由于固有的差异，制定策略和管理运行时就会成为负担。CIEM 解决了这一问题，从逻辑上枚举这些差异并提供授权项的统一视图，并为执行最小权限提供了可行的指导。

- 云中的身份管理不当可能会导致过高的风险。如果不采取积极主动的方法来管理云身份及其相关授权项，就一定会发生安全事件。如果身份被过度配置，情况尤其如此。为这些身份实施管理和最小权限的概念可以降低整个环境的风险。

- 当 CIEM 与邻近的特权访问管理解决方案配合使用时，可统一管理机密信息、密码、最小权限和远程访问，以确保解决授权项或特权方面的任何漏洞，并根据用例/需求调整访问规模。

随着数字化转型战略的推进，云环境的使用已经超出传统本地 PAM 和 IAM 解决方案的基本能力。这些解决方案从设计到实施，都并非为了管理云环境以及云中资源的动态特性。CIEM 正迅速成为与 PAM 并列的管理云身份的必备解决方案。

以下是 CIEM 解决方案可以帮助你落实的一些云安全最佳实践。

- **账户和授权项的发现**：实施 CIEM 时，应盘点所有身份和授权项并进行适当分类。该过程需实时执行，以适应云环境的动态特性和云中资源的临时属性。

- **多云授权项的协调**：随着工作负载跨云环境扩展，组织必须使用统一的模型来协调账户和授权项，并确定哪些是每个云独有的，哪些是共享的，以简化管理。

- **授权项的枚举**：基于发现的信息，CIEM 可以根据授权项的类型、权限范围和用户对授权项进行报告、查询、审计和管理。这使得信息能够灵活调整以满足各种目标，并基于身份和授权项进行分类管理。

- **授权项的优化**：基于实时发现的数据，授权项的实际使用情况有助于对过度配置进行分类，并根据实际使用情况确定哪些身份可以优化为最小权限访问。

- **授权项的监控**：实时发现功能还能识别身份和授权项的任何变化，从而对可能给环境、流程和数据带来风险的不当变化进行警告和检测。

- **授权项的修复**：基于所有可用数据，CIEM 可以给出建议，并且在大多数情况下，能够完全自动地删除违反既定策略的身份以及相关授权项，或者对其进行整改以执行最小权限原则。

基于能力和模型，典型的 CIEM 解决方案采用图 7-4 所示的架构进行部署。

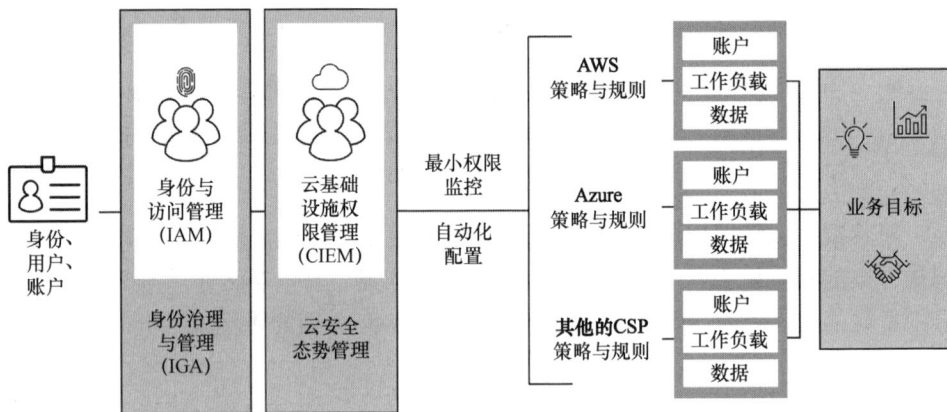

图 7-4　CIEM 解决方案的架构

CIEM 的主要组件如下：

- 基于 API 的连接器，用于枚举每个云实例和供应商的身份与授权项；

- 数据库，用于存储当前和历史身份、授权项以及修复策略；

- 策略引擎，用于识别威胁、变更以及不适当的身份和权限项的创建与分配；

- 用户界面，用于管理解决方案并将多云信息聚合为单一视图。

CIEM 优于传统的本地解决方案的主要原因在于基于 API 的连接器，这些连接器可实时运行。CIEM 持续评估身份和授权项的状态，将其应用于策略引擎，并支持为识别云环境中的风险而定制的自动化。这使得用户能够通过统一的界面，以通用术语查看所有云服务提供商的属性。传统的本地技术通常依赖于通过网络使

用代理、IP 地址或可通过 DNS 解析的资产列表进行批量发现，与网络扫描中错误百出的结果相比，API 发现提供了近乎完美的结果。

7.14 CIAM

客户身份和访问管理（CIAM）是更大的身份访问管理（IAM）市场的一个子集，专注于管理需要访问企业网站、云门户和在线应用的客户（企业外部用户）的身份。CIAM 服务通过集中管理身份，替代了在企业软件应用的每个实例中单独管理身份和账户的模式，实现了身份的可重用性。CIAM 与业务（内部）IAM 的最大区别在于，CIAM 以服务的消费者为目标，管理其个人账户、档案数据，以及可与其他组织共享的信息范围。

在许多方面，CIAM 开始履行 BYOI（自带身份）的使命，但仅限于消费领域。在我们看来，这种模式取代传统的银行信息填报和工作经历详情提交，进入商业领域只是时间问题。

作为一种解决方案，CIAM 不仅为企业提供了向终端消费者开放数字资源访问的能力，还支持企业对与服务交互的消费者数据进行治理、收集、分析、营销以及安全存储。CIAM 通过融合安全性、客户体验和分析功能，为消费者和企业提供了切实可行的实施工具。CIAM 旨在保护敏感数据不被利用或外流，以符合区域数据隐私法规要求。

考虑到上面的定义，由于大规模身份管理流程的复杂性、数据隐私性和安全性要求，大多数组织通常无法通过自主开发的解决方案开启 CIAM 实践。因此，许多组织会将 CIAM 作为一种服务进行授权，以实现其云环境中的业务目标。

在选择 CIAM 供应商时，请考虑以下 6 项基本要求。

1. 可扩展性： 传统的云或本地 IAM 解决方案可管理与员工、承包商、供应商和机器账户相关的数千个身份，需要基于角色访问静态的资源和应用列表。相比之下，CIAM 可能需要根据消费者的实施情况扩展到数百万个身份。虽然这些要求可能会因事件或季节性活动而出现突发增长，但可扩展性是 CIAM 的一项基本要求，需要原生地利用基于云的功能来确保正常运行。当系统承受高事务负载时，固定实施的 CIAM 通常无法进行适当扩展。

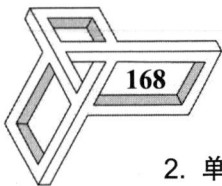

2. **单点登录（SSO）**：单点登录允许用户通过一次身份验证访问一个应用，并基于初始应用的继承自动完成对其他应用的身份验证。最常见的 SSO 案例出现在 Google G Suite 中。用户完成身份验证后，就可以访问 YouTube、Google Drive 以及托管在 Alphabet 平台上的其他 Google 应用。SSO 是联合身份的一项功能，这种实现方式旨在让消费者透明地使用这些服务，同时管理自己的账户和个人资料。实际上，消费者是自己信息的管理员，这与组织中由人力资源和信息技术团队管理的 IAM 模式形成鲜明对比。

3. **多因素认证（MFA）**：MFA 旨在通过在认证流程中引入额外认证要素，降低单因素认证（用户名+密码）的安全风险。由于密码本身是威胁行动者的主要攻击目标，MFA 可通过多种方式实现。CIAM 中常见的 MFA 实施方案如下所示：

- 发送给用户移动设备或电子邮件的一次性短信 PIN 码；

- 带有唯一 URL 或 PIN 码的确认电子邮件；

- 专用的 MFA 移动应用（如微软或 Google 身份验证器）；

- 生物识别凭据（如利用可信设备的内置技术进行指纹识别或面部识别）；

- 自动语音呼叫（需通过触控板或语音响应确认操作）。

MFA 几乎已成为所有敏感的消费者交易的事实上的安全标准，并且它已基于企业级 IAM 的对应功能实现了商业化。对于任何 CIAM 实施方案，基于云的 MFA 都是绝对必要的。基于上文所述的多种技术灵活实施 MFA，可最大限度地降低落地阻力。

4. **身份管理**：解决方案中的身份管理需要具备集中化、可扩展性，并为终端用户（消费者）提供独立的自助服务功能。集中式身份管理消除了数据孤岛和数据重复问题，并通过简化数据映射和数据治理促进合规性。有关身份的所有信息都存储于中央位置，便于管理、安全防护、审计和分析处理。而且，如果要删除某个身份，CIAM 解决方案可以对其进行适当的标记以执行移除操作，而无须担心出现孤立信息的问题。这是 GDPR 等安全要求的核心关注点。

5. **安全性与合规性**：GDPR 和 CCPA 等数据隐私法规正在从根本上改变组织收集、存储、处理和共享个人身份信息的方式。这些法规对如何实施和管理 CIAM 解决方案有重大影响。如前所述，集中式身份管理为了解用户所有敏感信息的存储位置提供了基础。根据具体需求，安全性与合规性可通过以下方式管理：

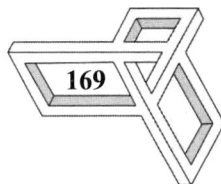

- 允许组织应用户请求提供其数据副本；

- 允许组织应用户请求提供其数据使用情况的审计记录；

- 确保针对适当身份实施 MFA 等措施，而不是针对同一身份的其他记录、位置或目录服务；

- 实施"合理"和/或"适当"的安全措施以保护所有身份；

- 确保所有身份信息因集中存储而得到妥善存储和加密；

- 对所有与身份相关信息的访问进行审计，以满足取证和 PCI、HIPAA 等其他合规要求；

- 正确实施的 CIAM 解决方案将有助于实现许多本地合规要求中的所有这些目标。

6. **数据分析**：CIAM 的主要目标之一是基于联合身份（有时是非联合身份，即那些非集中管理的访客用户）提供使用情况和行为的综合分析视图。这种消费者的单一视图不仅具有众多业务优势，还通过集中化和安全模型的可信度，帮助组织满足数据隐私的审计要求。自动化和分析有助于打造定制化体验，实现精准营销，提高用户留存率，并为关键消费者趋势提供业务洞察。如果对这些数据进行适当分析并与组织外部的其他变量相关联，这些数据可成为显著的竞争优势。

因此，一个实施良好的 CIAM 解决方案可以实现集中化、数据丰富的消费者档案目标，使其成为第三方可使用的身份及其行为的唯一真相来源。

7.15　CSPM

云安全态势管理（CSPM）是一个产品和市场细分领域，旨在识别与云部署相关的配置异常和合规风险，无论其部署类型如何。根据设计，CSPM 解决方案旨在实现实时（或尽可能接近实时）监控云基础设施，基于配置错误、漏洞以及不当的加固措施，持续监测风险、威胁以及入侵迹象。如前所述，配置错误、漏洞和不当的加固措施是需要管控的三个关键领域，以便缓解云攻击向量。因此，CSPM 的首要目标是针对这三个安全领域执行组织的风险容忍度策略。

CSPM 作为一个解决方案类别，最初由领先的 IT 研究和咨询公司 Gartner 提出。CSPM 解决方案通过代理和无代理技术（云 API）实施，将云环境与最佳实践和已知安全风险的策略以及规则进行对比。如果发现威胁，一些解决方案会自动减轻风险，而另一些解决方案则侧重于发出告警并记录相关信息，以便进行人工干预。

虽然使用机器人流程自动化（RPA）来修复潜在问题被视为更高级的方式，但如果修复工作干扰了正常的工作负载，就会出现误报、拒绝服务、账户锁定或其他不良影响。在这种情况下，风险容忍度就成为决定采用通知、自动修复或自动化之前需要人工审批的混合模式的重要因素。

采用了 CSPM 的环境通常遵循云优先策略，并希望在混合云和多云环境中执行合规法规和安全最佳实践。这使其成为任何云部署的理想选择。凭借这种灵活性，CSPM 通过以下几个关键特性区别于其他云安全解决方案。

- 实时（或近实时）自动检测并修复云配置错误；
- 为不同的云服务提供商及其服务提供最佳实践目录和参考清单，包括应如何依据原生建议或第三方建议（如 CIS 的建议）进行加固；
- 提供当前运行时和休眠配置与既定合规框架及数据隐私法规的参考映射；
- 监控整个实例的存储桶、加密、账户权限及授权项，并根据合规违规和实际风险报告检测结果；
- 实时（或近实时）检查环境中操作系统、应用或基础设施的公开披露漏洞；
- 对敏感文件执行文件完整性监控，以确保这些文件未被篡改或泄露；
- 运行并支持多个云服务提供商（包括第 5 章列出的所有主要提供商）。

CSPM 工具通过减少威胁行动者可利用的潜在攻击向量，在云环境的安全保障中发挥着至关重要的作用。同样需要注意的是，其中一些工具可能仅适用于特定的云服务提供商，因此，除非解决方案提供商明确增加了对其他云环境的支持，否则这些工具无法在其他云环境中运行。例如，某些工具可能仅限于检测 AWS 或 Azure 云中的异常，而不能检测 GCP 环境中的异常。

作为云攻击向量的缓解策略，所有组织都应考虑在传统安全工具之外采用某种形式的 CSPM 解决方案。在这方面，尽管最佳实践一直保持不变，但工具本身已经不断发展以解决相关问题。

7.16 CWPP

云工作负载保护平台（CWPP）是 Gartner 提出的另一个解决方案类别。它是以工作负载为中心的安全解决方案，专注于云环境中工作负载的保护需求，以及现代企业云环境和多云环境中存在的自动化需求。

正如我们详细讨论过的，云工作负载已经从物理服务器和虚拟机发展到容器，甚至无服务器进程和代码。图 7-5 对比了传统本地数据中心的物理服务与当前云工作负载的状态。

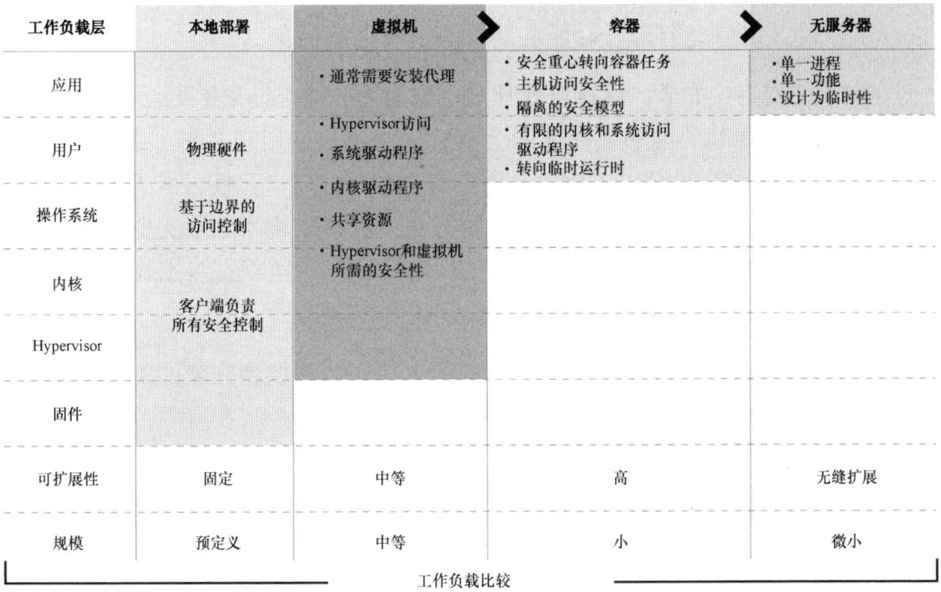

工作负载层	本地部署	虚拟机	容器	无服务器
应用		· 通常需要安装代理	· 安全重心转向容器任务 · 主机访问安全性 · 隔离的安全模型	· 单一进程 · 单一功能 · 设计为临时性
用户	物理硬件	· Hypervisor访问 · 系统驱动程序	· 有限的内核和系统访问 驱动程序 · 转向临时运行时	
操作系统	基于边界的 访问控制	· 内核驱动程序 · 共享资源		
内核		· Hypervisor和虚拟机 所需的安全性		
Hypervisor	客户端负责 所有安全控制			
固件				
可扩展性	固定	中等	高	无缝扩展
规模	预定义	中等	小	微小

工作负载比较

图 7-5　计算资源从本地向云计算和无服务器环境的演变

这些工作负载为操作系统、网络和数据存储提供了基础，这些作为更大资源的一部分实现了应用的交付。尽管形式变化万千，但核心逻辑始终不变：使用网络管理解决方案或应用（application）性能解决方案监控本地的单个进程，与在无服务器环境监控云中的进程或功能，在本质上都是相同的。唯一发生变化的是运行时环境本身，我们现在关注的是更小、更具体的任务，这些任务作为组件构成整体资源。需要特别注意的是，在云语境下讨论时，这些工作负载可能位于云端、本地，或采用混合架构。除非特定供应商的解决方案支持，否则 CWPP 仅能管理云内部分——这一需求对某些组织是必需的，但显然并非适用于所有情况。

对于考虑将工作负载迁移到云的组织，需留意这些可能阻碍迁移并影响工作负载监控现代化的潜在障碍。

● **遗留系统限制**：企业通常有一个（或多个）遗留应用和基础设施，由于硬件、软件或其他运行时基础设施的要求（包括安全要求），无法将功能完全转移到云中。

● **影子 IT 风险**：影子 IT 不仅在本地环境是个挑战，也可能会在云中出现，并且在多云环境中可能会加剧。全面了解工作负载端到端的处理位置和方式（包括影子 IT），是成功监控工作负载并将其迁移到云的关键。遗憾的是，"某人办公室下依然运行着一台服务器"的情况仍然存在。

● **开发模式滞后**：如今，逐行自行开发定制应用的情况已属罕见。像 GitHub 这样的平台使源代码能够在团队和公众社区中重复使用和共享。DevOps 及其"持续创新/持续开发"（CI/CD）周期等自动化技术，已使云成为应用开发和部署的快速载体。较旧的非敏捷开发方法（如瀑布模型）不支持这些方法，与云环境中的代码开发和支持最佳实践背道而驰。组织在将工作负载迁移到云端之前，可能需要重新思考代码开发和发布方式。

● **安全优先级**：安全是重中之重。依赖防火墙和访问控制列表的本地解决方案的安全机制难以直接适用于公有云。本地风险可以控制在有限范围内，但在公有云中，风险可能会暴露给整个互联网。在考虑将工作负载迁移到云并选择监控和维护方案时，一定不要忽视安全问题。它应该是首要考量，而非事后补救。这包括从漏洞和补丁管理到反恶意软件和身份管理的所有传统安全最佳实践。

一个全面的 CWPP 解决方案应具备发现已部署工作负载的能力，无论它们是在本地、混合云、公有云、私有云还是多云环境中。

最后，根据所监控的资源情况，工作负载可能是持久的、非持久的或临时的。

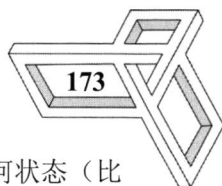

物理服务器通常在安装配置后可持续运行数年，但虚拟机可能处于任何状态（比如关机、开机），甚至可以根据质量保证、安全或数据损坏等用例通过快照回滚。虚拟机可以是实例模板，甚至可能共享需要管理的基础操作系统，这会影响数十个其他虚拟机的运行时。

随着保护重点向聚焦于进程或功能的小型化工作负载延伸，工作负载管理需要解析并隔离影响监控本身的依赖关系，并明确这些依赖关系的存在。因此，CWPP不应被视为另一种端点保护平台或网络监控解决方案。CWPP 专门聚焦于保护工作负载，无论其类型、位置、云环境或任务如何，因此它是另一种有效的基于云的风险缓解策略。

7.17　CNAPP

CNAPP（云原生应用保护平台）是将 CSPM 和 CWPP 整合到单一解决方案中的产物。如果考虑到 CWPP 和 CSPM 的功能及其重叠的技术，两者的结合将形成一个更强大的解决方案，可在开发阶段扫描工作负载和配置情况（包括漏洞和加固措施），并在运行时保护工作负载。将这两个领域结合起来看似顺理成章，但正如我们迄今为止所了解到的那样，云环境中的事情并不总是那么简单。

那么，何时应该考虑在环境中采用 CNAPP 而非单独使用 CSPM 和 CWPP？从技术角度看，CNAPP 是更好的选择，但从业务和基于角色的访问角度来看，保持它们的独立性可能更好，尤其是在以下情况下：

- 与集成解决方案相比，独立供应商的产品具有独特的功能；
- 从开发到运行时的基于角色的访问需要职责分离，而单一解决方案可能从管理、监控或数据泄漏的角度模糊这种分离；
- 集成解决方案不支持某些平台，而独立解决方案则支持；
- 基于云漏洞管理和配置监控的其他解决方案提供了足够的功能重叠，只选择 CWPP 解决方案即可。

随着原生云安全解决方案的日趋成熟，预计它们之间的界限将变得更加模糊。CNAPP 是首批经历这种转变的类别之一，我们预计漏洞管理和合规报告等领域很

快将像其独立的本地解决方案一样，成为 CSPM 中的常规功能。最终，选择集成方案还是独立方案将取决于组织的需求。在我们看来，这类似于十多年前防病毒软件与防间谍软件融合为防恶意软件和终端防护平台的演变过程。

7.18　CASB

云访问安全代理（CASB）通常是一种云托管解决方案（一些供应商仍提供本地版本，但这一趋势正在逐渐消退），旨在在用户与云服务提供商之间建立连接屏障和代理功能。CASB 的基本设计可解决任何"X 即服务"（XaaS）部署以及本地环境连接中的安全漏洞。CASB 还允许组织从本地基础设施扩展并实施安全策略，并将其应用于云环境，确保基于现有控制措施的可见性和连续性，并制定针对云环境的新策略。

CASB 已成为企业安全的关键组成部分，使企业能够安全使用云服务，同时保护敏感的企业工作负载和数据。这使得 CASB 能够作为策略执行中心，整合多种类型的安全策略执行引擎，并将其应用于云中的任何资产。典型的 CASB 部署还具有资产无关性，支持从自带设备（BYOD）到服务器的各类资产，无论企业是否对其进行管理。

尽管 CASB 技术是最早应对云攻击向量的解决方案之一，但其使命始终遵循安全最佳实践，并印证了"万变不离其宗"这一理念。CASB 解决方案中通常具备以下典型功能：

- 基于资产和身份交互的云治理与风险评估；
- 数据丢失防护（包括防止不当的数据泄露）；
- 对云服务原生功能的控制（如协作和共享，这些功能是某些解决方案的标准功能）；
- 基于网络流量模式的威胁防护；
- 用户行为分析（UBA），用于识别和阻止不当行为；
- 对整个系统的配置进行监控和审计；

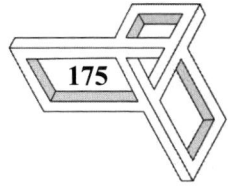

- 恶意软件检测和入侵防御；

- 所有通信路径的数据加密和密钥管理；

- 单点登录（SSO）和身份与访问管理（IAM）集成，以实现合适的身份验证；

- 上下文访问控制和最小权限访问。

随着数字化转型持续主导企业计划，在这些环境中支持可见性和控制力对于满足合规性要求、保护资产免受云攻击向量的影响，以及确保可信任身份安全使用云服务（同时不会向组织引入更多风险）至关重要。

7.19 AI

人工智能（AI）以及机器学习（ML）已日益成为解决复杂信息安全问题的主流方案。人工智能是一种使资产以类似生物通过算法学习的方式获取智能的方法。需要注意的是，我们在这一定义中未提及"人类"，因为昆虫和啮齿类动物的学习模式也已通过人工智能模拟，且效果颇为显著。

AI 技术可以从与场景和事件的反复互动中学习，从而建立当前和未来行为的关联并做出预测。人工智能算法可以从数据序列中识别信息，而无须依赖预先确定的关系或特征。AI 的训练过程类似生物的学习过程，通过重复和强化进一步巩固各种关系。

随着云环境中可用计算能力的提升、多租户相关数据集的出现，以及对来自类似数据源的超大规模数据集和事件的聚合、摄取和分析能力的加强，这种方法在实践中得到广泛应用。从这个意义上讲，人工智能可以实现模拟生物大脑的推理水平，因为生物组织难以以如此规模和速度分析数据。

需要明确的是，AI 不应与机器学习相混淆。机器学习实际上是 AI 的一个子集，其算法已针对特定数据类型和预期输出进行了预先定义。机器学习最显著的特征是人工智能中可学习和假设的固定算法，而真正的 AI 更进一步，能自主开发新算法以分析数据。AI 更类似于人类在缺乏先前参考框架时学习新行为的过程。因此，人工智能更侧重于通过解读所学信息得出结论或做出决策，而机器学习要有

效运作，必须预先明确所处理数据的范围。正因为这种关系，许多机器学习应用实际上是人工智能应用项目的组成部分，或是在充分理解 AI 项目后为提高效率而追加的方案。

由于现代信息网络产生了大量的数据，人工智能可以成为一种有用的手段，辅助人类对安全事件进行分析，并识别出入侵迹象。这一价值不言而喻，因为人类无法解读原始的安全事件数据，即便使用先进的安全工具，在面对大量数据时也很容易不堪重负。AI 可以帮助安全分析师检测云攻击何时发生、评估身份行为、评估漏洞和风险暴露情况，并将已知或潜在未知的攻击策略信息关联起来。在行为难以预测、身份和进程具有临时性，以及在策略中定义的目标规则难以判定某个事件是否恶意的情况下，这种分析尤其有用。

人工智能可用于评估异常情况，并为这些情况奠定基础。分析结果可与其他外部来源关联，成为评估威胁行动者对组织的潜在影响及程度的上下文相关工具。人工智能之所以有用，是因为它可以创建初始关联，然后通过持续分析强化或弱化这些关联。

如果我们考虑到人类安全分析师的工作效率存在差异，那么使用 AI 改善云安全可能带来以下潜在效果。

- 在关键情况下，AI 可以通过过滤噪声，将数据集简化到更易于管理的水平，使安全分析师能专注于核心问题而非无关事件。

- 在危机时刻，情绪压力可能限制视野、削弱信息解读能力并导致错误结论，AI 可降低此类风险。

- AI 能最大程度地减少重复性工作，这类工作往往会降低安全分析师的工作效率。

- 安全分析师常因需要根据事件、日志、警报和攻击模式中的关联数据做出决策而不堪重负，AI 可显著缓解这一问题。

- AI 可作为威胁狩猎的一部分，在初始阶段用于检测高级持续性威胁（APT），并在受控环境中无监督运行。这使得安全分析师得以处理更合适的任务，并作为最终决策的仲裁者，而非搜寻可能不存在的威胁。

- 随着实施的成熟，AI 可承担原本需要人工干预的各类安全事件处理工作。虽然人类监督至关重要，但重复性工作有望被完全取代。

- 安全团队可利用 AI，基于建模的网络行为快速识别隐藏在流量中的横向移动行为。这对于为云环境内外的正常行为和访问建立网络流量模型至关重要。

人工智能是补充云安全最佳实践的有益工具，但不应将其视为检测、防御与响应的唯一手段。基础安全措施、安全分析师以及深入挖掘或追踪对抗行为所需的取证信息永远不可替代。可以确定的是，AI 将持续进化。一旦安全基础措施发展成熟，AI 应被视为云安全战略中的风险缓解技术之一。

7.20　单租户与多租户

如今，市场上有许多针对云环境构建和优化的云原生 SaaS 解决方案可供选择。然而，许多相互竞争的解决方案仍打着"基于云"的旗号，尽管它们实际上只是将传统的软件解决方案直接迁移到云端。这种对云概念的重新包装和牵强解释被称为"云清洗"。

归根结底，如果价格合适，正常运行时间符合 SLA，且解决方案安全可靠，那么从最严格的意义上讲，这个解决方案是否真正"基于云"重要吗？解决方案是云原生和多租户的，还是经过重新设计以单租户模式在运行，这真的重要吗？

让我们回顾一下前面章节中关于单租户解决方案和多租户解决方案的定义。

- **单租户解决方案**：安装的应用不与其他运行实例共享后端或数据库资源，其运行时和数据专用于单个公司、部门或组织，通过基于角色的访问模型控制权限并隔离数据集。

- **多租户解决方案**：共享公共资源，可能包括一个后端数据库，该数据库通过数据和权限的逻辑分隔，将信息、配置和运行时间与其他用户和公司的逻辑组隔离开来。多租户提供了一种高效扩展解决方案的方法。如果多租户模式实施得当，可在共享资源的同时，同时防止数据从一个租户泄露到另一个租户，并保持数据和操作的分段。

传统的本地技术通常被视为单租户解决方案，而基于云的解决方案通常被视为多租户解决方案。但这只是普遍认知，并非绝对的规则，且在组织实际使用云应用时，这些定义往往会变得模糊不清。例如，当订阅 SaaS 多租户解决方案时，

订阅背后的共享资源被多个其他组织使用，但自定义编码和实施可属于单租户，形成混合租户环境。

基于以上背景，我们来看看单租户与多租户 SaaS 解决方案的优势和安全权衡。采用多租户 SaaS 解决方案意味着组织必须放弃以下 3 个安全最佳实践。

- **变更控制**：多租户 SaaS 供应商会控制版本升级和打补丁的时间。它们会为升级提供一个维护窗口。用户被迫接受这些变更，即便这不在业务所期望的时间范围内。如果升级引入了不必要的变更（如出现漏洞或兼容性问题），由于多个组织共享同一多租户资源，所以无法回滚变更。

- **安全性**：任何多租户解决方案都存在数据泄漏或漏洞在共享资源的组织之间扩散的风险。即便是简单的后端配置错误或不安全的第三方插件，也可能破坏多租户模式的安全性。从本质上讲，这类负面云安全事件超出了 SaaS 客户的控制范围。

- **定制化**：除少数在平台中直接设计了定制功能以创建混合租户环境的多租户 SaaS 供应商外，大多数多租户解决方案因共享资源数量限制，不允许进行大规模定制以满足个性化业务需求。虽然这可避免因定制导致的过时问题，但当服务发布新版本而启用 API 或功能时，可能引发部署问题和不必要的返工。

与本地部署实例或私有云部署相比，组织必须权衡是否放弃这些安全实践，以替代维护该解决方案的硬件、操作系统、执行维护工作并安装安全补丁。

现在，让我们看看同样的安全实践在单租户 SaaS 解决方案中的表现。

- **变更控制**：在单租户 SaaS 模式中，终端用户可以决定何时升级到新版本，也可以选择完全跳过某个版本。这里一个常见的风险是等待升级的时间过长，可能会使用终止支持或淘汰的版本。基于 SaaS 的单租户版本需要在当前的变更控制流程和策略范围内进行管理，这需要投入通常与 SaaS 解决方案无关的精力，即使升级是完全自动化的。

- **安全性**：单租户 SaaS 解决方案完全归用户所有，任何需要手动授权的配置错误或缺失的安全补丁都会带来不必要的风险。虽然这一个 SaaS 解决方案，用户仍然需要承担打补丁和维护的变更控制责任（类似完整版本），尽管供应商会将安装过程完全自动化。同样，尽管可能完全自动化，但

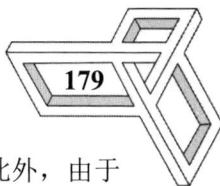

组织仍需要对此进行维护，就像管理其他应用的补丁一样。此外，由于是单租户解决方案，数据泄露的风险非常低，除非托管公司自身被入侵。

● **定制化**：单租户 SaaS 解决方案允许最大程度的定制化，因为任何变更都不会影响其他租户或组织。但风险在于升级版本时可能会破坏与未来版本的兼容性。幸运的是，由于用户可以控制版本，因此可在升级之前测试定制内容，并在准备就绪之前保留旧版本。

那么，单租户和多租户 SaaS 解决方案还有什么不同呢？如果终端用户的成本是可以接受的，选择多租户还是单租户实际上只是在变更控制与可接受的安全风险之间进行权衡。如果始终希望使用最新版本，那么两种模式都可以接受，只需自己管理变更控制即可。

如果需要定制 SaaS 解决方案，SaaS 解决方案的功能应比租户模式更受重视，基于混合租户的解决方案是满足这一需求的理想选择。

最后，还要考虑安全性。所有 SaaS 解决方案都应允许自动打安全补丁，但区别仍取决于变更控制要求。

在选择 SaaS 解决方案时，变更控制、安全性和定制化是否重要，最终取决于用户自己。虽然供应商的多租户解决方案运行成本可能更低，但设计良好的单租户解决方案对双方而言都可能具有同等的成本效益。

7.21　网络保险

首先，网络安全保险并非缓解云攻击向量的主要策略，实际上，它甚至算不上是次要的缓解策略。然而，基于常见的合同要求，它是一项必需的缓解解决方案。通常，作为合同的一部分，组织必须证明若发生安全事件，其具备财务支持能力。那些依赖网络保险来提供赔偿的组织，往往缺乏基本的安全控制措施，若在其安全实施中发现违规行为，甚至可能被拒绝承保。

为满足网络保险相关的合同要求并符合基于云的网络安全控制措施，请考虑表 7-2 中常见的网络保险问题，以及可实施哪些控制措施来确保其成为一种可行的云安全缓解策略（请记住，网络保险并非第一层或第二层防御）。

表 7-2 与组织风险缓解策略相关的常见网络保险问题

有关网络保险资格要求的常见问题	云攻击向量缓解策略	云和混合环境中的技术
用户在其笔记本电脑/台式机上是否拥有本地管理员权限	移除所有管理员权限，并根据需要基于适当内容为应用提升访问权限，且仅在所需的时间段内有效。这是减少攻击面、防御来自终端的外部和内部威胁的最有效方法之一	● 终端特权管理
能否确认人类和非人类账户始终遵循最小权限原则	在任何时间的终端或其他资产上，对所有人类/非人类身份和账户实施最小权限和应用控制。这能大幅缩小攻击面，甚至可以帮助组织抵御棘手的无文件威胁和零日威胁	● 终端特权管理 ● 特权密码管理
采取了哪些保护措施来保障对云或企业网络的远程访问安全	通过专用远程访问解决方案或 VPN 实现对企业网络、应用和资源的安全远程访问，并确保所有连接均为出站连接。实施过程中应监控和管理供应商及员工的所有特权远程会话，并存储凭据，在不向终端用户泄露的情况下自动注入会话	● 安全远程访问 ● VPN ● 零信任网络访问
是否使用工具或软件解决方案来管理特权账户	这符合 PAM 解决方案的最佳实践。PAM 解决方案可以管理企业中所有特权用户、会话和资产，无论其位于云环境、本地环境还是混合环境中	● 特权访问管理 ● 企业级密码管理解决方案
对于员工和第三方从网络外部发起的远程网络访问（如 VPN、远程桌面），是否采用多因素认证	为远程访问提供内置多因素认证的解决方案，并支持与第三方 MFA 工具无缝集成。MFA 提供额外的安全层，确保只向正确身份授予访问权限	● 安全远程访问 ● VPN ● 零信任网络访问
是否仍在使用不受支持的操作系统或平台？如果是，针对这些系统和支持平台已采取了哪些补偿控制措施	将特权限制在最低必要水平，以帮助限制对已终止支持的系统或平台的潜在滥用。任何实施方案都应实施分段/微分段策略，将不受支持的风险平台与其他联网资产广泛隔离，以遏制潜在的数据泄露或滥用	● 特权密码管理 ● 终端特权管理 ● 安全远程访问 ● VPN ● 零信任网络访问
是否已针对攻击迹象（IoC）审查环境，以确认未发现异常	安全解决方案应能捕获会话记录，包括击键日志、屏幕录制、输入/执行的命令等，以帮助定位数据泄露和威胁行动者的内部活动路径。其目标是通过命令或异常用户行为识别表明横向移动或潜在不当权限提升的攻击迹象。最后，文件完整性监控可发现影响关键应用或操作系统文件的可疑变更	● 特权密码管理 ● 终端特权管理 ● 安全远程访问 ● VPN ● 零信任网络访问
请描述检测和防范勒索软件攻击的措施	组织的安全态势应通过以下方式预防和缓解勒索软件及恶意软件的侵入与扩散：对远程访问实施严格安全控制、管理特权凭据的录入和使用、强制实施最小权限和应用控制。这些安全控制措施还应阻止任何勒索软件、恶意软件或人为操作实现横向移动和权限提升，将其限制在初始攻击点，防止攻击蔓延	● 特权密码管理 ● 终端特权管理 ● 安全远程访问 ● VPN ● 零信任网络访问

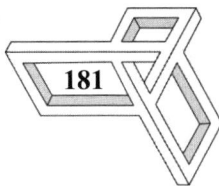

7.22 监控技术

在终端部署新技术面临的一大反对意见是需要安装代理（agent）。事实上，企业多年来最强烈的反对声音之一，始终是对代理技术本身的根本性抵触。终端用户一次又一次因臃肿性问题、兼容性问题、资源消耗和额外管理开销而抵制在终端代理栈中添加新组件。近年来，供应商整合和跨领域代理技术已减少了这种摩擦，但代理技术仍是终端部署与管理中最不受欢迎的选项之一。

现在考虑云环境。通过"云清洗"（cloud washing）解决方案，云环境中的安全问题可以通过代理技术解决。然而，随着我们采用包含容器、微服务、无服务器进程及临时资产的现代云架构，发现代理技术的部署与维护极为困难（甚至不可行）。实际上，执行特权访问管理（PAM）、漏洞管理、文件完整性管理和反恶意软件防护等基本操作都需要代理，尤其是当出于资产加固的安全最佳实践考虑，认证访问不可用或不可取时。

在云端启用 SMB、SSH 甚至 WMI 以允许认证访问，这本身就是安全风险。因此，即便云架构最佳优化方案无须代理，终端用户仍需依赖代理技术解决问题。直到最近，这种情况才有所改变。

云的优势正在于自动化能力。云服务提供商（CSP）构建了强大的 API 以实现自动化和机器间的无缝连接。这些 API 支持从资产创建到删除的所有操作，甚至能在资产内运行命令和监控进程，这一切无须使用代理。

如今，现代安全解决方案可在运行时检查资产并确定其特征，就像通过 Hypervisor API 进行认证扫描或运行本地代理一样。这种技术被称为 API 扫描。基于 API 的扫描技术利用 CSP 的 API，枚举资产内的文件系统、进程与服务，以执行漏洞检测、恶意软件分析、资产发现及账户管理等操作。由于 Hypervisor 可通过 API 完全访问资产（以枚举虚拟运行的任何内容），这种方法在代理技术不受欢迎的场景中取得了成功。基于 API 的扫描需要一个翻译层，通过 API 执行复杂功能，并将结果映射到典型的资产清单、文件系统列表和运行时异常（如恶意软件），就像我们从传统解决方案中看到的那样。由于这仅是识别过程，与通常需要管理员或根访问权限认证的网络扫描相比，API 侧扫可使用只读 API 账户（遵循最小权限等最佳实践）。

API 扫描无须依赖任何远程访问协议，从而有效减少了资产的风险面。这种方法是从云环境中移除代理技术的第一步。基于 API 的扫描技术还可根据基于消费的定价优化云中的运行时和成本。

需要强调的是，云环境中的所有资产都是某种形式的终端。虽然传统认知中的终端主要指用户使用的笔记本电脑和台式机，但云终端更类似于在第三方数据中心运行的服务器（用户并不拥有或管理该基础设施）。尽管云资产可像本地资产一样进行分段，但暴露任何不必要的开放端口通常都是不明智的，即使在私有云架构中也是如此。这自然引出了风险评估的讨论。要在云中执行重要的资产与安全管理功能，我们必须思考哪些技术对云资产与安全管理的风险最高？请参阅表 7-3 进行深入分析。

表 7-3　云环境中的安全技术

技术类型	风险等级	成熟度	说明
网络扫描	高	成熟	网络扫描需要对资产进行经过认证的远程访问，通常需要管理员或远程特权。作为最佳实践，每个资产都应该拥有由特权访问管理解决方案管理的唯一临时凭据。在超大规模的环境中，这种实施方式通常较为复杂且容易出错，同时还需要一个专用或仅限管理用途的辅助接口来处理扫描请求
代理技术	中	成熟	虽然代理技术的风险比网络扫描低得多，但其安装通常需要使用系统、管理员或根权限运行。由于代理技术通常不开放任何监听端口，也不需要远程访问，所以其风险在一定程度上得以降低。然而，风险在于对代理本身的管理，以及基于供应链的攻击、版本不匹配的情况，还有与主机之间可能存在的不兼容问题
API 扫描	低	新兴	对资产的所有访问都是通过云服务提供商的 API 进行的，且仅授予只读权限。它不要求在资产上部署任何代码即可执行所需功能，不暴露任何监听端口，并且可对 API 进行加固，只允许来自可信供应商的访问

正如预期，API 扫描是一种基于 CSP 现有能力的新兴技术。随着 CSP 持续提供更多自动化功能，新的 API 正不断涌现以简化服务。当第三方供应商利用这些 API 时，可通过实施 API 来提供新功能。在许多情况下，此类功能可以取代传统的基于网络扫描和代理技术的解决方案。这最终可能意味着代理技术在云环境中的消亡，而这正是许多安全专家和信息技术管理员所热切期待的。

第8章
合规监管

威胁行动者并不在意法律、合规要求、监管条例或安全最佳实践。事实上，他们巴不得你的云环境在这些理念和建议上漏洞百出，以便为其恶意活动铺平道路。尽管法规合规旨在为行业与政府提供具有法律约束力的指导方针，但这些指导方针并未提供保障安全的必要手段，而且切勿幻想云服务提供商会自然而然地为你实现安全保障——这是绝无可能的，合规并不等同于安全。法规合规措施是针对良好网络安全卫生的强制性指导，但若在执行时缺乏健全的流程、人员、培训、自动化手段以及勤勉态度，你仍将面临被攻击的风险。因此，在评估云部署的法规合规性时，请务必考虑以下要点。

- 根据法律、敏感信息、合同、行业，尤其是地理位置（国家和地区）等因素，这些合规要求如何适用于你的组织？

- 不同合规要求之间存在哪些重叠，哪些流程可以满足多项要求？

- 在推进你的计划时务必采用最严格的指导方针。应始终遵循最严格且最全面的要求，切勿采用任何宽松的做法。

因为范围界定（scoping）与云服务提供商托管实例和数据的物理区域同等重要。仅对敏感系统应用通用规则不足以实现良好的安全性。此外，如何向监管机构、地方政府及客户证明合规性与安全性，可能成为决定企业保障新业务与收入，或是因重大安全事故而彻底出局的分水岭。

总而言之，任何法规合规要求都仅仅是组织应当达到的绝对最低标准。如果未达到最低要求，或在合规要求中存在疏漏，你就会沦为威胁行动者眼中的易攻击目标。

那么，该如何着手开展一个行之有效的法规合规计划呢？这得从提出正确的问题开始。

8.1 安全评估问卷

安全评估问卷（SAQ）是组织编制的一系列业务和技术问题清单，用于在建立业务关系或许可使用其解决方案之前，判断供应商的安全与合规状况是否令人满意。如今，向供应商、合作伙伴分发安全评估问卷并要求其作答，被视为大多数行业的网络安全最佳实践之一。

SAQ 的内容、格式和问题可能因组织而异，但所有 SAQ 都旨在确定业务伙伴在保护客户敏感信息方面是否值得信任。作为指导，几乎所有安全评估问卷都包含以下映射到云安全领域行业领先监管框架（如 NIST、ISO 和 CIS）的主题：

- 应用和接口安全；

- 审计保证与合规性；

- 业务连续性管理和运营弹性；

- 数据中心安全；

- 加密和密钥管理；

- 治理与风险管理；

- 身份和访问管理；

- 基础设施安全；

- 招聘和人事政策；

- 安全事件管理；

- 供应链管理、透明度和问责制；

- 威胁和漏洞管理。

你可能已经意识到，本书已经涵盖了许多上述主题。问题本身可以是布尔型（是/否）、详述型（需要详细解释）或复杂型（需要提供答案的证明或佐证）。尽管后者很少见，但在涉及金融交易和政府机构的高度安全环境中会遇到。对于创建或回答 SAQ 的任何人，有一点需要警惕：你的回答通常具有法律约束力。因此，必须诚实回答。如果在回答问题时撒谎或夸大其词，一旦发生数据泄露，你的组织可能需要承担法律责任，甚至可能被网络安全保险公司拒赔！

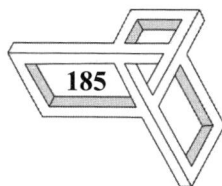

以下是针对 SAQ 的 8 个建议。

- 仅列出适用你组织以及所需保护数据的问题。避免询问仅为了解信息而提出的与业务不相关的问题。SAQ 并非采购提案（RFP），应尽可能具有针对性。

- 对所有供应商、客户及合作伙伴采用同一份 SAQ。保持一致性有助于大幅提升答案审核与漏洞识别的效率。

- 为所有答案创建一个集中式数据库，以便能够跨时间、按业务合作伙伴对答案进行检索和交叉引用。这也有助于在特定威胁出现时，快速查询供应商库以获取所需信息。

- 若某项答案未达预期或整份 SAQ 未通过评分标准（见下一条建议），则需为供应商设计并实施整改计划，甚至考虑更换供应商。

- 为每个问题设计评分机制，并为每个答案设计可能的分值体系。某些问题（如是否具备漏洞管理计划）至关重要，而且其他问题的严重性可能较低。

- 编制问卷时，应考虑 SOC 等认证如何涵盖绝大多数问题，避免同时要求提交 SAQ 和 SOC 认证报告。

- 尽可能将问题与相关的安全框架或控制措施相关联，并随框架更新同步调整。通过预先按问题、安全控制和审计建立映射关系，可简化未来审计流程。

- 根据业务垂直领域，考虑添加有助于证明自身合规性的问题（如 HIPAA、PCI、SOX 等）。这些问题聚焦于信用卡支付和个人身份信息（PII）存储等特定场景。

安全评估问卷是在云中开展业务的重要工具。如果贵组织尚未围绕 SAQ 实施相关计划，建议在未来的云服务中实施该计划（可参考书附录 A 中的 SAQ 示例）。

8.2 SOC

系统与组织控制（System and Organization Controls，SOC）的雏形可追溯至

2002 年《萨班斯-奥克斯利法案》（Sarbanes-Oxley Act）的颁布，其审计报告最初聚焦金融行业。该框架的初衷是确保上市公司对自身财务状况负责，并实现财务报告的标准化。相关审计由美国注册会计师协会认可的注册会计师执行。简而言之，SOC 报告为寻求与企业建立供应商或服务提供商合作关系的一方提供了一定程度的信任依据。这些报告通过财务基础和业务运营最佳实践帮助企业建立可信度，类似出示带有车辆准驾资格的驾照——即便对方不了解你，也能通过驾照直观确认你具备驾驶资格（驾照是获得准驾认可的第一步）。

SOC 报告已发展出 4 种不同的类型，其涵盖范畴远超单纯的财务尽职调查。

- **SOC 1**：最初的 SOC 报告，聚焦于组织的财务状况。

- **SOC 2**：通过审查业务和技术运营的服务与安全控制措施，关注公司的运营风险。

- **SOC 3**：仅在公司已经获得 SOC 2 认证的前提下提供，是 SOC 2 的删节版。它与 SOC 2 覆盖相同的领域但内容更概括。该报告可公开查阅，通常无须签署保密协议即可提供。

- **网络安全 SOC**：为应对日益增多的网络攻击而推出的新兴报告，聚焦企业的风险管理体系。

对于云攻击向量，我们可以跳过 SOC 1，直接进入 SOC 2。那么，SOC 2 包含哪些内容呢？

SOC 2 报告又称审计报告，重点关注于信任服务标准（TSC）。TSC 由 5 部分组成：隐私性、安全性、机密性、处理完整性和可用性。

- **隐私性**：个人身份信息（PII）的使用、保留、收集、披露和处置需符合政策规定。

- **安全性**：保护系统和数据，防止未经授权的访问、泄露和破坏，以免影响系统实现其目标的能力。

- **机密性**：被认定为机密的信息需受到妥善保护和安全管理。

- **处理完整性**：系统处理准确、有效、完整、及时，客户数据在任何数据处理过程中都保持准确无误。

- **可用性**：信息和系统可根据可衡量的控制措施，为实现企业及客户目标而正常运行和使用。

每个信任类别都包含适用于基础设施、软件、人员、流程和数据的预定义标准，且每份报告都将安全性作为其通用标准的一部分。组织可选择在审计中纳入其他信任服务类别。整个信任服务标准包含 61 项准则及约 300 个重点关注点。

实际上，SOC 2 报告对寻求通过建立运营策略和流程获得认证的企业，以及希望对组织进行监督的潜在客户均至关重要。随着网络犯罪的持续加剧，客户和潜在合作方都在加强尽职调查，以确保业务伙伴具备可信度、专业能力，且对安全给予足够重视。进一步细分报告类型，SOC 2 报告可分为两大类别：Type I 报告和 Type II 报告。

- **Type I 报告**：确认组织的控制措施在特定时间点存在。首次获得 SOC 2 认证的公司通常需要通过 Type I 审计。在审计过程中，审计员将验证并报告公司对控制措施的描述，以及这些控制措施的可持续性。

- **Type II 报告**：包含与 Type I 相同的控制措施验证，但是新增章节讨论已实施控制措施的运行效果。与在特定时间点验证控制措施的 Type I 审计不同，Type II 型审计需在预定义的时间段内验证控制措施的有效性。美国注册会计师协会（AICPA）建议以 6 个月作为证明正常运营的最短周期。

寻求云技术许可的组织应始终选择具备 SOC 2 Type II 报告的供应商，以验证其服务合规性。对于在云中运营的企业来说，这应该是一个最低目标。

SOC 3 报告类似于 SOC 2 Type II 报告，但不如 SOC 2 Type II 报告详细全面。不过，两者的源数据相同。SOC 3 报告旨在帮助企业限制报告中的细节量，以便公开分发。

通常，若公司提供 SOC 1 和 SOC 2 报告，由于报告涉及组织内部运营细节及潜在异常或控制漏洞等机密内容，各方之间通常需要签订保密协议（NDA）。相反，SOC 3 报告则不然，大多数公司可能选择在官网上公开发布 SOC 3 供下载。需要注意的是，SOC 3 报告无法替代 SOC 1 或 SOC 2 报告。然而，若你想要了解某家公司的实践类型，SOC 3 报告是一份值得参考的报告，它能够在无须签署保密协议的情况下，为大多数组织提供高级别的透明度。

接下来,我们将探讨网络安全SOC。2017年4月,美国注册会计师协会(AICPA)制定了一套网络安全风险管理报告框架,旨在帮助机构传达其网络安全风险管理体系的有效性。与聚焦财务的 SOC 1 报告和聚焦服务提供商的 SOC 2 报告不同,网络安全 SOC 适用于所有不符合"服务组织"标准的其他组织,这一框架的推出,为企业证明其网络安全风险管理体系和网络安全策略的有效性铺平了道路。

在审查与云服务相关的 SOC 审计报告,以及云解决方案供应商和云服务提供商所提供的报告时,最好先要了解不同报告之间的差异,以及这些报告在证明合作方(被调研、审查或采购的对象)是否将安全作为优先事项方面的关键作用。收到 SOC 报告后,务必通读全文并理解其覆盖范围。知道某企业通过 SOC 认证固然重要,但仔细阅读 SOC 审计报告能帮助你了解该组织的安全态势,以及你可能需要自行采用或补充的安全控制措施。

8.3 CSA

可能有些人对云安全联盟(Cloud Security Alliance,CSA)不太熟悉,不过如果你了解 CSA 的话,那就太好了,如果还不了解,也不要担心。CSA 是一家非营利组织,致力于推广云计算领域的最佳安全实践,为云环境提供安全保障。该组织还提供云计算使用方面的教育,以帮助保护其他各种形式的互联计算系统的安全性。云安全联盟汇聚了来自不同领域的主题专家,这些专家致力于实现以下目标:

- 促进对云计算用户和提供商就必要的安全要求和保障证明达成共识;
- 推动对云计算安全最佳实践的独立研究;
- 发起有关云计算和云安全解决方案合理应用的宣传活动与教育计划;
- 制定云安全保证的共识问题清单和指导意见。

CSA 成立于 2008 年,目前已在全球拥有 8 万多名成员。2011 年,美国联邦政府选择 CSA 峰会作为其发布联邦政府云计算战略的平台,这使 CSA 备受关注。CSA 有超过 25 个活跃的工作组,专注于云标准、认证、教育培训、指导工具、全球拓展以及创新驱动等领域。

在我们看来，若你从事云计算相关的工作却尚未加入 CSA，或许有必要考虑成为其中一员。倘若条件允许，不妨积极参与其中。CSA 需要各方力量的支持，下文将对其诸多重要举措进行概述。

8.3.1 CSA CMM

CSA CMM（CSA Cloud Controls Matrix，云安全联盟云控制矩阵）是针对云计算的网络安全控制框架。该文档涵盖 16 个领域，覆盖云技术的所有关键方面，每个领域分为 133 项控制目标。它可以作为主动评估云计算部署的工具，针对"云供应链中应实施哪些安全控制"和"云供应链中哪一方负责实施"提供指导。该控制框架与 CSA Security Guidance Version 4 保持一致，目前被公认为云安全保证和合规性的事实标准。

CSA CCM 中的控制措施与行业认可的安全标准、控制框架和法规相互映射并保持一致。由于 CSA CCM 的完善是持续演进的过程，当前的第 4 版包含了以前的版本，因此具备以下映射关系：

- ISO/IEC 27001/27002/27017/27018；
- CMM Version 3；
- CIS Control Version 8。

此外，还包括以下映射：

- AICPA-TSC；
- PCI DSS；
- NIST 800-53 Rev 5。

需要注意的是，这份映射列表会随着云安全状况的发展而持续演进和更新。

接下来，让我们来看一下第 3 版，其中包括：

- ISO 27001/27002/27017/27018；
- NIST SP 800-53；
- AICPA-TSC；
- BSI C5；

- PCI DSS；

- ISACA COBIT；

- NERC-CIP；

- FedRAMP；

- CIS。

这一映射关系非常重要，因为标准具有累积性并包含了以前的规范。CSA CMM 是一份指南，列出了组织可作为合规框架使用的控制措施。由于每项控制措施均映射至多个行业认可的标准、框架及法规，因此满足 CSA CMM 的控制措施也就意味着满足了相关的标准与法规。这使你能够选择超出自身目标的组件，并将遵循标准作为合规或监管的最佳实践。

值得注意的是，CSA CMM 中的每项控制措施均明确了责任主体——应由云服务提供商还是客户来实施。同时，它还规定了云模型类型（IaaS、PaaS、SaaS）或云环境（私有云、公有云或混合云）以及适用的控制措施。作为最佳实践，CSA CMM 通过划分双方适用的控制指南，明确了云服务提供商与客户之间的角色与责任，这在业务关系中通常会体现为合同要求。这也引出一个明显的问题：如何将 CSA CCM 映射至法律合同或采购提案（RFP）中？

CSA 推出了共识评估倡议问卷（CAIQ，详见下节），这是一份用于评估云服务提供商安全能力的调查工具，旨在创建一个行业普遍接受的标准，用于记录服务商在云应用产品实施的安全控制措施。

就 CSA CMM 而言，CSA CAIQ 是 CMM 的配套工具，提供了一系列云客户或审计师可能会向云提供商提出的"是/否"类型的问题。这些问题基于 CSA CCM 的安全控制措施，可用于记录服务提供商产品中存在哪些安全控制措施。通常，许多组织会使用 CSA CAIQ，而非自行设计问题。

此外，你可能会看到 CAIQ 问题被用于编制采购提案或纳入合同条款，以确保组织获得充分的安全覆盖，并明确各方角色与责任。

如今，最新版本的 CSA CCM 对之前的框架结构进行了一些修改，新增了一个专门用于日志记录和监控的领域，并对一些现有领域进行了修改。CSA CMM 第 4 版目前涵盖的领域包括：

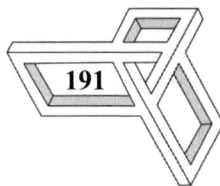

- 应用和接口安全；

- 审计与保证；

- 业务连续性管理和运营弹性；

- 变更控制和配置管理；

- 数据安全和隐私（DSP，旧称 DSI）；

- 数据中心安全；

- 密码学、加密和密钥管理；

- 治理、风险管理和合规性；

- 人力资源安全；

- 身份和访问管理；

- 基础设施和访问管理；

- 基础架构和虚拟化；

- 互操作性和可移植性；

- 通用端点管理；

- 安全事件管理、电子发现和云取证；

- 供应链管理、透明度和问责制；

- 威胁和漏洞管理；

- 日志记录和监控。

CSA 鼓励各组织将 CMM 与 CSA Security Guidance 文档结合使用，因为它能让用户识别安全控制措施，并了解应如何应用这些措施。

8.3.2 CSA CAIQ

在上一节中，我们介绍了 CSA CMM，并提到该 CMM 应与 CAIQ（共识评估倡议问卷）配套使用。虽然我们简要提及了 CAIQ 的定义，但仍需深入探讨其具体构成。了解 CAIQ 及其设计逻辑，有助于你更好地将其作为 CSA CMM 的配套工具来使用。

　　CSA CAIQ 是一种业界认可的方式，用于记录服务提供商在其应用中实施了哪些安全控制措施，具体做法是通过将安全控制透明化来提供信任依据。CSA CAIQ 由一系列 "是/否" 类型的问题组成，客户或审计师可通过这些问题确信应用是否安全或符合自身标准。CAIQ 还可以揭示一些组织可能不愿意接受的风险领域。最终，它成为客户验证云服务提供商是否尽职尽责保护客户利益的工具。

　　威胁行动者正通过利用那些准备不足的组织而获利，并利用组织中未被识别的风险。我们需要增加威胁行动者的作案难度，同时客户和服务提供商双方均应通过尽职调查履行自身责任。

8.4　互联网安全中心（CIS）控制措施

　　互联网安全中心（CIS）由美国联邦调查局（FBI）和 SANS 研究院于 2001 年共同建立，并发布了 "网络安全关键控制措施 Top 20"。随着时间的推移，这些控制措施逐渐演变成业内熟知的 SANS Top 20。为了简化流程、整合资源并避免各组织间的工作重复，2015 年，改进和维护该指南的工作移交给互联网安全中心，其名称最终简化为 "CIS 控制措施"。在 2021 年发布的第 8 版中，原有的 20 个主要领域被整合为 18 个。由于大型组织尚未全面采用最新版本，我们将同时介绍第 7 版和第 8 版，并着重介绍它们之间的区别。

　　作为社区驱动的非营利组织，CIS 负责制定 CIS 控制措施和 CIS 基准，其在保护 IT 系统和数据的最佳实践方面得到了全球的认可。CIS 还运营着多州信息共享与分析中心（MS-ISAC），该中心是美国联邦、地方政府以及地区政府实体在网络威胁预防、保护、响应和恢复方面的可信资源。此外，其下属的选举基础设施信息共享与分析中心（EI-ISAC）为美国选举办公室和电子投票计划快速变化的网络安全需求提供了支持。

8.4.1　CIS 控制措施

　　CIS 控制措施是一系列按优先级划分的行动集合，分为基础（basic）、根本

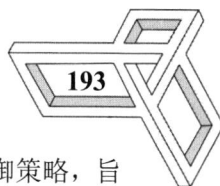

（foundational）和组织（organization）三类。这些最佳实践通过纵深防御策略，旨在缓解系统、资产、数据和网络面临的网络攻击。CIS 控制措施的维护由信息技术专家社区负责，这些专家以网络防御者的第一手经验为基础，共同制定全球认可的安全规范。他们来自不同的垂直行业，包括零售、政府、教育、医疗、金融等，背景相当多元化。

安全专业人员可以利用大量信息做出明智而有效的安全决策，以保护其资产、数据和云环境。但海量的安全信息、技术选项、安全工具以及各种观点反而模糊了组织的安全路径。雪上加霜的是，疫情使众多公司在多个方面发生了变化，带来了更多的安全风险，这在加速云技术的采用和数字化转型的同时，却使安全常被排除在业务决策核心之外。

面对网络犯罪、入侵和数据泄露等不断演变的问题，网络安全社区及其他行业、部门和联盟如何联合制定行动优先级、相互支持并保持安全知识的时效性？这正是 CIS 控制措施的核心价值所在。重申全球面临的威胁和问题之所以重要，是因为解决方案已然存在。

CIS 控制措施通过持续更新、社区反馈和修订而保持生命力，它们代表了应对当前所有挑战的最佳实践。因此，CIS 控制措施已被国际社会广泛接受，并用于以下场景：

- 分析攻击手段与攻击者，识别根本原因，并将入侵迹象转化为可执行的防御策略；

- 记录实施案例，基于实证和理论结果分享问题解决工具；

- 跟踪威胁发展、攻击者能力以及当前的攻击向量；

- 将 CIS 控制措施映射到法规和合规框架中，明确共同优先级和重点，降低落地门槛；

- 识别常见问题（如初始评估和实施路线图）并通过社区协作解决，拓展"有效实践"和"无效实践"的共享认知。

这些特性有助于确保 CIS 控制措施并非只是一份罗列无穷安全任务的框架，而是在社区支持下聚焦优先级的行动集合，具备可用性、可扩展性和可实施性，有助于实现合规性。

8.4.2 CIS 控制措施方法论和贡献者

由于 CIS 控制措施是由社区驱动的，来自各个行业（从分析师、用户到审计师）的专家都为 CIS 控制措施的成功做出了贡献。CIS 控制措施不仅限于阻止资产的初始入侵，还涵盖对已入侵资产的检测、预防或中断持续威胁行为。通过这些控制措施确定的防御体系，可通过加固配置缩小初始攻击面、识别被攻陷的资产、干扰威胁行动者的活动，并提供可维护和改进的持续防御以及响应能力。为了实现这一目标，CIS 控制措施定义了有效网络防御系统的 5 个核心原则。

- **以攻促防**：利用已知系统入侵的实际攻击信息作为基础，持续从攻击事件中学习并构建有效、实用的防御体系。仅纳入经证实可阻止真实世界已知攻击的控制措施。

- **优先级划分**：优先对那些能够最大程度地降低风险、抵御最危险的威胁行动者，并且能够在计算环境中切实落地的控制措施进行投资。下文讨论的 CIS 实施小组是组织识别相关子控制措施的绝佳起点。

- **测量和指标**：建立通用指标体系，为高级管理人员、IT 专家、审计师和安全官员提供衡量组织内部安全措施有效性的共同语言，以便快速迅速识别并实施必要调整。

- **持续诊断和缓解**：进行持续的测量，以测试和验证当前安全措施的有效性，并推动后续步骤的优先级排序。

- **自动化**：实现自动化防御，使组织能够对控制措施的合规性及相关指标进行可靠、可扩展的持续测量。

8.4.3 CIS 实施小组

CIS 控制措施已被划分为三个不同的实施小组（Implementation Group，IG）。这些小组背后的理念是根据企业所面临的风险状况和可用资源，对 CIS 控制措施的实施进行优先级排序。每个实施小组对应一组需要执行的防护措施（以前称为 CIS 子控制措施）。组织可根据自身相关的网络安全属性，在每个实施小组中进行自我评估分类。目前，CIS 控制措施的最新版本中包含 153 项防护措施，我们将在本节后文加以介绍。

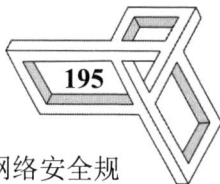

理想情况下，每家企业都应从 IG1 入手——IG1 被定义为"基本网络安全规范"，是所有企业都应采用的基础网络防御防护措施，用于抵御最常见的攻击。在此基础上，IG2 是 IG1 防御措施的增强版，增加了额外的控制措施；而 IG3 包含面向大型实体的全部 153 项控制和防御措施。此外，CIS 鼓励各组织根据自身情况在这三个实施小组选择合适的分类。例如，考虑下面这些分类。

- **家族企业**：员工少于 10 人，分类为 IG1。

- **提供服务的区域型组织**：分类为 IG2。

- **拥有数千名员工的大型企业**：分类为 IG3。

在确定分类后，组织便可以专注于实施对应小组的防护措施。组织主要通过以下 3 个特征来确定其在 CIS 中的类别。

- **组织提供的服务的数据敏感性和关键性**：必须提供持续可用服务的组织（如公共安全、关键基础设施领域），或涉及需按更严格要求（如联邦法律）保护数据的组织，需要比其他组织实施更高级别的网络安全控制措施。

- **员工或合同方的专业技术水平**：网络安全知识和经验虽难以获取，但是实施 CIS 控制措施中许多详细缓解措施的必要条件。部分 CIS 控制措施仅要求具备最基本的 IT 能力，而其他控制措施则需要深入的网络安全技能和知识才能成功实施。

- **可用于网络安全活动的资源**：时间、资金和人员是实施 CIS 控制措施中许多最佳实践所必需的资源。能够将这些资源投入到网络安全的企业，可针对威胁构建更为复杂的防御体系。虽然有可辅助组织实施的开源工具，但组织需考虑其可能带来的额外管理和部署成本。

CIS 还强烈建议组织使用 CIS RAM（风险评估方法）等方法进行风险评估。CIS RAM 是一种信息安全风险评估方法，它能够帮助组织依据 CIS 控制措施来实施并评估自身的安全态势，从而明确应实施哪些 CIS 安全措施及其原因。

需要注意的是，实施小组的划分并非绝对的。根据 CIS 的说法，它们旨在为组织提供粗略的衡量标准，用于确定网络安全工作的优先级并指导实施路径。

8.4.4　定义实施小组

- **实施小组 1（IG1）**：IG1 组织是中小型实体，其用于保护 IT 资产和人员的 IT 技能以及网络安全专业能力有限。这些组织的主要关注点是维持业务运行，因为它们对系统停机的容忍度很低。它们试图保护的数据敏感性较低，主要涉及员工和财务信息。然而，部分中小型组织可能负有保护敏感数据的责任，因此会被归入更高组别。为 IG1 选择的子控制措施应能在有限的网络安全专业能力下实施，旨在阻止一般性、非针对性攻击。这些子控制措施通常也会设计为与小型或家庭办公室的现成硬件和软件协同工作。

- **实施小组 2（IG2）**：IG2 组织配备有负责管理和保护实体信息技术基础设施的人员。这些组织为多个部门提供支持，这些部门因工作职责和任务不同而具有不同的风险状况。小型组织单元可能承担属于此分类的法规合规责任。IG2 组织通常存储和处理敏感的客户或公司信息，并能够承受短暂的服务中断，其主要担心是发生数据泄漏时，会丧失公众的信任。为 IG2 选择的子控制措施有助于安全团队应对复杂的运营情况。部分子控制措施需依赖企业级技术和专业知识才能正确安装和配置。

- **实施小组 3（IG3）**：IG3 组织配备有专攻网络安全不同领域（风险管理、渗透测试、应用安全）的安全专家。IG3 的系统和数据包含需接受严格法规和合规监管的敏感信息或功能。IG3 组织必须确保服务的可用性以及敏感数据的机密性和完整性。攻击产生的影响可能会对公共利益造成重大损害。为 IG3 选择的子控制措施必须能抵御复杂对手的针对性攻击，并降低零日攻击的影响。

虽然上述方法为 CIS 控制措施的优先使用供了通用指导，但这不应取代组织了解自身风险状况的需求。各组织应仍进行自身的尽职调查分析，并根据其资源、使命和风险，量身定制 CIS 控制措施的实施方式。通过使用这些方法（如 CIS RAM 中所描述），不同实施小组的组织可以就是否实施其组别中的某些子控制措施，以及应努力达到哪个更高级别，做出基于风险考量的决策。其目的是帮助组织基于可用资源集中力量，并将新的 CIS 控制措施整合到现有的风险管理流程中。

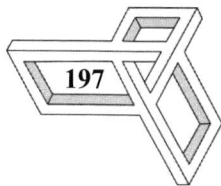

8.4.5　第 7 版的 CIS 控制措施

在深入探讨第 8 版的 CIS 控制措施之前，需要确保你了解第 7 版中涵盖的 20 项 CIS 控制措施。在介绍第 8 版更新后的 18 项 CIS 控制措施后，我们将介绍两者的差异，说明哪些控制措施被修改和合并，以构成第 8 版的 18 项 CIS 控制措施。如前所述，当我们讨论 IG 时，这些控制措施被划分为基础（basic）、根本（foundational）和组织（organization）三类。

1.　基础类

- **硬件资产清单**：建立硬件资产清单的目的是确保对网络中授权设备的责任归属，确保对其进行跟踪、准确盘点，并在发现不准确信息时及时纠正。此外，该控制措施还应防止未授权或未批准的硬件资产获得任何访问权限。该控制措施进一步细分为 8 项子控制措施（1.1～1.8），其中 2 项适用于 IG1，5 项适用于 IG2，全部 8 项适用于 IG3。了解各实施小组之间的层级差异以及适用你所在组织的要求，将有助于随着业务增长提升安全防护水平。

- **软件资产清单**：软件资产清单确保仅使用授权软件。所有软件均应进行盘点、跟踪和更新以保持清单的准确性。这也解决了资产上不应存在的未管理或未授权软件（影子 IT）的问题。软件资产清单细分为 10 项子控制措施，其中 3 项适用于 IG1，5 项适用于 IG2，全部 10 项适用于 IG3。

- **持续漏洞管理**：漏洞管理以及对威胁的持续评估（批量驱动和作业调度 vs. 持续实时或近实时评估）旨在通过识别资产上的漏洞，最大限度地缩小威胁行动者的风险面。此外，对漏洞进行分类和修复的能力将有效降低整体风险。该控制措施包含 7 个子控制措施，其中 2 项适用于 IG1，全部 7 项同时适用于 IG2 和 IG3。

- **管理权限控制**：管理权限的受控使用涉及资产（包括网络、云环境和应用）上权限、许可及授权项的最高配置账户。该控制措施涵盖控制、跟踪、防止和修复与特权访问相关的授权项的能力，以实施最小权限原则。该控制措施细分为 9 个子控制措施，其中 2 项适用于 IG1，8 项适用于 IG2，全部 9 项适用于 IG3。

- **安全配置**：安全配置针对移动设备、服务器、工作站、虚拟机及其他终端的软硬件配置，涵盖主动管理安全配置的能力。与其他控制措施一样，它包括跟踪、报告和修复发现错误的能力，从而缩小威胁行动者利用脆弱服务与设置的攻击面。该控制措施包含 5 项子控制措施，仅 1 项适用于 IG1，而 IG2 和 IG3 需满足全部 5 项要求。

- **日志维护和分析**：该控制措施涉及所有类型的审计日志事件及其收集、管理和分析能力，用于帮助检测、了解攻击并从中进行恢复，同时为威胁狩猎、入侵指标和入侵证据提供信息。该控制措施细分为 8 项子控制措施，其中 1 项满足 IG1，7 项满足 IG2，IG3 则需满足全部 8 项。

2. 根本类

- **电子邮件和浏览器保护**：该控制措施旨在降低威胁行动者利用浏览器和电子邮件系统交互进行攻击的风险。该控制措施细分为 10 项子控制措施，其中 2 项适用于 IG1，9 项适用于 IG2，全部 10 项适用于 IG3。鉴于电子邮件和网络钓鱼是终端设备的首要攻击向量，组织应尽可能采纳该组别中的多项控制措施。

- **恶意软件防护**：恶意软件能够使任何组织陷入瘫痪。该控制措施旨在通过在组织内的多个节点上控制安装和执行，以最大限度地遏制恶意软件的传播，同时涉及快速更新防御、数据收集和采集纠正措施的能力。该控制措施包含 8 项子控制措施，其中 3 项适用于 IG1，全部 8 项适用于 IG2 及 IG3。

- **端口和协议限制**：控制和限制网络端口、协议及服务的使用，对降低组织（尤其是云环境中）面临的威胁风险至关重要。该控制措施聚焦于管理各类网络及连接资产的端口、协议与服务，其成功实施依赖于对异常情况的识别与修复能力。该控制措施细分为 5 项子控制措施，其中 1 项适用于 IG1，4 项适用于 IG2，全部 5 项适用于 IG3。

- **数据恢复**：及时备份和恢复数据的能力对本地及云环境中的业务运营和服务交付至关重要。但这一环节经常被忽视，直至为时已晚。该控制措施聚焦于在可接受时间内正确备份目标信息和恢复数据所需的流程和工具。该控制措施包含 5 项子控制措施，其中 4 项适用于 IG1，全部 5 项适用于 IG2 及 IG3。

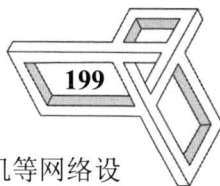

- **网络设备安全配置**：该控制措施针对防火墙、路由器和交换机等网络设备，涉及网络基础设施设备（包括软件定义网络）的安全配置及跟踪、报告和修复能力，以缩小威胁行动者利用易受攻击的服务和设置的攻击面。该控制措施细分为 7 项子控制措施，1 项适用于 IG1，全部 7 项适用于 IG2 及 IG3。

- **边界防御**：该控制措施以数据流为目标，重点在于限制安全和日志数据的传输，若这些数据在具有不同信任级别且未进行适当加密和保护的网络之间传输，可能会对企业造成损害。该控制措施细分为 12 项子控制措施，其中 2 项适用于 IG1，8 项适用于 IG2，全部 12 项适用于 IG3。

- **数据保护**：无论数据存储于何处，保护数据的能力对任何企业均至关重要。该控制措施涉及防止数据丢失的流程和工具、应对数据泄露的影响，并确保敏感信息的隐私与完整性。该控制措施包含 9 项子控制措施，3 项适用于 IG1，5 项适用于 IG2，全部 9 项适用于 IG3。

- **基于最小知悉原则的访问控制**：安全与隐私的基础可追溯至"最小知悉"原则。该控制措施将"最小知悉"细分为不同类别，要求组织能根据资源的分类和需求，跟踪、控制、防止和纠正对资源的访问，从而将信息、资源及系统的暴露范围限制在仅需访问的人员。这是实施最小权限原则的另一种形式。该控制措施细分为 9 项子控制措施，其中 1 项适用于 IG1，5 项适用于 IG2，全部 9 项适用于 IG3。

- **无线访问控制**：当前无线连接设备数量激增，确保无线设备（无论采用何种无线介质）的连接安全至关重要。该控制措施涵盖管理无线网络、接入点、协议（蜂窝网络、Wi-Fi、蓝牙等）和无线客户端系统所需的流程与工具。该控制措施细分为 10 项子控制措施，其中 2 项适用于 IG1，7 项适用于 IG2，全部 10 项适用于 IG3。

- **账户监控与控制**：正确发现和管理账户在每个组织中都很重要（该要点将反复强调直至读者熟记）。若管理不当，账户将成为组织面临的最大网络安全风险之一。该控制措施针对系统与应用账户的全生命周期，包括身份及账户的完整加入、变更和退出（创建、使用和删除）流程。有效监控与管理这些账户可显著降低被入侵的风险。该控制措施包含 13 项子控制措施，其中 7 项适用于 IG1，12 项适用于 IG2，全部 13 项适用于 IG3。

3. 组织类

需要注意的是，最后这 4 项控制措施更侧重于人员和流程。虽然每项控制措施仍然包含一些技术方面的内容，但这 4 项推荐的控制措施在特征上与前面的 16 项有所不同。

- **安全意识培训**：每一个成功的组织都有一套有效的安全意识计划。在某些情况下，这是公司的生命线和延伸，因为大多数组织认为安全始于终端用户。该控制措施侧重于确定支持组织安全防御所需的特定知识、技能和能力，包括制定并执行以安全意识和培训为战略目标的计划，以及通过政策和组织规划来识别和弥补安全漏洞。对许多组织而言，这意味着持续的安全意识培养，而非一年一度的网络安全培训。该控制措施包含 9 项子控制措施，其中 6 项适用于 IG1，全部 9 项适用于 IG2 及 IG3。

- **应用安全**：对于应用及软件安全，确保应用在开发过程中不存在漏洞或不良安全实践，是最大限度降低安全风险、阻断威胁行动者利用漏洞攻击组织的关键。该控制涵盖侧重于所有软件（包括采购和内部开发的软件）的全生命周期管理，包含 11 项子控制措施。IG1 不涉及该控制措施，而 IG2 及 IG3 需满足全部 11 项子控制措施。任何为内部使用或销售而开发软件的组织都应该考虑这一控制措施，即使自我归类为 IG1。

- **应急管理**：组织从安全事件中恢复并降低业务中断或停机影响的能力，是任何安全计划的核心。该控制涵盖组织检测、遏制攻击并限制其影响与损害的能力，同时包括清除攻击者驻留痕迹、恢复系统与网络完整性的能力。该控制措施包含 8 项子控制措施，其中 4 项适用于 IG1，7 项适用于 IG2，全部 8 项适用于 IG3。

- **渗透测试（Pen Test）**：了解一个组织的防御实力，需要对其进行测试，目标是发现防御体系中的薄弱环节并制定解决方案。这通常通过付费服务（由道德黑客——白帽子执行）实现，他们采用类似威胁行动者的技术，试图通过面向公众的资源或云资产攻击组织。该过程将识别并修复防御策略中的薄弱环节。大多数法规合规要求至少每年执行一次渗透测试，对软硬件供应商（尤其是云服务商）而言，渗透测试是帮助发现产品中可被利用缺陷的最佳方法之一。该控制措施包含 8 项子控制措施，IG1 不涉及该控制措施，其中 7 项适用于 IG2，全部 8 项适用于 IG3。

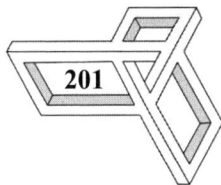

8.4.6 第 8 版的 CIS 控制措施

第 8 版的 CIS 控制措施在创建时，对第 7 版进行了广泛的修订。由于网络攻击显著增加，CIS 控制措施社区发布了第 8 版，以强调基础知识并聚焦于能真正产生实际效果的内容。它们不仅更新了控制措施，而且简化了它们，以简化 CIS 控制措施的采用并最大程度地提高安全效果。

在第 8 版中，原来的 20 项 CIS 控制措施已经精简为 18 项。此外，第 7 版中概述的子控制措施已被缩减并重命名为"防护措施"。由于在本节重新列举每一项子控制措施或防护措施意义不大（内容基本相同），但如果需要第 8 版控制措施的清单，可以在 CIS 网站上找到。接下来将介绍第 7 版和第 8 版之间的差异。如果你熟悉第 7 版中的子控制措施，在深入研究第 8 版时，你将很容易识别"防护措施"与子控制措施的对应关系，并注意到部分内容已被简化和重新排序。请记住，第 8 版是全新版本，各组织目前仍处于逐步采用的初期阶段。

就第 8 版的 CIS 控制措施而言，实施小组（IG）保持不变。每个 IG 小组代表推荐的 CIS 控制措施实施级别，后续 IG 的实施建立在前者的基础上。例如，要实施 IG2 的防护措施，首先需要实施 IG1 防护措施。这些 IG 具有累积性，即 IG3 涵盖了所有防护措施。在第 8 版中，IG1 包括 56 项防护措施，IG2 新增 74 项，IG3 再新增 23 项，使防护措施总数达到 153 项。第 8 版的 CIS 控制措施是基于"以攻促防"的原则构建的。

CIS 控制措施基于威胁行动者的行为数据和知识进行识别和优先级排序，旨在阻止其活动。

- **聚焦性**
  - ➤ 帮助组织解决阻止威胁行动者所需的最关键问题。
  - ➤ 避免试图解决每一个安全问题。
- **可行性**
  - ➤ 所有的防护措施必须具体且实际可行。
- **可衡量性**
  - ➤ 所有 CIS 控制措施（尤其是 IG1）必须是可衡量的。

> ➤ 简化语言，去除歧义术语，避免解读不一致。

> ➤ 在部分防护措施上设立阈值。

● **兼容性**

> ➤ 与其他治理体系、法规、框架、结构和流程管理方案兼容。

> ➤ 与现有其他独立标准和安全建议（如 NIST、CSA、OWASP、MITRE 等）协同并参考。

由于技术、生态系统、安全和策略采用方面的显著变化，如云和多云、移动性、虚拟化，甚至远程工作，威胁格局也发生了重大演变。CIS 控制措施社区在几乎所有的讨论中都从威胁行动者的角度出发。以前的版本侧重于固定边界和孤立的安全实施，而第 8 版则减少了对这些原则的关注；这一点在防护措施中有所体现。

此外，第 8 版还引入了术语表以减少混淆。如前所述，部分 CIS 控制措施和原始子控制措施（第 7 版）已被合并和精简，以反映技术的发展。如果有人正在寻找缓解云攻击向量的切入点，那么 CIS 控制措施是获取指导、最佳实践和验证结果的理想选择。

8.4.7　第 7 版和第 8 版 CIS 控制措施的比较

由于控制措施存在重叠，我们未完整罗列第 8 版的内容，但第 7 版确实包含两个在最新版本中已被合并和扩充的控制组。从技术上讲，第 8 版删除了 3 项 CIS 控制措施（按标题）。

● **控制措施 9**：端口和协议限制。

● **控制措施 12**：边界防御。

● **控制措施 15**：无线访问控制。

虽然这可能令人困惑，但对比这两个版本确实有助于理解工作重叠问题。如图 8-1 所示，以下 CIS 控制措施在第 8 版中相对于第 7 版进行了调整。

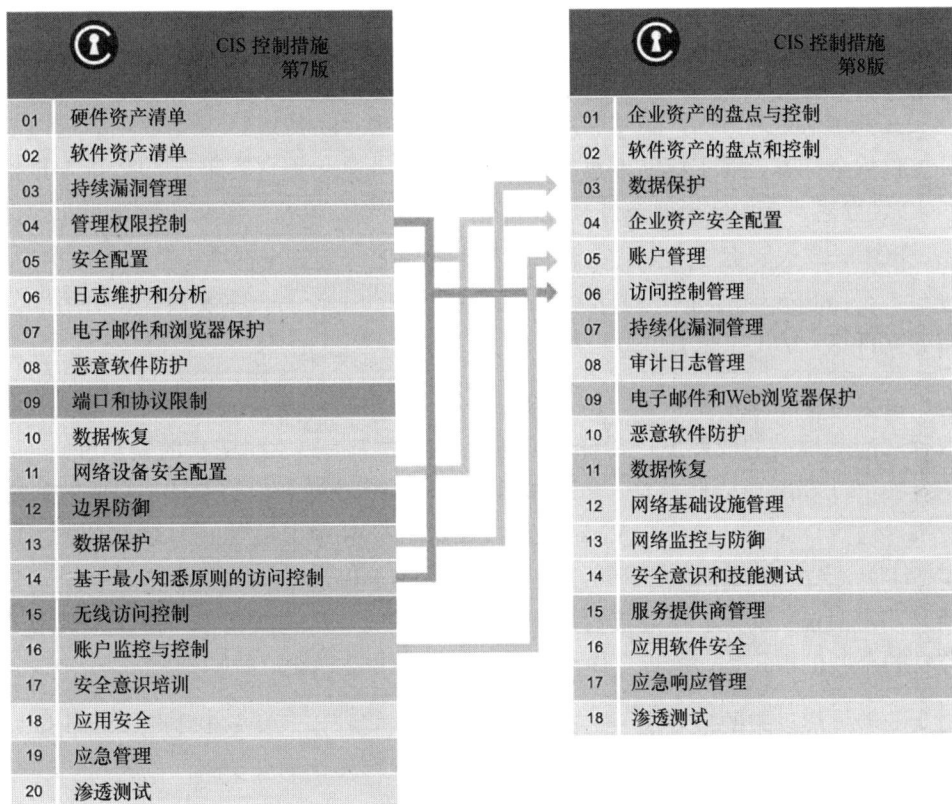

图 8-1　第 7 版和第 8 版 CIS 控制措施的比较

除这些变更外，第 8 版的 CIS 控制措施还增加了专门针对云环境的控制措施 15 "服务提供商管理"。该项控制措施旨在建立流程，以评估负责管理敏感数据或为企业关键信息技术平台/流程承担责任的服务提供商，目标是确保这些提供商妥善保护数据和平台。

归根结底，如果你未利用可用信息为组织做出更优安全决策以降低风险，并增加威胁行动者利用业务漏洞的难度，那么这是对自身和公司的不负责任。在当今威胁行动者伺机而动的环境中，如果资产存在未修复的漏洞或配置错误，威胁行动者必定会利用这些缺陷入侵你的组织。不要幻想自己不是目标或能免受攻击，自满之时，便是赋予威胁行动者可乘之机之时。请务必履行自身责任，积极采用这些防护措施，并争取成为"帮助社区为他人创建安全规范"的一员。

8.5   PCI DSS

在信用卡处理方面，支付卡行业数据安全标准（PCI DSS）是事实上的信用卡及支付安全标准。对于可能不熟悉其规范的人，我们将把它分解为构成 PCI DSS 的 12 项要求、它如何根据交易量适用于不同的组织，以及其缩写——这些非常重要。PCI DSS 代表支付卡行业数据安全标准，这是一套安全标准，旨在确保接受、传输、存储和处理信用卡信息的企业安全维护每一笔交易。主要银行和信用卡公司都支持这一标准，它并非政府组织。

支付卡行业安全标准委员会（PCI SSC）于 2006 年 9 月成立，负责管理支付卡行业安全标准的成熟度，目标是通过交易流程来提高支付账户的安全性。PCI DSS 由 PCI SSC 管理和监督，PCI SSC 是一个由多个知名信用卡品牌组成的独立机构，包括 Discover、Visa、Visa Europe、UnionPay（中国银联）、Mastercard（万事达卡）、American Express（美国运通）和 JCB International（日本信用卡株式会社）。需要说明的是，上述支付品牌以及它们的收单机构或银行（指处理信用卡交易的金融机构）负责执行合规标准，而不是 PCI 委员会。

随着疫情以来的世界演变，企业和个人的购买行为已经发生变化。企业越来越依赖云服务，并在多个云服务提供商之间实现多样化的云策略，以为员工和客户提供最无缝的体验。

我们见证了远程办公和远程劳动力的重大变革。许多企业原本认为员工远程办公无法保证工作效率，但管理层惊讶地发现员工的生产力水平不仅得以维持，在很多情况下甚至有所提高。不幸的是，疫情对企业和劳动力的所有这些冲击，为威胁行动者创造了大量的可乘之机。

随着数字交易数量的增加、在线购买量的上升以及供应链的短缺，安全成为所有云电子商务的核心。不论是通过勒索软件直接向受害者索取赎金，还是通过盗取并出售从各种组织中窃取的敏感数据来实现盈利，金钱是驱动网络犯罪的主要因素。随着我们的生活方式逐渐向无现金交易转变，保护每笔交易的安全性变得尤为重要。无论是大额消费还是日常小额支付，我们都需要确保个人数据得到了妥善保护，同时企业也在积极采取措施来确保交易安全。

说实话，在消费者准备使用信用卡支付时，他们不可能去检查并确保商户符合安全标准。这种现象背后隐藏着一个不幸的真相，即人们往往因为浏览器地址

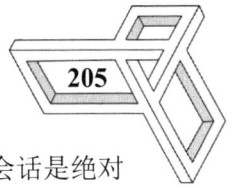

栏中存在表示安全交易的挂锁图标而放松警惕，错以为自己的交易和会话是绝对安全的。随着我们步入 21 世纪 20 年代，世界和劳动力结构都发生了巨大变化，并且我们见证了在线支付数量的空前增加。本节将探讨这些购买行为在企业环境中如何得到安全保障和验证。请记住，我们在实体店中也会使用信用卡，这些交易也是在云中或通过云进行处理的。

8.5.1 PCI 合规级别

所有商户根据过去 12 个月内的交易数量被划分为 4 个商户级别。交易数量基于商户的总交易数量（包括信用卡、借记卡和预付卡）来计算，这些在相关规范中称为"营业名称"（DBA，Doing Business As）。如果一家商户拥有多个营业名称，PCI 收单机构必须考虑该法人实体存储、处理或传输的交易总量，以确定验证级别。如果数据未聚合（即法人实体不代表多个 DBA 存储、处理或传输持卡人数据），收单机构将继续根据每个 DBA 的独立交易量以确定验证级别。以下是根据交易量划分的 PCI 商户级别。

- **一级商户**：无论受理渠道如何，年交易量超过 600 万笔的商户，以及 PCI 全权自主判定"为最大限度地降低系统风险而需符合一级商户要求"的任何商户。

- **二级商户**：无论受理渠道如何，年交易量在 100 万到 600 万笔的商户。

- **三级商户**：年电子商务交易量在 2 万到 100 万笔的商户。

- **四级商户**：年电子商务交易数量少于 2 万笔的商户，以及无论受理渠道如何，每年处理 Visa 交易不超过 100 万笔的其他所有商户。

值得注意的是，任何因数据泄露而导致任何账户数据被泄露的商户，可能会被提升到更高的验证级别。例如，一家符合四级标准的小型企业遭遇数据泄露，导致客户数据被盗或泄露，该企业可能被按三级商户来运营，这意味着无论规模大小，其必须满足更多标准。如果未能合规，主要支付品牌可能会对收单银行处以每月 5000～100000 美元的罚款，甚至可能剥夺其处理信用卡数据的权限。

要实施 PCI DSS 规范，建议遵循以下连续的三步流程。

- **评估**：识别持卡人数据，盘点支付卡处理相关的信息技术资产和业务流程，并分析其漏洞。

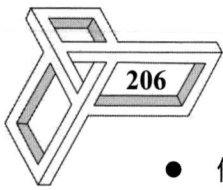

- **修复**：修复漏洞并清除持卡人数据存储（除非出于业务必要性确实需要保留）。

- **报告**：将相关的合规情况和所需报告编制并提交给相关的收单银行和信用卡品牌。

毫不奇怪，这三个步骤与本书中概述的最佳实践是一致的。

8.5.2 PCI 评估

在评估合规性时，PCI 委员会提供一份经批准的合格数据安全机构名单来执行现场评估。评估人员在进行评估时将遵循以下指导方针。

- 验证商户或服务供应商提供的所有技术信息是否为最新且准确。

- 运用独立判断来确认是否符合标准以及是否遵循了最佳实践。

- 在合规过程为任何改进措施提供支持和指导。

- （根据需要且在可能的情况下）在评估期间全程驻场。

- 遵循 PCI DSS 评估程序，将其作为评估工作规则的指导。

- 验证评估范围和范围内的资产、策略、流程、环境和人员。

- 针对发现的任何问题，评估其补偿性控制措施的有效性。

- 生成关于合规性的最终报告以及建议。

此外，PCI 安全标准委员会维护一份经批准的扫描机构名单，这些机构提供安全扫描服务以确定客户是否满足外部风险要求。需要注意的是，执行这些服务的机构需通过认证（无论其使用的工具如何），而非提供安全解决方案的供应商本身。不过，部分漏洞管理供应商确实会提供这些服务。

报告是商户或其他实体向其各自的合格金融机构或支付卡品牌传达其 PCI DSS 合规状况的官方途径。此外，可能需要每季度提交一份网络扫描报告，个别支付卡品牌可能还要求提交其他文件。根据各个支付卡品牌的具体要求，商户和服务提供商可能需要在年度审核中提交一份自我评估问卷作为其中的一部分。

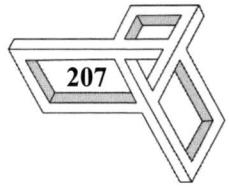

8.5.3 PCI 安全标准

PCI 标准分为三大类。

● **制造商**：PCI PTS（PIN 输入设备标准）。

● **软件开发商**：PCI PA-DSS（支付应用数据安全标准）。

● **商户和服务提供商**：PCI DSS（安全环境标准）。

尽管每类标准针对不同的领域，但它们都与持卡人支付数据的保护相关。本节将重点讨论"商户和服务提供商"这一类别，其适用于 PCI DSS 标准以确保运行环境的安全性。PCI DSS 安全标准由 12 项要求以及多项子要求构成。下面是这些要求对企业的具体含义。

1. **使用网络安全控制措施保护系统**。保护组织安全的基础是构建并维护安全的网络。例如，防火墙用于控制实体网络（内部）与不可信网络（外部）之间的流量，以及实体可信网络（本地或云端）内敏感区域（如持卡人数据环境）的进出流量。防火墙检查所有网络流量，并阻止不符合安全标准的传输。所有系统都必须防范来自不可信网络的未授权访问，无论是通过电子商务互联网、员工桌面浏览器、电子邮件、企业间专用连接、无线网络或者还是其他途径。通常，看似无关紧要的网络路径可能会成为未受保护的关键系统的入口。防火墙是任何环境（包括云环境）的关键保护机制，其他系统组件若满足最基本的防火墙功能，也可以提供等效防护。这只是商户需要实施的安全网络设计的一个例子。

2. **配置密码和系统设置**。大多数人都知道需要修改供应商提供的系统默认密码。但令人惊讶的是，许多人会忘记修改、未意识到存在默认账户，或不清楚系统已联网可访问。回顾前文讨论的网络攻击案例，若受害者早知道系统易受攻击，必然会采取措施避免后果（尽管部分人可能会否认知情）。恶意人员（包括内部人员和外部人员）经常利用供应商默认密码和设置入侵系统，这些信息在黑客社区广为人知，并且可通过公开渠道轻易获取。因此，安全配置要求涵盖密码、凭据、应用配置和系统加固管理。

3. **保护存储的账户数据**。我们都知道，账户数据一旦落入不法分子手中，可能会给个人带来严重且代价高昂的麻烦，甚至可能导致身份被盗。因此，确保组织对账户数据进行保护成为一项必要要求。保护账户数据的关键措施包括加密、截断、数据脱敏和哈希等方法。如果入侵者绕过其他安全控制措施访问加密数据，在没有正确的加密密钥的情况下，这些数据无法被读取和利用。同时还应考虑其他有效的方法来保护存储的数据。例如，除非绝对必要，否则不存储持卡人数据；如果不需要完整的 PAN（主账号，Primary Account Number），则应截断账户数据；不使用电子邮件、短信等终端消息技术发送未受保护的 PAN，以及不在纸张、其他不安全介质上记录 PAN，以最大限度地降低风险。

4. **通过强加密算法保护公开网络中传输的账户数据**。传输敏感数据时，我们应当保护数据的传输过程，防止不必要的拦截和后续安全风险。在开放的公共网络中加密持卡人数据是必须的。敏感信息在恶意人员容易访问的网络中传输时必须进行处理。配置错误的无线网络以及旧版加密和身份验证协议中的漏洞，一直是恶意人员利用的目标，他们通过利用这些漏洞获取持卡人数据环境的特权访问权限。这就是本要求涉及通过强加密算法保护持卡人数据传输的原因。

5. **使用并定期更新反恶意软件**。关于本条要求，如果你还没有使用解决方案来检测和清除恶意代码（恶意软件），则需要重新审视你的网络安全基础了。无论出于何种目的，在生产环境中部署资产时，若没有某种形式的主动反恶意软件防护，将面临极高风险。

6. **定期更新系统并打补丁**。不言而喻，开发和维护安全可靠的系统及应用是抵御威胁行动者的关键，同时也能降低他们利用这些系统和应用攻击我们的机会。不法分子会利用安全漏洞访问资产和数据，其中许多漏洞可以通过供应商提供的安全补丁来修复，而自研软件等情况则需要自行识别和修复漏洞。在云环境中，这可能是企业或云服务提供商的责任，明确责任归属至关重要。因此，所有系统必须安装所有适当的软件补丁，以防止威胁行动者和恶意软件利用漏洞窃取持卡人数据。这就是本要求涉及开发和维护安全系统以及软件的原因。

7. **按业务最小知悉原则限制持卡人数据访问**。在隐私保护和信息保密方面，最妥当的做法是仅向"必需知悉"的人员披露信息，而不是让任何人都能接触机密信息。否则，机密信息将不再成为机密信息。本要求的逻辑与此一致：按业务"最小知悉"原则限制持卡人数据访问是确保数据安全的关键。为了确保关键数据只能被授权人员访问，必须通过系统和流程，基于工作职责和数据访问必要性限制权限。"最小知悉"意味着只授予执行工作所需的最小数据访问和操作权限。

8. **为每位系统访问者分配唯一 ID**。鉴于物理和数字身份盗窃事件频发，确保

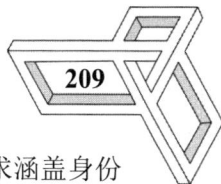

企业对系统组件的访问进行身份识别和认证是数据保护的关键。本要求涵盖身份识别和认证，为每位访问者分配唯一的 ID 可确保其对自身操作负责。建立这种问责机制后，针对关键数据和系统的操作将由已知的授权用户和流程执行，并且可以追溯到具体责任人。密码的有效性在很大程度上取决于认证系统的设计和实施情况。例如，配置多因素认证（MFA）后，用户可进行多少次认证尝试？这与单因素认证的账户锁定设置中允许的尝试次数相比有何不同？机密信息（如密码等）的安全性和传输固然重要，但考虑其被滥用的后果同样关键。

9. **限制对工作场所和持卡人数据的物理访问**。不言而喻，如果你已经基于最小知悉原则来限制数据访问，那么限制对数据的物理访问同样必要，这就是本要求的核心内容。任何对存储持卡人数据的设备或数据或系统的物理访问，都可能让个人获取物理设备、数据，甚至会删除系统或硬拷贝数据，因此这类访问应得到适当的限制。根据本条要求的定义："现场人员"指在实体场所工作的全职/兼职员工、临时工、承包商和顾问；"访客"指供应商、现场人员的访客、服务人员或短期（通常不超过一天）进入场所的人员；"介质"指所有存储持卡人数据的纸质和电子介质。最终，本地环境中对可信网络的所有物理访问都需要受到限制和监控。在云环境中，这一要求的实施更为复杂，组织需获得云服务提供商的合规认证。

10. **实施日志记录和日志管理**。有效监控的关键在于基于所有日志数据的聚合实时检测异常，这些异常可涵盖从基础行为和访问到高级入侵检测的各类情况。本条要求的目的是通过日志跟踪和监控对所有网络资源和持卡人数据的访问。日志记录机制和用户活动追踪能力是预防、检测数据泄漏并降低其影响的关键，因此需为每一项资产启用日志记录并进行聚合。

11. **进行漏洞扫描和渗透测试**。若不定期评估系统和流程的漏洞并测试其抵御攻击的能力，则无法验证其安全性。定期评估安全系统和流程，可以帮助你发现潜在的安全漏洞，并及时处理因业务变更而产生的新问题。这就是本条要求涉及定期测试资产、安全措施和流程的原因。威胁行动者和研究人员持续发现新掘漏洞，系统变更也可能意外引入漏洞，因此需频繁评估系统组件、审计日志、应用、操作系统以及自定义软件，且在发现问题时及时修复。

12. **文档化和风险评估**。最后，本条要求涉及公司为全体人员制定信息安全策略的能力。组织需建立并遵循文档化的安全策略，这为整体安全基调奠定基础，并明确各角色人员的责任。所有人员均需了解数据敏感性以及自身保护数据的职

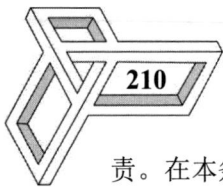

责。在本条要求中，"人员"包括全职/兼职员工、临时工、承包商和顾问（无论他们是否驻场还是访问持卡人数据环境）。

最后，关于 PCI DSS 值得一提的是，它还包含对共享托管提供商的额外要求。若仔细查看第 12 条要求，会发现它明确规定所有可访问持卡人数据的服务提供商（包括共享托管提供商）都必须遵守 PCI DSS。另外，根据第 2 条要求可知，所有共享托管提供商必须保护每个实体的托管环境和数据。因此，共享托管提供商还必须遵守 PCI DSS 附录以及云环境中的相关要求。这意味着单一云服务提供商实例可能会向多个组织提供共享云服务。

8.5.4　PCI DSS 总结

根据企业所处的市场领域，以及是否涉及持卡人数据管理责任，实施 PCI DSS 标准具有重要意义。对于经常使用信用卡且不携带现金的消费者而言，了解 PCI 委员会制定的要求，并看到与之交易的商户遵守这些要求时，会具有一种安全感。需要说明的是，尽管安全无法做到 100% 无懈可击，但企业认真对待安全问题并遵守 PCI DSS 等标准，有助于遏制威胁行动者利用无辜持卡人和商户的能力，这在当今经济环境中令人安心。

作为安全领域的模型框架，PCI DSS 融合了全球专家多年积累的最佳实践。本节最后为支付卡商户提供以下建议：

- 仅在销售点（POS，Point of Sale）购买和使用经批准的 PIN 输入设备；
- 仅为销售点系统或网站购物车购买和使用经过验证的支付软件；
- 不在支付处理范围外的计算机或纸质介质中存储任何敏感持卡人数据；
- 对网络进行分段，使用防火墙，并控制对包含持卡人数据和处理交易的可信网络的访问；
- 确保所有无线网络都得到妥善保护，并更新加密措施；
- 使用强密码并结合多因素认证，在 PCI 环境或交易范围内绝不允许使用单因素认证；
- 务必更改硬件和软件的默认密码，并禁用所有非必要账户；

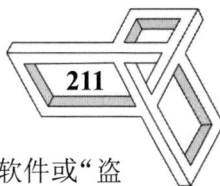

- 定期检查 PIN 输入设备和个人计算机，确保没有安装任何流氓软件或"盗刷"设备；

- 定期对员工进行安全意识和持卡人数据保护方面的培训与教育。

8.6 ISO

说到 ISO，我们很多人都认识这个缩写，但并非所有人都能说出它的全称：ISO 是国际标准化组织（International Organization for Standardization）的简称。ISO 由 165 个成员组成，每个国家/地区仅有一个代表成员。ISO 目前设有 802 个技术委员会和分委员会，负责标准的制定和修订。在本书中，ISO 27000 系列标准都与信息安全相关。ISO 27000 系列标准的构想和发布可追溯到 2005 年，其中部分组成标准甚至早于官方的宣布时间。

该规范起源于英国政府的贸易工业部（DTI，Department of Trade and Industry）发起的"标准萌芽"计划，其商业计算机安全中心（CCSC，Commercial Computer Security Centre）承担了该领域的多项主要任务，其中一项是制定信息技术安全产品的安全评估标准，另一项则是编制信息安全良好实践准则。

第一项任务催生了后来被称为 ITSEC（信息技术安全评估标准）的标准，第二项任务则促成了一份名为 DISC PD0003 的文件的发布，该文件由现已解散的英国曼彻斯特国家计算机中心（NCC，National Computing Centre）及用户组织联盟进一步开发完善。DISC PD0003 文件共分为 10 章，每一章都概述了众多目标和控制措施。尽管该文件发布于 20 世纪 90 年代初，但其格式和内容与现行的 ISO 27002 标准极为相似。DISC PD0003 文件在印度标准局（BIS，Bureau of Indian Standards）的主持下持续发展，最终于 1995 年成为正式标准，即 BS7799。

从历史来看，发展延续了两条路径。BIS 制定了另一项详述信息安全管理系统（ISMS，Information Security Management System）的标准，该标准于 1998 年以 BS7799-2 的形式发布，最终演变为众所周知的 ISO 27001。最初的 BS7799-1 标准则在 2000 年 12 月变成 ISO 17799。从这之后，这些标准发展势头显著增强。2005 年 6 月，经过数轮工作组会议后，新版 ISO 17799 发布。2007 年底，为了与 ISO 标准的编号体系保持一致，ISO 17799 更名为 ISO 27002。

关于 ISO 标准，你可能会发现一件有意思的事情，即公众无法免费获取这些标准。终端用户或组织必须购买 ISO 标准及其配套的参考文件，才能查看和实施其中的内容。这种做法使 ISO 能够追踪标准的所有权，并为未来标准的创建和支持筹集资金。

8.6.1 了解 ISO 27001

自从由 BS7799-2 标准转换而来后，ISO 27001 已成为信息安全管理系统（ISMS）的事实规范。ISO 27001 增强了 BS7799-2 的内容，并使其与其他竞争组织制定的标准保持一致。ISO 27001 标准的目标是为建立、实施、维护和持续改进 ISMS 提供要求。如果选择将其作为指导方针并采用为标准，这应是一项在管理层支持下的战略决策。没有整个组织的全面承诺，ISO 27001 的采用将不会取得成功。此外，组织 ISMS 的设计和实施受到组织的需求、目标、安全要求、流程和规模的影响。

2005 年的原始标准版本严重依赖名为"计划-执行-检查-处理"的模型。然而，在 2013 年的标准更新中，更多地强调衡量和评估组织 ISMS 的运行效果，而非完整的生命周期。因此，大多数组织都设有多项信息安全控制措施。但如果没有 ISMS，这些控制措施往往会显得杂乱无章，通常只是作为针对特定情况的单点解决方案或单纯按惯例实施。运行中的安全控制措施通常专门针对信息技术或数据安全的某些方面，而对整个组织的非 IT 类资产（例如纸质文档和专有知识）保护不足。此外，业务连续性规划和物理安全可能与信息安全分开管理。人力资源实践可能很少涉及在整个组织中定义和分配信息安全角色与职责的需求。

考虑到这些因素，ISO 27001 提出了以下三项建议。

- 系统地审视组织的信息安全风险，同时评估潜在的威胁、存在的漏洞以及可能造成的影响。

- 设计并实施一套连贯且全面的信息安全控制措施和/或其他形式的风险处理方式（如风险规避或风险转移），以应对那些被认为不可接受的风险。

- 采用一个全面的管理流程，以确保信息安全控制措施能持续满足组织的需求。

ISO 27001 的涵盖范围不仅限于信息技术，它还包含了作为认证一部分需进行

测试的控制措施。哪些控制措施将被测试取决于认证审核员的判断以及措施的适用性，这可能包括组织认定的属于 ISMS 范围内的任何控制措施。测试的深度或程度由审核员评估，或由组织规定范围。这一点很重要，因为管理层会为认证的目的确定 ISMS 的范围，并可能将其限制在单个业务单元、地点甚至企业内的部门。ISO 27001 认证并不一定意味着范围外的组织的其他部分具备足够的信息安全管理方法。ISO 27001 系列标准中的其他标准为设计、实施和运行 ISMS 的某些方面提供了额外指导，例如 ISO 27005 就为信息安全风险管理提供了指导。

关于认证方面，ISMS 可通过多家认可注册机构认证其符合 ISO 27001 标准。经认可的认证机构对 ISO 27001 的任何国家/地区等效标准（如日本版本的 JIS Q 27001）进行的认证，在功能上等同于 ISO/IEC 27001 标准本身的认证。

与其他 ISO 管理体系的认证类似，ISO/IEC 27001 认证通常涉及 ISO/IEC 17021 和 ISO/IEC 27006 标准所规定的三阶段外部审核流程。该流程分为两个主要阶段，以及一个持续审核流程。

- **第一阶段**：对 ISMS 进行初步的非正式评审，例如检查关键文件的存在性与完整性，如组织的信息安全策略、适用性声明（SoA）和风险处理计划（RTP）等。此阶段旨在让审核员与组织相互熟悉。

- **第二阶段**：更详细和正式的合规性审核，依据 ISO 27001 中指定的要求对 ISMS 进行独立测试。审核员会收集证据来确认管理系统是否已被正确设计和实施，并实际运行（例如，确认安全委员会或类似的管理机构是否定期召开会议来监督 ISMS）。认证审核通常由 ISO 27001 主任审核员执行，通过这个阶段意味着 ISMS 认证符合 ISO 27001 标准。

- **持续审核**：包括后续的评审或审核，以确保组织持续符合标准要求。认证维护需要定期重新评估审核，以确认 ISMS 持续按照既定的目标和规范运行。此类审核至少应每年进行一次，但（经管理层同意）通常更为频繁，尤其 ISMS 还在逐步完善时。

8.6.2　了解 ISO 27002

如果你从前文一直学到此处，那么你已经了解 ISO 27002 的背景和历史。它源自 ISO 17799 标准，是信息安全领域的实践准则。该标准概述了众多潜在的控制措

施和控制机制，可供组织根据 ISO 27001 标准的指导选择实施。标准中所列的实际
控制措施，旨在解决通过正式风险评估识别出的具体需求，同时也为制定组织安
全标准和有效安全管理实践提供指导，目标是帮助建立组织间活动中的信任。

　　ISO 27002 目前包含 14 个需要关注的章节：

- 安全策略；

- 信息安全组织；

- 人力资源安全；

- 资产管理；

- 访问控制；

- 密码学；

- 物理和环境安全；

- 操作安全；

- 通信安全；

- 信息系统的获取、开发和维护；

- 供应商关系；

- 信息安全事件管理；

- 业务连续性中的信息安全；

- 合规性。

　　值得注意的是，多年来已针对垂直行业开发了多个 ISO 27002 的行业特定版
本，涵盖了医疗保健、制造业和金融等领域。

8.6.3　ISO 27001 和 ISO 27002 的对比

　　估计有些读者现在可能正感到困惑。别担心，我们在初次接触 GRC（治理、
风险和合规，governance, risk, and compliance）时也有相同的困惑。我们花了一些
时间才厘清所有标准、框架、控制措施和指导方针。对于初涉信息技术的人来说，

这些内容很快就会让人应接不暇。幸运的是，我们在这个过程中得到了一些帮助和指导，才顺利过渡到 GRC 所提供的制衡机制（类似政府的监管体系）。

当组织决定实施 ISMS 时，它们常常想知道 ISO 27001 和 ISO 27002 之间的区别。简而言之，ISO 27001 包含信息安全管理系统标准的要求[①]，而 ISO 27002 则为正在申请认证或实施自身安全流程和控制措施的组织提供了指导和最佳实践。ISO 27002 更侧重于具体示例和操作指南，为组织内的人员提供实践准则。

你无法通过 ISO 27002 进行认证，因为它并非一个管理系统标准，而是基于组织内启动、实施、改进和维护信息安全管理的各种指导原则制定的。如前所述，该标准中的实际控制措施通过正式风险评估解决特定需求，同时为制定组织安全标准和有效安全管理实践提供具体指南，有助于在组织间的活动中建立信任。

ISO 27000 系列中还有十多项其他标准，它们旨在帮助企业保护其组织信息。例如，ISO 27005 为希望了解如何进行风险评估和风险处理的组织提供详细指导；ISO 27004 则为组织提供监控、测量、分析和评估其信息安全效果以及 ISMS 有效性的指南。

ISO 27000 系列的每个标准都有特定的侧重点。但如果你想在组织中构建信息安全的基础并设计其框架，应该从 ISO 27001 入手。ISO 27002 则是帮助组织实施 ISO 27001 标准的工具，或供希望围绕信息安全制定自身管理指南与控制措施的组织使用。

下一节将重点介绍其他一些有助于缓解云攻击向量的 ISO 标准。

8.6.4　ISO 27017

在选择安全的云服务时，理解现代云服务产品所涉及的全部内容可能是一项复杂的任务。这是一个艰巨的工作，常常让我们夜不能寐，并担忧自己的选择是否正确，或者是否会因为无法控制的安全事件在半夜被惊醒。

ISO 27017 是信息技术标准的一部分，它基于 ISO 27002，侧重于云服务的安全技术和信息安全控制实践准则。该标准为云服务的供应和使用提供了适用的信息安全控制指南。如果你目前正在遵循 ISO 27002，它将为这些控制措施提供更多的实施指南，同时包含专门针对云服务的附加控制措施。ISO 27017 涵盖 ISO 27002

---

① ISO 27001 的附录 A 就是 ISO 27002 的内容。——译者注

中规定的控制措施的补充实施指南，以及与云服务相关的若干附加控制措施，这些措施涉及以下内容：

- 云服务提供商和云客户之间的责任划分；

- 合同结束时资产的移除或归还；

- 客户虚拟环境的保护和隔离；

- 虚拟机配置；

- 与云环境相关的管理操作和流程；

- 云客户对活动的监控；

- 虚拟和云网络环境的协调一。

从高层结构看，ISO 27017 标准由 18 个节（section）和一个专门的附录组成。这 18 个节分别为：

1. 范围；

2. 规范性引用文件；

3. 术语和缩写；

4. 云行业特定概念；

5. 信息安全策略；

6. 信息安全组织；

7. 人力资源安全；

8. 资产管理；

9. 访问控制；

10. 密码学；

11. 物理和环境安全；

12. 运营安全；

13. 通信安全；

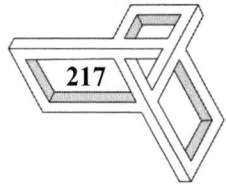

14. 系统获取、开发和维护；

15. 供应商关系；

16. 信息安全事件管理；

17. 业务连续性管理中的信息安全；

18. 合规性。

该标准还包含附录 A 和附录 B 两个额外的部分。附录 A 是标准建议的组成部分，它详细说明了云服务客户与云服务提供商之间的关系，以及双方在云计算环境中共同承担的角色和责任。设定清晰的角色有助于避免误解，并确定谁应承担责任。附录 A 还讨论了资产责任和云服务客户资产的移除问题。附录 A 中另一个重要议题是共享虚拟环境中云服务客户数据的访问控制，涉及虚拟云计算环境中的隔离措施和虚拟机的安全加固——确保虚拟实例和客户数据的安全性，是阻止威胁行动者利用薄弱的安全加固措施入侵系统的关键。与所有完善的安全方案一样，操作流程和明确的职责分工同样关键，附录 A 涵盖了这些内容。通过日志记录和监控实现系统的可见性，同样是任何安全标准的关键部分。附录 A 还详细介绍了云服务监控和网络安全管理的内容。

最后，附录 B 涉及与云计算相关的安全风险，但它不属于标准的组成部分，仅提供了一些建议。

8.6.5 ISO 27018

与 ISO 27017 一样，ISO 27018 也是信息技术标准的一部分，它专注于公共云作为 PII 信息处理者时，与 PII 保护实践准则直接相关的安全技术。该标准针对公有云计算环境，依据 ISO/IEC 29100 中的隐私原则，建立了用于实施 PII 保护措施的通用控制目标、控制措施和指南。具体而言，本文档基于 ISO/IEC 27002 制定指南，同时考虑 PII 保护的法规要求，适用于公有云服务提供商的信息安全风险环境。

ISO 27018 适用于所有类型和规模的组织，包括通过云计算合同为其他组织提供信息处理服务的公共和私营公司、政府部门以及非营利机构（作为 PII 处理者）。ISO 27018 标准中概述的要求也可能与作为 PII 控制者的组织相关，但 PII 控制者可能需要遵守额外的 PII 保护法律、法规和义务，这些对 PII 处理者并不适用。

云服务提供商根据合同为客户处理 PII 时，必须确保其服务的运营方式能够让双方都满足适用的 PII 保护法律法规的要求。云服务提供商与客户之间的要求划分因司法管辖区和合同条款而异。规范 PII 处理（收集、使用、转移和处置）的法律有时称为数据保护法规；PII 有时也称为个人数据或个人信息。不同司法管辖区对 PII 处理者的义务规定不同，这为提供云计算服务的跨国企业在全球范围内开展业务带来了挑战。

根据定义，当公有云服务提供商依照客户指示为其处理 PII 时，即被视为"PII 处理者"。与公有云 PII 处理者签订合同的客户可以是自然人（PII 主体，在云中处理自身的 PII），也可以是组织（PII 控制者，处理涉及多个 PII 主体的 PII）。客户可授权一个或多个关联用户使用其与公有云 PII 处理者合同项下的服务。请注意，客户对数据的处理和使用拥有控制权。作为 PII 控制者的客户，可能比公有云 PII 处理者承担更广泛的 PII 保护义务。区分 PII 控制者和 PII 处理者的关键在于，公有云 PII 处理者除客户设定的目标外，对其处理的 PII 不持有其他数据处理目标，仅针对实现客户目标所需的操作执行处理。

该标准与 ISO/IEC 27002 中的信息安全目标和控制措施结合使用时，旨在为作为 PII 处理者的公有云计算服务提供商建立一套通用的安全类别和控制措施，其目标如下：

● 帮助公有云服务提供商作为 PII 处理者时，履行适用的直接义务或合同约定的义务；

● 使公有云 PII 处理者在相关事务中保持透明，从而使客户选择治理良好的基于云的 PII 处理服务；

● 协助客户和公有云 PII 处理者签订合同协议；

● 为客户提供行使审计和合规权利及责任的机制，尤其在对托管于多方虚拟化服务器（云）环境中的数据进行审计可能不切实际，且因第三方的物理和逻辑网络安全控制可能会增加风险的情况下。

该标准可为公共云服务提供商及跨国运营的组织提供通用合规框架。

可以看到，处理 PII 及相关流程对双方而言都可能变得非常复杂。从企业的角度来看，关键在于理解妥善保护 PII 数据的要求，并确保在处理 PII 数据时，数据是安全的且不易被泄露。作为客户，我们依赖企业和组织，并相信它们能妥善处

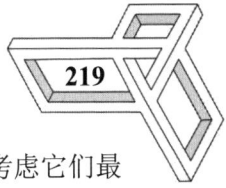

理我们的个人信息。在评估云服务提供商及其所遵循的标准时，需要考虑它们最终将如何有效地保护我们的敏感信息（包括 PII）。

8.6.6　ISO 27017 和 ISO 27018 的比较

ISO 27017 和 ISO 27018 均基于 ISO 27001，并已针对云服务提供商的特定要求进行了调整。ISO 27017 主要关注服务提供商与其客户之间的关系。在 ISO 27017 标准的审核过程中，聘请的专家可帮助识别关键的安全要素，以提升云服务的质量和可靠性。ISO 27018 专门针对数据保护法规的要求，重点关注云环境中个人数据的处理。

如果你作为企业正在评估针对云服务、PII 或 PII 处理应遵循的标准或合规框架，请务必关注 ISO 系列标准中的相关内容。在处理 PII 时，请务必评估并质询负责处理你的 PII 数据的企业，以了解它们遵循的标准或框架。如果它们声称遵循某个 ISO 标准，请务必要求提供 ISO 标准认证副本作为证明。请注意，遵循标准和通过标准认证是两个不同的概念。尽管还有许多其他框架、标准和法规合规指南，但请确保做好功课，了解相关组织遵循的安全标准。确保你的企业正确遵循这些安全标准，将有助于降低云攻击风险。

8.7　NIST

NIST（美国国家及技术协会，National Institute of Standards and Technology）成立于 1901 年，目前直属于美国商务部。NIST 是美国历史最悠久的物理科学实验室之一。最初，美国国会设立该机构是为了提高美国的工业竞争力，原因是当时美国惯用的度量体系（如英尺、磅等美国计量单位）被认为不如英国、德国和其他国家的度量体系先进。

如今，NIST 为电网、电子健康记录、原子钟、先进纳米材料以及电子和技术安全等领域提供技术规范、标准化要求以及推荐控制措施。从本质上讲，任何在某种程度上依赖技术的产品和服务，都在 NIST 的推荐范围之内。

在涉及影响云的攻击向量方面，NIST 已经制定了一系列标准以应对现代技术面临的挑战。接下来介绍其中最重要的部分。

8.7.1   NIST 800-53：信息系统和组织的安全与隐私控制

NIST 800-53 标准可以说是几乎所有现代本地和基于云的安全框架的支柱和基础。NIST 800-53 标准为几乎所有希望加强风险管理态势的组织提供了一套安全和隐私控制措施。尽管该标准最初是为联邦信息系统以及向联邦政府提供服务的组织开发的，并接受第 13800 号行政令要求，但 NIST 的建议和范围已成为几乎所有在本地或云环境中运营的组织的最佳实践。NIST SP 800-53 旨在为运营、资产、身份和组织提供安全控制，以防范基于当前风险格局可量化的各种网络风险。

NIST 的安全控制措施设计灵活且可定制，以便组织能够根据自身技术的选择和其他缓解控制措施进行实施。NIST SP 800-53 为 FISMA、FedRAMP、PCI、SOX、HIPAA、GLBA 等其他多项法规、标准或框架提供了基础，但它绝不应是唯一考虑的框架，只是一个基础。

NIST SP 800-53 采纳联邦信息处理标准（FIPS，Federal Information Processing Standard）的分类方法，根据风险等级将资产分为三大类：

● 低风险；

● 中风险；

● 高风险。

NIST SP 800-53 还引入了安全控制基线的概念，作为不同风险等级类型中安全控制选择过程的起点。这有助于确定优先级，并且与 CIS 控制措施有类似的示例和预期基线。NIST SP 800-53 所描述的安全控制措施分为 18 个系列，每个系列都包含与其特定系列主题和治理领域相关的安全控制措施。安全控制措施可能涉及策略、监督、管理、人工流程、身份主体的操作，或与该系列相关的人机自动化操作。这 18 个安全控制系列包括：

1. 访问控制（AC）；

2. 意识和培训（AT）；

3. 审计与问责（AU）；

4. 安全评估与授权（CA）；

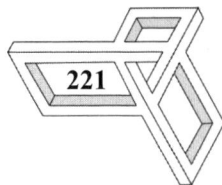

5. 配置管理（CM）；

6. 应急计划（CP）；

7. 身份标识和认证（IA）；

8. 应急响应（IR）；

9. 维护（MA）；

10. 介质保护（MP）；

11. 物理与环境保护（PE）；

12. 规划（PL）；

13. 人员安全（PS）；

14. 风险评估（RA）；

15. 系统和服务采购（SA）；

16. 系统和通信保护（SC）；

17. 系统和信息完整性（SI）；

18. 项目管理（PM）。

最后，与许多类似的法规和指南一样，NIST 800-53 标准是一个动态发展的框架，随着时间的推移历经多次重要修订。截至本书写作时，NIST 800-53 的最新修订版为 SP 800-53 第 5.1 版，最新版本的最大变化是将 NIST 800-53 推广至所有组织和资产，而不再仅仅局限于联邦系统。此次最新更新采用了一种主动和系统的方法，为所有公共和私营部门的组织提供了一套全面的安全控制措施，涵盖云中、本地和混合环境中的各种资产，包括虚拟机、物理设备以及 IoT 设备。

8.7.2　NIST 800-61：计算机安全事件处理指南

NIST 800-61 用于帮助组织建立计算机安全事件的响应流程、工作流程并形成相关文档，以可预测且具有法律责任的方式高效、有效地处理相关安全事件。与其他 NIST 出版物类似，NIST 800-61 将事件响应生命周期划分为 4 个阶段。

- **准备阶段**：使组织及其应急响应团队为事件处理做好准备，并尽可能地降低事件发生的概率。

- **检测与分析阶段**：应急响应团队对可能表明安全事件的迹象进行分析，并判断是否需要持续跟进。

- **遏制、根除与恢复阶段**：在此阶段，应急响应团队尝试遏制问题，如在必要时通过恢复受影响的资源、数据和流程实现恢复。

- **事后活动阶段**：对网络安全事件及其处理流程进行审查，以不断改善现有流程。这包括两个目标：降低类似事件再次发生的概率，以及改进事件处理流程。

如果你正在阅读本书，并且负责应急响应工作，请思考以下问题。

- 你的应急响应团队是否花了足够的时间来审查未结和已结事件？

- 你的应急响应团队是否根据事件处理结果提出自我改进建议？

- 你的应急响应团队是否将攻击迹象与实际事件进行关联，并提供反馈以提升威胁检测能力？

基于这些问题的答案，你的组织可能需要考虑将 NIST 800-61 作为应急响应和合规计划的指导准则。管理云环境和本地环境中的威胁遵循相同的理念。然而，正如我们多次讨论过的，变化越多，本质越不变。云环境中的应急管理流程和本地环境是一样的，但所使用的工具、操作的环境以及采取的缓解措施则会有显著差异。NIST 800-61 标准确立了一个原则，即无论组织选择何种技术，应急管理的流程都是一致的。

8.7.3　NIST 800-207：零信任架构

尽管本节将零信任作为基于通用办公环境理念的云部署架构缓解策略进行介绍，但零信任的定义在安全专业人士和供应商之间仍存在广泛争议。幸运的是，NIST 已经排除了所有干扰因素，制定了 NIST 800-207 标准，为零信任架构（ZTA，Zero-Trust Architecture）确立了急需的定义和基线。

根据定义，零信任安全模型提倡创建区域和实施隔离来控制敏感的 IT 资源。这还需要部署技术来监控和管理不同区域间的数据，更重要的是，在监控行为的

同时进行区域内身份验证，这涵盖了用户、应用以及其他非人类的身份验证请求。此外，零信任模型在软件定义的逻辑边界体系中，重新定义了可信网络的架构，这可以在本地或云中实现。在该架构中，只有可信资源应基于动态身份验证模型进行交互。

如今，随着云计算、虚拟化、DevOps、边缘计算、边缘安全、个性化服务以及 OT/IoT 等技术和流程模糊或消除了传统防火墙和网络分区边界的概念，零信任变得越来越重要。

虽然零信任已成为 IT 领域的流行术语，但需要明确的是，在实践中，该模型对设计和运维方式有非常具体的要求。零信任并非适用于所有环境，实际上，它最适合新的部署或更新后的部署场景，或者严格控制用户对敏感资源的访问（尤其是远程连接时）。为此，NIST800-207 中定义了 4 种架构，可帮助确定你的环境是否符合零信任的要求。

- **基于设备代理/网关的部署**：通过已建立的网络路径和网关的代理通信，实现对数据访问的严格隔离管控。

- **基于安全区域的部署**：对安全资源的访问隔离在已建立的边界（称为资源安全区域）内，对该区域的访问通过代理和网关技术控制。

- **基于资源门户的部署**：通过基于 Web 或应用的安全门户，按策略代理所有通信，并监控所有访问的合规行为。

- **设备应用沙箱化**：应用自身运行于沙箱环境，以便监控所有活动并保护其免受外部威胁。

目前，尚无认证可证明你的应用和资产是否符合零信任要求。即便美国总统发布行政令推广零信任，但任何实现都只是一种架构，其是否符合 NIST 800-207 中的目标或理论设计仍然见仁见智。不过，NIST 正在开展 1800-35a 的相关工作，以定义零信任架构，但在撰写本书时，这项工作仍处于早期阶段。

与 CIS 和 FedRAMP 类似，我们预计最终会有针对应用和架构的正式认证，以证明它们满足零信任的基本要求。目前，我们仍处于零信任定义的早期阶段，在供应商市场中，这一概念仍处于炒作阶段。

8.8   FedRAMP

FedRAMP（联邦风险与授权管理计划，The Federal Risk and Authorization Management Program）成立于 2011 年，旨在为美国联邦政府实施和采用云服务提供一种具成本效益、基于风险的框架。FedRAMP 向各联邦机构提供框架、指南、审计和控制措施，帮助它们评估和确定哪些现代云技术是安全的，并确保联邦信息的安全性、保密性和隐私性。FedRAMP 的主要使命是作为一个覆盖全联邦政府的计划，通过为所有机构提供标准化的实施和衡量方法，推动整个联邦政府采用安全的云服务。FedRAMP 的目标包括：

- 提高联邦政府机构对安全云技术的采用；

- 提供一致且可衡量的框架，供联邦政府机构对云技术及其相关供应商进行安全保护、授权、监控和管理；

- 通过解决方案使用的信任机制改善政府与供应商的关系；

- 减少工作负担或解决方案的重复测试，以促进解决方案在不同机构的广泛采用；

- 当多个联邦机构采用相同的云技术时，优化成本效益；

- 为采用云技术的联邦机构提供集中监管，并为未来的采用提供统一的目录。

组织若要获得 FedRAMP 认证，其自身及基于云的解决方案必须遵循图 8-2 所示的流程。

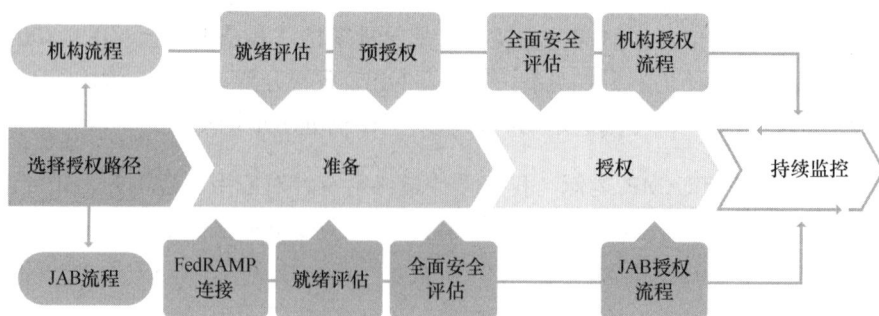

图 8-2   FedRAMP 授权流程

FedRAMP 授权流程需要解决方案供应商、云服务提供商、提出申请的联邦机构、评估人员以及第三方评估机组织（通常称为 3PAO，Third-Party Assessment Organization）的参与。需要注意的是，3PAO 不能是提供准备性评估或工作流程中其他相关服务的公司。此外，本节对 FedRAMP 的授权流程进行了简化，其实际流程非常复杂（其详细说明可以独立成书），且组织获取和维护该认证的成本很容易达到数百万美元。

那么，FedRAMP 评估和认证涉及哪些内容呢？联邦政府提供了两种不同的授权方法：机构流程和联合授权委员会（JAB，Joint Authorization Board）流程。根据我们的综合经验，大多数组织会选择机构流程而非 JAB 流程。这两种流程均使用源自 NIST 800-53、ISO、SOC 等标准的严格安全控制措施，为评估和衡量企业、产品和部署方案的安全性与可行性提供框架。

1. **机构流程**：联邦机构将发起解决方案的授权，并与企业和评估人员共同验证云服务提供商的安全性。

- **准备阶段**：确定产品与企业通过 FedRAMP 授权的可行性所需的必要和可选步骤。

  - **就绪评估阶段**：初步评估产品、企业或部署中需要解决的漏洞。通常，评估结果可能涉及直接的缓解成本，并可能需要业务合理性证明以继续推进 FedRAMP 授权流程。从技术角度而言，该步骤是可选的，但大多数企业仍会选择执行以评估整体就绪度和成本。

  - **预授权阶段**：对所有参与方的合作关系、承诺及参与程度进行正式审核。通过评估的解决方案将在 FedRAMP 市场（目录）中标注为"就绪"（Ready），表明其具备进入后续流程的条件。

- **授权阶段**：包括审计、评估和控制措施文档化的正式授权流程。

  - **全面安全评估**：对所有安全控制措施和缺陷缓解计划进行全面的安全评估。请注意，联邦政府在这一过程中使用了大量缩写，例如 SSP（系统安全计划）、SAP（安全评估计划）和 POA&M（行动计划和里程碑），来记录该流程。

  - **机构授权流程**：整理包含所有控制措施证据的完整文档，由发起授权的机构进行审核并提交给 FedRAMP 项目管理办公室（PMO）审核。一旦获批，该解决方案即可销售、使用，并随后进入持续监控阶段，以确保服务的持续合规性。

2. **JAB 流程**：与机构流程不同，在 JAB 流程中，没有任何组织为产品的使用发起授权，而是由美国国防部（DoD）、美国国土安全部（DHS）和美国总务管理局（GSA）联合发起提交。然而，JAB 仅允许约 12 个产品使用该流程，且作为管理机构，它将决定哪些产品有资格进入这一流程。因此，即使组织选择 JAB 流程进行 FedRAMP 授权，也无法保证被选中。

- **准备阶段**：确定产品和企业授权就绪度的正式流程。所有步骤都是必须执行的，没有可选项。

  - **FedRAMP 连接**：JAB 和 FedRAMP PMO 对项目进行接收并将其排入处理队列。

  - **就绪评估**：对企业和产品在安全云服务提供商中环境中运行的初步评估，包括在 FedRAMP 市场（目录）中标记为"就绪"。

  - **全面安全评估**：对所有控制措施进行完整的准备评估，记录需要采取缓解措施的所有缺陷。

- **授权阶段**：与指定政府机构共同进行的正式授权流程。

  - **JAB 授权流程**：由指定政府机构代替联邦机构发起方进行全面审查。审查成功后，产品将被标记为"已授权"状态。与机构流程不同的是，JAB 流程定义了更严格的时间线以确保按时完成，避免因陷入政府繁文缛节以及机构间优先级冲突而导致延误。

一旦选择了上述任意一种流程（机构流程或 JAB 流程），实际授权成功率（ATO，运营授权）可能因客户承诺、产品设计、技术债务、联邦机构的意愿以及成本超支等因素而异。在获取授权之后，解决方案的使用情况必须严格监控和维护，即流程中的持续监控部分，通常需要配备专门的团队和其他 FedRAMP 授权的解决方案，用于安全管理、审计、报告、日志记录和支持等工作，这些可能会为销售给联邦机构的产品或服务带来显著的额外开销。

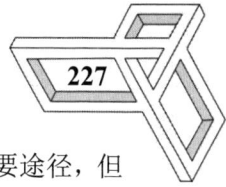

总体而言，FedRAMP 认证是为大多数联邦政府机构提供服务的必要途径，但其提供的解决方案的安全性必须从设计、开发到部署和维护均满足严格的持续控制。因此，FedRAMP 可能不适合许多组织。

最后，授权后的持续监控过程中如果出现违规行为，可能会给产品和公司带来严重的后果——从 FedRAMP 市场（目录）中被除名，或失去未来联邦机构的选用资格。组织应按照 FedRAMP 规范维持持续监控，与 FedRAMP PMO 保持良好沟通，并对自身解决方案保持完全透明和坦诚，这符合组织的最佳利益。

第9章
云架构

纵观历史，建筑领域涌现出许多令人惊叹的杰作，从悉尼歌剧院到泰姬陵，再到帝国大厦。但当我们谈及支持视频流、社交媒体乃至商业应用的云架构时，想到的往往是商业名称（如亚马逊、Netflix、Twitter、Salesforce、ServiceNow 等），却非使其得以实现的底层架构。事实上，支撑云服务成功的底层技术大多都是专有的。

关于三层 Web 服务架构、单租户与多租户的优劣、容器与虚拟机的取舍，业界争议不断。但一个简单的事实是，基于企业的使命，任何一种云架构都有其存在的合理性，并无绝对的对错之分。不过，有些架构确实具备更高的安全性、更低的运维成本及更优的可维护性。因此，我们不打算围绕业务目标讨论哪种架构更优，而是选择探讨与云安全及云攻击向量缓解相关的重要架构主题。这些架构方案中，有些是新兴的，有些是长远目标，有些甚至未必可行，这取决于企业是从零开始开发，还是对原有服务进行"云清洗"。建议将它们视为我们能推荐的最佳架构战略方法。

9.1 零信任

零信任并不是一个新概念，而是一系列成熟安全最佳实践的组合，旨在强化本地和云安全。一个关键的事实是，零信任并非产品，而是遵循 NIST 特别出版物（SP）800-207 指导方针的解决方案框架。NIST 在 1800-35a 下开发的零信任架构定义了以下核心概念。

- **零信任**（ZT）是一系列不断演进的网络安全范式，它将防御从静态的基于网络的边界转移到对用户、资产和资源的关注上。

● **零信任架构**（ZTA）使用零信任原则来规划工业和企业的基础设施与工作流程。

零信任假定不会仅因资产或用户账户的物理/网络位置（如局域网与互联网）或资产所有权（企业或个人所有）而授予其隐式信任。在与企业资源建立会话之前，必须执行独立的身份验证和授权（包括主体和设备）。

零信任原则和框架是对企业网络发展趋势的响应，这些趋势包括远程办公、自带设备（BYOD）、云计算以及其他不再必然位于企业自有网络边界内的资产。零信任聚焦于保护资源（资产、服务、工作流、网络账户等）而非网络分段，因为网络位置不再被视为资源安全态势的主要组成部分。这与我们此前作为合规计划一部分讨论的网络分段和防火墙理念截然不同。

根据 NIST 的定义："零信任架构（ZTA）是基于零信任原则的企业网络安全架构，旨在防止数据泄露并限制内部横向移动。"NIST SP 800-207 探讨了 ZTA 的逻辑组件、可能的部署场景及威胁，还为希望迁移至零信任方法的组织提供了总体路线图，并讨论了可能影响 ZTA 的相关联邦政策。基于此，成功实施零信任需遵循 7 个核心原则，如表 9-1 所示。

表 9-1 零信任的 7 个原则

零信任的 7 个原则	
1. 所有数据源和计算服务都被视为资产（注：NIST 将这些称为"资源"，这是术语上的另一处差异）	5. 企业需监控并测量所有自有资产及关联资产的完整性和安全态势
2. 无论其网络位置如何，所有通信均需加密保护	6. 所有资源的身份验证和授权都是动态的，并在允许访问之前严格执行
3. 对企业单个资源的访问需基于会话授权	7. 企业需尽可能收集有关资产当前状态、网络基础设施和通信的信息，并利用这些信息改善安全态势
4. 资源访问由动态策略决定，包括客户端身份、应用/服务和请求资产的可观察状态，可能还涉及其他行为和环境属性	

零信任旨在明确网络内用户的行为，并确保在出现异常活动时，能够控制并限制对网络的威胁。通过实施精细化的访问控制（包括特权访问）可实现零信任目标，确保所有访问行为均恰当、可控且可审计，无论网络边界如何重新定义。零信任绝不应给终端用户或管理员带来负担，且必须全面覆盖从云到终端的每个环节才能取得成功。这就是为何为零信任定义通用办公环境（COE）对缓解云攻击向量至关重要。

对于信息技术专业人员及设施管理者而言，COE 指办公场景中通用的功能、技术、耗材及安全措施，涵盖从办公桌、订书机、打印机、摄像头、纸张、笔到计算机及软件的所有物品，具体范围因公司和行业而异，但随着数字化转型和"随时随地办公"计划的持续推进，这一概念的重要性日益凸显。

当我们意识到办公地点不再局限于传统办公室时，就会发现由传统桌面和显示器组成的 COE 已发生变化。许多组织已采用笔记本电脑、平板等计算设备作为支持 COE 的首选技术，但安全与运维软件的变化更为显著。这仅仅是因为设备需要"始终"保持连接，且可信工作负载需要在传统办公边界之外运行。防火墙、入侵防御、网络分段、有线网络安全等传统的安全控制手段，已不再是管理 COE 技术生态的主要方式。企业必须将其安全控制措施延伸至家庭网络乃至公共 Wi-Fi 环境。

那么，这会对 COE 产生何种影响？答案可能以你目前视为永久性变化的方式呈现。首先，在新 COE 中为用户提供技术管理的最佳方式是什么？随着疫情持续影响各组织，它们已将管理技术迁移至云端，以实现对设备的持续管理。这种转型消除了为每位远程员工开通 VPN 权限的需求，更无须重新设计安全管理解决方案以使其通过 DMZ 对外提供服务，也无须暴露远程访问等高风险互联网服务。简单来说，新型 COE 已采用云技术进行设备和身份管理，这赋予了我们第一个关键能力：无论资产位于何处，均可对其进行管理控。

现代化的 COE 拥抱云计算后带来的第二个考量是如何使其实际运作。请再次回顾表 9-1 所述的零信任七大原则。在新型 COE 中，这转化为技术管理模型应具备的若干特征。

- **资产分类**：引入"资产"这一广义的新类别，在逻辑上将所有技术进行分组。这遵循 ITIL 和资产管理办法，将硬件、软件、应用和其他技术分类到适当的逻辑组，以便对风险进行管理和度量。建立这一层级结构至关重要，因为软件层面的风险会传导至设备，进而影响使用设备的用户。零信任其他环节所需的风险计算需遵循这一风险继承模型。

- **通信安全**：无论设备位于何处，所有通信均需始终加密保护。通信模型及相应的网络安全措施应始终处于高度安全状态，且不随地理位置或网络环境的变化而改变。

- **会话级访问**：对任何资源的访问均基于会话授予，而非永久授权。系统需持续评估会话访问以确保意图合法（多数情况下，这基于行为建模实现）。

- **设备加固**：设备需进行安全加固、补丁更新，并验证其持续处于安全状态以抵御攻击。安全态势的变化或安全补丁缺失会影响身份验证所使用的风险模型。

- **动态策略调整**：身份验证与权限授予需持续评估，当检测到异常时，系统应动态调整策略甚至终止会话活动。

- **实时风险分析**：为做出上述所有合理决策，需收集并分析来自账户、应用、环境、设备等的数据，以计算用于身份验证和行为合规性的风险评分。此类数据采集与建模过程应尽可能接近实时，以最大程度地降低威胁。

我们在云环境中构建的全新 COE，融合了技术管理与安全管控能力，堪称零信任模型的理想实践范本。基于云技术和资源管理的特点，部分解决方案、产品甚至工具将比其他方案更容易适用该模型。例如，未在终端部署本地代理（local agent）的基于云的方案，将更难监控合规行为、确保通信安全并提供细粒度的授权。相比之下，采用基于代理的实施方案（通过可扩展功能落实零信任原则）在零信任落地方面更具优势。

此外，并非所有云解决方案在设计时都考虑了安全性。通信、日志存储以及最小权限原则的落实，都可能阻碍解决方案满足安全最佳实践的所有原则，包括从云端处理本地工作负载并支持任何位置的用户和操作的能力。这些控制措施必须遵循零信任的基本定义，不再将边界和网络安全控制作为保护资源的主要手段。

请思考 NIST 800-207 中的零信任七大原则如何映射到 COE 中使用的企业技术，具体如表 9-2 所示。通过此对照表，可清晰理解零信任框架如何指导企业技术栈的构建与优化。

表 9-2　NIST 800-207 零信任各小节与企业技术的映射关系

小节（NIST 800-207）	针对零信任的企业技术需求							
	安全特权账户	最小权限	应用控制	远程访问	网络设备和IoT	虚拟化和云	DevOps	第三方集成
2.1　零信任原则								
1. 所有数据源和计算服务均为资产。								
2. 无论其网络位置如何，所有通信均需加密保护。								
3. 对企业单个资源的访问基于会话授权。								
4. 资源访问由动态策略决定。		×	×	×	×	×	×	×
5. 企业需监控并衡量所有自有及关联资产的完整性和安全态势。	×							
6. 所有资源的身份验证和授权都是动态的，并且在允许访问之前严格执行相关流程。								
7. 企业尽可能收集有关资源当前状态、网络基础设施和通信的信息，并利用这些信息改善安全态势。								
2.2　零信任视角下的网络	×	×	×	×	×	×	×	×
1. 整个企业专用网络不被视为隐式信任区域。								
2. 网络中的设备可能不属于企业所有或无法由企业配置。								
3. 没有资产是天生可信的。								
4. 并非所有企业资源都位于企业自有基础设施上。								
5. 远程企业主体和资产不能完全信任本地网络连接。								
6. 在企业和非企业基础设施之间移动的资产与工作流应遵循一致的安全策略和安全态势。								
第3节　零信任架构的逻辑组件	×				×	×		

本节记录了零信任（ZT）的逻辑组件（即构建模块）。尽管不同的实施方案可能以不同方式组合 ZTA 组件，但其逻辑功能一致。

● 核心组件：策略引擎（PE）、策略管理员（PA）、策略执行点（PEP）
● 附加组件：持续诊断和缓解（CDM）系统、行业合规系统、威胁情报源、网络和系统活动日志、数据访问策略、企业公钥基础设施（PKI）、身份管理系统、安全信息与事件管理（SIEM）系统

续表

小节 (NIST 800-207)	针对零信任的企业技术需求							
	安全特权账户	最小权限	应用控制	远程访问	网络设备和IoT	虚拟化和云	DevOps	第三方集成
3.1 零信任架构方法的变体								
3.1.1 使用增强型身份治理的ZTA	×	×	×	×	×			×
3.1.2 使用微分段的ZTA								
3.1.3 使用网络基础设施设备和软件定义边界的ZTA								
3.2 抽象架构的部署变体								
3.2.1 设备代理/网关部署	×		×	×				
3.2.2 基于安全区的部署								
3.2.3 基于资源门户的部署								
3.2.4 设备应用沙箱化								
3.3 信任算法	×	×	×		×	×		
● 访问请求								
● 主体数据库和历史记录								
● 资产数据库								
● 资源策略要求								
● 威胁情报和日志								
3.3.1 信任算法的变体								
● 基于标准 vs.基于评分								
● 单一维度 vs.上下文关联								
3.4 网络/环境组件	×	×	×	×		×		
执行组织实际工作的通信流应实现（逻辑或可能的物理）隔离。								
支持ZTA的网络要求：								
● 企业资产具备基本的网络连接能力								
● 企业必须能够区分自有/管理的资产，以及设备当前的安全态势								
● 企业可观测所有网络流量								
● 未经访问策略执行点（PEP），无法访问企业资源								

续表

小节 (NIST 800-207)	针对零信任的企业技术需求							
	安全特权账户	最小权限	应用控制	远程访问	网络设备和IoT	虚拟化和云	DevOps	第三方集成
● 数据平面和控制平面在逻辑上是分开的								
● 企业资产可连接至 PEP 组件								
● PEP 是业务流程中唯一访问策略管理员（PA）的组件								
● 远程企业资产应能够访问企业资源，而无须经过企业网络基础设施								
● 支持 ZTA 访问决策过程的基础设施应具备良好的可扩展性，以应对处理负载的变化								
● 由于策略或可观测因素，企业资产可能无法连接至某些 PEP								
第 4 节 部署场景/用例 列举了 ZTA 可增强企业安全性并降低被成功攻击可能性的一些潜在用例，包括拥有远程员工、云服务和访客网络的企业。								
4.1 具有卫星设施的企业								
4.2 多云/云间企业	×	×	×	×	×	×	×	×
4.3 提供外包服务的企业								
4.4 跨越企业边界的协作								
4.5 提供面向公众或客户服务的企业								
第 5 节 零信任架构相关的威胁 讨论了使用 ZTA 的企业面临的威胁，其中许多威胁与任何架构化网络中存在的威胁类似，但可能需要不同的缓解技术。								
5.1 ZTA 决策流程被篡改								
5.2 服务拒绝或网络中断								
5.3 凭据窃取/内部威胁	×	×						
5.4 网络层面的可见性问题								
5.5 系统和网络信息存储风险			×	×	×	×	×	
5.6 依赖专有数据格式或解决方案								
5.7 在 ZTA 管理中使用非人员实体（NPE）								

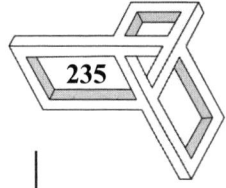

续表

小节 (NIST 800-207)	针对零信任的企业技术需求							
	安全特权账户	最小权限	应用控制	远程访问	网络设备和 IoT	虚拟化和云	DevOps	第三方集成
第 6 节　零信任架构及其与现有联邦指导方针之间的可能交互。								
讨论了 ZTA 原则如何融入和/或成补充机构的现有指导方针。								
6.1 ZTA 和 NIST 风险管理框架								
6.2 零信任和 NIST 隐私框架								
6.3 ZTA 和联邦身份、凭据及访问管理架构	×	×	×	×	×	×	×	×
6.4 ZTA 和可信互联网连接 3.0								
6.5 ZTA 和 EINSTEIN 系统 (NCPS[国家网络安全保护系统])								
6.6 ZTA 和 DHS 持续诊断和缓解（CDM）计划								
6.7 ZTA、云智能和联邦数据策略								
第 7 节　向零信任架构迁移								
为企业（如联邦机构）向零信任架构（ZTA）过渡提供了起点。这包 拓规划和部署遵循零信任原则的应用与企业基础设施所需的一般 步骤说明。	×	×	×	×	×	×	×	×
7.1 纯零信任架构								
7.2 混合 ZTA 和基于边界的架构								
7.3 将 ZTA 引入基于边界的架构化网络的步骤								
7.3.1 识别企业中的主体								
7.3.2 识别企业拥有的资产								
7.3.3 识别关键流程并评估执行流程相关的风险								
7.3.4 指定 ZTA 候选策略								
7.3.5 识别候选解决方案								
7.3.6 初始部署和监控								
7.3.7 扩展 ZTA								

COE 是为办公环境及远程办公员工的运营确定基准的关键模型。过去两年间，受疫情与数字化转型等计划的影响，所有企业的 COE 均发生了显著变化。将云技术作为任何新部署技术的基准是一项合理决策，能够满足用户"随处办公"的需求。当 COE 与零信任相融合时，特定用例和解决方案可在其提供的管理范式和安全性方面表现出色。不妨将零信任视为解决云环境中安全问题的架构基石——它不仅服务于企业级应用，更能为终端用户提供安全可靠的技术支撑。

9.2　云原生

将现有本地解决方案直接迁移至云端（即前文所说的"云清洗"）的云迁移策略往往存在诸多隐患。云清洗产品并未针对现代云架构、服务及资源进行优化，也未能适配基于消费的成本模型。在许多情况下，由于云端环境缺乏支撑原有本地系统成功运行的组件，这类云清洗部署常面临可扩展性、安全性和容错性问题。为解决这些问题，部分组织选择从头重写应用，或开发专为云环境构建的云原生技术。

云原生计算作为一种软件架构与开发方法，充分利用云端的独特特性与服务，在现代动态环境（如公有云、私有云）中开发、部署和运行可扩展的应用。该方法采用了我们讨论过的许多概念，如容器、微服务、无服务器函数、不可变基础设施，这些技术支持构建具有弹性、可管理性及可识别性的松耦合系统。结合自动化工具与 DevOps 实践，云原生技术使开发人员能够基于敏捷开发方法论（如 Agile、Scrum）频繁实施高效迭代，彻底摆脱瀑布式开发等传统模式的束缚。

将云原生技术作为攻击向量缓解策略时，将面临如下核心问题：将本地技术迁移至云端后，会面临哪些安全挑战？原本在本地由防火墙、访问控制列表和入侵检测系统保护的资产，在互联网上可能暴露哪些风险？对企业而言，这类问题的答案通常往往难以接受。

以遗留应用为例，这类应用可能包含生命周期结束的组件，或需要严格的变更控制时流程，仅为其应用安全更新就可能导致停机。当组织开始审计此类风险时，基于挑战的规模与严重性，"重新开发"应用的结论变得更具可行性。尽管这需投入大量时间与开发成本，但若现有技术已无法实现任务目标，这些代价是可以接受的。

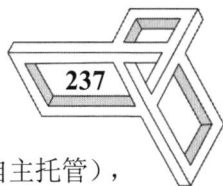

从零构建或开发全新的云原生解决方案（即使在私有云或混合云中自主托管），将有助于确保其更好地适应未来需求。这有点像购买电动汽车还是传统的油车——后者在设计、功能及性能上都不具备优势。因此，建议通过评估以下事项，决定是否构建或重建云原生应用，而非简单地对现有解决方案进行"云清洗"。

- 如果应用的用户数量有限，工作流程可预测且风险暴露面很小，云清洗通常是可以接受的。

- 若应用迁移至云环境后无法扩展以满足业务需求，可考虑重写部分（混合模式）或全部代码以实现云原生。

- 确定解决方案在给定时间窗口内因维护或安全更新导致的可接受的停机时间。若终端用户无法接受停机时间，可考虑将全部或部分功能迁移至云原生架构及代码库。

- 针对高可用性、可扩展性和灾难恢复的关键任务功能，在本地和云端有不同的架构设计。若对应用进行云清洗，需验证是否能够维持原有的 SLA。若不能，则可能需要采用云原生方法。

- 若应用此前已通过可定义的容器或虚拟机进行虚拟化，则可以将云清洗可作为"直接迁移"的方案。

- 比较云清洗解决方案与应用程序现代化的运行成本。在很多情况下，向云服务提供商支付的每月运行成本节约额可抵消开发成本。

- 云原生转型中最困难的决策之一是选择未来可支持的技术栈，最重要的是，组织能否找到开发人员支持该平台。仅因某云技术"最佳"就选择它未必总是最优解——如果维护和开发该技术的资源所需的成本高于使用主流解决方案的成本，就得不偿失。因此，需评估技术的使用情况及其路线图，避免锁定最终无法支持的云原生解决方案。

- 云原生解决方案与云清洗解决方案面临的攻击向量不同。需确保实施身份理、漏洞管理、补丁策略、特权访问管理等基础安全设施，以应对云原生技术的需求。如果在进行"直接迁移"方案时忽视这些安全投入，则可能会留下重大安全漏洞。

- 考虑采用现代化进行开发和测试，如敏捷开发、群体智能、混沌工程、AI 等，以确保云原生系统具备最佳安全性和弹性。

云原生架构代表了向云端迁移的下一代技术。然而，云原生架构并非总是正确的选择，甚至在某些情况下并不可行。当需要技术创新且成本可控时，云原生方法可带来显著的业务优势。如今我们熟悉的许多云服务巨头都采用了从头开始的策略，但仍面临我们讨论过的云攻击向量问题。因此，云原生并不总是等同于安全。

9.3　混合云

关于为何混合云架构是缓解云攻击向量的有效设计，目前公开讨论甚少。在深入探讨之前，有必要先理解混合云实施的定义。首先，切勿将混合云与多云混淆——多云架构利用多个云服务提供商来交付解决方案，而混合云架构可以是多云的，但它包含位于传统数据中心或托管场所的本地组件。将组件保留在本地的原因包括但不限于下面这些：

- 在受到明确监控和管控的特定数据存储或数据库中保护敏感信息或个人身份信息；

- 支持难以迁移至云端或虚拟化的遗留组件，避免因改造产生高昂成本；

- 架构组件的安全控制需纳入云环境无法提供的特殊考虑项，包括物理访问控制；

- 支持本地和云环境中的可用性，且本地访问不依赖互联网；

- 某些组件使用大量带宽，基于消费定价模型迁移到云端时会产生高昂成本。

一旦组织确定某些组件（通常是数据库或大型机）将保留在本地，那么确保其访问安全的重点就转化为标准的访问控制列表（ACL）实施。本地连接来自可信任工作站、用户和管理员；直接访问被分段或分区至云环境。只授权特定中间件进行通信，并应用访问控制列表来防止横向移动。必要时，可考虑部署云访问服务代理（CASB）来监控和管理云网络流量。为防止云端或本地环境中的攻击扩散到另一环境的其他组件，资产之间不应共享任何机密信息。

从合规性和安全角度来看，混合架构具有显著优势：

- 合规性数据映射要求可确保敏感信息和个人身份信息存储在已知的电子和物理位置；

- 对于区域性数据隐私法，可明确识别静止状态下关键信息（包括备份）的地理位置；

- 数据和敏感系统的加密及数据丢失防护由组织来控制，而非由云服务提供商等第三方管理；

- 只有经过授权的请求和数据可从本地环境流出至云托管应用。

- 存储敏感信息的资产的物理访问由组织控制，而非云服务提供商。

基于这些安全与合规优势，组织可能选择混合云架构以维持对地理位置隐私法的合规性。在解决方案中保留关键组件（如本地部署的主数据库）的控制权，即使发生安全漏洞事件，也能实现明确的管控。举例来说，如果数据正在被主动窃取，而组织已失去对云端数据流控制系统的掌控，此时很难有效遏制数据泄露。但在本地环境中，"拔掉网线"始终是一个可用的紧急处置手段。

9.4 临时实施

云解决方案面临的最大挑战之一是当密钥与账户、实例和权限绑定时，密钥的持久性所带来的风险。如果密钥是静态的，攻击者便可针对云资产发起攻击，如同掌握单因素认证的凭据一样。解决这一问题的最佳策略之一是，使风险暴露面具备临时性，即让所有组件基于时间生效，并根据时长、时段以及账户同时使用情况（基于时间和时长）限制访问。这不仅是通过时间单位限制访问，更意味着身份验证和授权所需的组件可能在基于时间的条件满足之前，不会被创建或启用。这是云解决方案架构设计的关键决策，也是可显著降低风险暴露面的现代最佳实践。若临时化属性快速变更，需考虑实时日志记录和监控以记录所有变化，并判断其合理性。否则，威胁行动者可能利用这些快速变更，在监控窗口间隙规划攻击并规避检测。

9.4.1 机密信息

如前所述，机密信息可以是从密码到密钥的任何形式。如果机密信息不是静态的且不可预知，那么风险暴露面可以显著降低。为了实现这个目标，多数组织会实施特权访问管理（PAM）解决方案。这些解决方案能够通过以下方式管理机密信息：

- 频繁更换机密信息并确保其复杂度达到人类难以读写和记忆的水平；

- 确保机密信息仅在符合时间策略时对特权用户开放访问；

- 每次使用后对机密信息进行随机化处理，以限制其暴露时间；

- 维护机密信息的历史记录，以便在资产备份恢复后需要时使用。

动态（或临时）机密信息管理仅是云安全架构的组成部分之一。接下来需思考如何将其与账户关联。

9.4.2　账户

除非用户或威胁行动者知道该将机密信息应用于哪个账户，否则机密信息本身毫无意义。因此，如果我能将机密信息临时化，为何不将账户本身也临时化呢？答案显然是肯定的，这一概念通常被称为"即时"（just in time）账户。要让账户临时化，账户本身不应是静态的，也不应启用身份验证功能。这引出了几种可实现账户临时化的技术：

- 仅在需要时创建账户，并在使用后立即删除；

- 账户存在但处于禁用状态，仅在需要时启用并在使用后立即禁用；

- 账户存在并在需要时动态加入逻辑组以获取访问权限或特权；

- 在终端部署 PAM 解决方案，根据策略动态提权，在运行时强制执行临时使用规则。

当账户和机密信息均为临时化后，可对任何形式的用户或机器账户访问请求建立高度信任。当然，用户不得在无监控状态下自行执行账户访问的工作流程；必须实施变更控制流程，完整记录账户使用情况。换句话说，只有授权用户和机器可访问临时账户，且在此过程中应提供完整的审计轨迹以证明使用的合规性。这种机制通过动态生命周期管理和全链路可审计性，从根本上瓦解了传统静态账户的持久化攻击面。

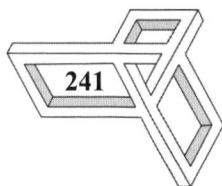

9.4.3　实例

云架构的优势之一在于能够快速创建和拆除资产，以实现弹性扩展和安全防护。当实例通过模板创建或使用 DevOps 流水线动态构建时，若检测到任何篡改痕迹或入侵迹象，可将其销毁并替换。对于采用快速开发周期的组织而言，这使得实例具备临时性，并且可能成为一种值得采用的架构，以缓解云攻击向量的威胁。接下来我们来探究一下原因，并回顾之前关于横向移动的讨论。

在任何环境中，成功的渗透攻击通常需要通过资产进行横向移动。威胁行动者会在多个资产上建立据点，作为攻击链的跳板进行探测并持续渗透。如果这些被入侵的资产能够定期刷新、重命名、更新密钥并打补丁，威胁行动者维持持久性访问的能力将大幅削弱。这种机制本身就能阻断横向移动，除非威胁行动者能再次利用终端漏洞（而这种情况往往难以实现）。

作为云中的架构最佳实践，可考虑将实例（资产）设计为临时性。通过定期创建、销毁、刷新实例并应用新机密信息，可缓解威胁。任何先前的漏洞都会被彻底清除，威胁行动者必须重新开始。

这种防御策略的最大风险在于，如果威胁行动者入侵了部署模板、源代码库或 DevOps 流水线，那么每次部署新实例时，实际是在主动为威胁行动者创建持久化据点。不幸的是，这在最近的 SolarWinds 和 Kaseya 事件中发生过，它们营销的解决方案被用来攻击客户。我们在讨论第三方供应链攻击时已详细讨论过这一点。尽管这种攻击向量超出了终端用户的控制范围，但开发软件的组织应注意这些风险，以免为攻击者提供进入客户环境的后门。

9.4.4　特权

使用临时化技术管理特权类似于即时（JIT）账户管理，其主要目标是尽可能消除持久性特权访问（也称为"常设特权"）。若采用临时化/即时访问方法管理账户特权，可参考以下实践。

- 以低权限执行目标任务，并根据策略通过 RunAs、Sudo 或厂商专有技术提升应用权限。

- 在执行前对待运行的应用进行修改，嵌入一次性特权令牌，使其在内核

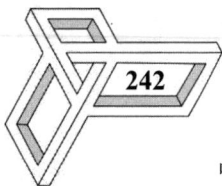

中提升至更高权限等级。该技术通常与特权访问管理厂商的专利技术相关。

- 基于账户和指定任务，通过集成到应用或操作系统，仅在必要的时间段内以动态方式添加和移除特权。

遵循即时访问模型管理特权是在云环境中实施最小权限操作的最佳方式之一。在该模型下，除非获得审批且满足预定义的工作流程，否则任何账户都不具备特权访问权限。若将这种技术与临时账户管理相结合，可为云环境中所有基于账户的身份验证制定一流的安全策略。最后，若再结合多因素认证，即使工作流程遭到破坏，由于设计了相互补充的多层安全控制措施，威胁也能得到有效遏制。基于身份和特权的攻击可被大幅削弱，仅当存在漏洞、利用代码、配置错误或加固不足时，才可能为攻击提供入口。

第 10 章
群体智能

蜜蜂、蚂蚁以及其他昆虫寻找食物并保护自己的群体免受攻击时，就会涉及复杂的点对点通信，且不存在集中的指挥和控制。昆虫会使用各种各样的通信方式——从听觉声音到化学物质，向同伴传递信息并扩散有关特定情况的信息。一旦信息被"群体"中的其他个体传递并以某种形式加以确认，就会形成一种去中心化的任务机制来应对这一情况。

仅仅基于群体中某一只昆虫的反应，以及以点对点的方式将信息传递给其他个体，整个群体便能做出反应，而不需要中央控制者处理信息并下达命令。对于习惯了层级化权威结构的大多数人来说，这是一个陌生的概念。然而，这种群体智能概念对于理解现代网络安全的潜在方法至关重要。

在过去的几年，全球都在大力推动大规模数字化转型，将向云端的迁移和部署作为推动这些进步的引擎。这种演变导致支持互联网和云端的设备数量呈爆炸式增长。这些物联网设备的应用场景十分广泛，从个人数字助理到家用电器都有涉及。

1989 年，Gerardo Beni 和 Jing Wang 将基本的人工智能模型应用于自组织和去中心化的系统时，首次提出了"群体智能"这一术语。随后在 2019 年，格拉斯哥卡利多尼亚大学（Glasgow Caledonian University）以及巴基斯坦 COMSATS 大学的研究人员开发出一种创新模型，该模型有可能保护互联网和云端资源免受网络攻击。这种攻击防范方法在 IEEE 中国新兴技术会议上被提出，其源自人工蜂群（ABC）和随机神经网络（RNN）。图 10-1 所示为该算法的基本原理。

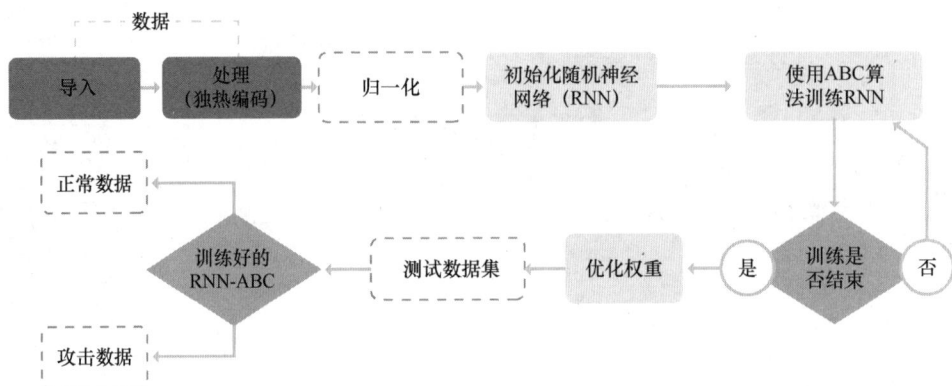

图 10-1　人工蜂群和随机神经网络的简化处理算法图示

　　为减轻物联网设备面临的云安全威胁，ABC 算法是一种群体智能模型，它使用人工智能来模拟蜜蜂的搜索行为，并将相关概念应用于解决现实世界中的计算问题。为了让该模型发挥作用，研究人员基于人脑生物神经网络的行为，运用机器学习将 RNN 应用于 ABC 模型。

　　研究人员在论文中写道："本文提出了一种基于异常的入侵检测方案，该方案可以保护敏感信息并检测新型网络攻击。我们使用 ABC 算法来训练基于 RNN 的系统（RNN-ABC）。"

　　研究人员利用一个数据集对基于 ABC 和 RNN 的入侵检测模型进行训练，该数据集通过既定算法来检测网络攻击，并包含大量用于训练和分析的互联网流量数据。在优化其 RNN-ABC 模型后，研究人员进行了一系列评估，以衡量该模型在识别和量化网络攻击方面的表现。研究结果显示，该模型对新型网络攻击的分类准确率高达 91.65%。研究人员还得出结论：当 ABC 群体智能的"蜂群"规模越大时，该模型对网络攻击的分类准确率就越高。因此，为该模型贡献力量的"人工蜜蜂"越多，整体解决方案的可信度就越高。

　　如今，物联网（IoT）设备正在迅速普及，它们接入互联网并与云端相连。我们能否切实地将这些物联网设备作为群体系统的一部分，来识别潜在威胁并最终降低风险呢？

　　首先，也是最重要的一点，群体智能需要比较大的群体规模，以使设备能够为群体传递信息并处理相关数据，而不只是单纯处理网络流量。随着具有简单行为模型的物联网设备日益普及，这已具备可行性。

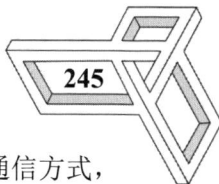

其次，我们需要一种网状结构的互联网协议，为设备提供可靠的通信方式，使其可以相互通信并向 ABC-RNN 模型传递信息。在撰写本书时，如此大规模的点对点协议还不存在。

再次，ABC 和 RNN 模型需要有相应的规则、策略以及输出机制，以便将任何发现分类为人类可读的结果。TAXII（可信智能信息自动交换）已开始着手解决此类问题，但它在大规模点对点通信方面（即第二个需求）仍存在不足。

最后，我们需要为该模型考虑云安全问题。在模型中处理的数据必须值得信赖且准确无误，否则整个系统可能会被滥用并遭到破坏。

群体智能的目的是创建一种识别网络攻击风险的新方法。这一概念采用了新颖、创新且可能极为可靠的手段，正是如今日益复杂的云环境所需要的防护手段。

在你考虑云安全防护时，有时需要跳出固有的思维模式。群体智能只是一种潜在的方法，而且实事求是地说，如果你在本书出版十年后再来阅读它，这可能已成为保护云环境和物联网设备的主流方法。

第 11 章

混沌工程

　　如果你足够年长，还记得《糊涂侦探》这部电视剧（英文名为 Get Smart，剧情讲述在美国秘密情报部门当数据分析员的男主角一心想成为超级间谍，一次偶然的机会使从未接受特工训练的他与美女特工搭档去执行一项拯救世界的任务），你可能会对"用混乱创造秩序"这一概念感到熟悉。这部间谍喜剧通过调侃当时政治中"控制与混乱"的刻板印象，以滑稽幽默的方式凸显了有序与无序世界的差异。在某些情况下，混乱似乎确实是更好的选择。那么，《糊涂侦探》这部电视剧和混沌工程有什么关系呢？有时，混沌正是我们洞察世界、深入理解复杂系统运行机制及其脆弱性，并借此实现关键发现的核心要素。

　　混沌工程的核心在于对资源进行实验，目标是增强人们对该资源在运行期间耐受不可预测情况的信心。这有点像让猴子往复杂机器里扔扳手，然后观察会发生什么情况——只不过混沌工程是更精确的版本。事实上，将混沌工程概念推向普及的 Netflix 公司，就把它们的混沌生成工具命名为"混沌猴子"。

　　云计算、数字化转型以及对软件的大规模使用和依赖，彻底改变了我们的生活。企业在很短的时间内（大约 10 年）开发了数百万行代码，这引发了一个关键问题：我们投入生产的解决方案在弹性和安全性方面是否足够可靠？

　　如今，部署在云中的应用的数量多到令人难以置信。这些应用由成千上万家不同的供应商、开源社区以及各地团队开。当安全、可扩展性和环境问题变得不可预测时，我们如何确保这些应用和系统能够正常运行？毕竟，谁也不知道下一个攻击向量或故障原因会是什么。

　　我们的世界每天都在变得更加数字化。从工业物联网到可穿戴设备，现实中的每一个碎片都在被数字化。当互联网几乎嵌入我们生活中的一切事物时，现实事件（如疫情、自然灾害等）和网络安全威胁可能会以人类难以轻易预测的方式

对这些生产环境产生重大影响。即便是先进的仿真软件，也难以预测意外事件可能引发的二阶和三阶效应，而恢复稳定的解决方案也未必总能被充分理解。毕竟，你不能像重启个人电脑那样简单地重启云计算。云环境的影响可能是分布式的，会以不可预测的方式影响所有不同的组件。因此，我们需要的是混沌，而不是单纯的控制。

要了解整个环境中的问题，必须了解风险面并确定潜在的后果——从数据损坏到拒绝服务。这涵盖了从攻击向量到可能导致局部问题或级联故障的附带中断等所有情况，包括无法访问最终解决问题所需的资源。一旦通过测试发现并理解了潜在的后果，就可以着手开展修复工作。首先必须解决最薄弱的问题，尤其是单点故障，然后逐步处理那些可能影响 SLA、客户满意度或其他既定目标的复杂问题。混沌工程的最终目标是提高云解决方案的稳定性，并增强人们对其在运行期间容忍不可预测情况的信心。

基于一种可能的实证（尽管有些愤世嫉俗）网络安全方法，混沌工程允许在生产环境的受控条件下对云资源进行测试，同时基于真实场景（包括攻击、故障以及其他形式的破坏）对系统进检验。其结果会展示出当可预测的云资源控制面临压力，且引入危险和混乱时，实际会发生什么。这与质量保证部门通常进行的受控测试形成了鲜明对比。

若以谨慎且勤勉的态度来实施混沌工程，它便可以成为一种强大的工具，用于在受控的生产环境中进行实验，以揭示系统层面的弱点。混沌工程在大规模解决云端分布式系统的不安全性方面，具有独特且无与伦比的潜力。

这些实验通常可以分为 5 个步骤。

1. **定义"正常运行"**：将环境中表征合理预期行为的可量化输出作为起点。这将成为对照组，与混沌工程测试组形成对比。

2. **提出假设**：假设对照组和混沌工程测试组均维持"正常运行"。这些假设是基于专业判断对可能发生情况的最佳推测。

3. **设计实验**：包含单个测试、组合测试以及手动和自动步骤的混合。这将有助于你制定在现实世界中出现问题时的解决方案。

4. **引入真实事件**：模拟攻击、变更、故障、硬件故障、虚拟机（VM）及实例故障等现实事件，在云端进行测量并收集结果。

5. 记录系统表现：比较对照组和混沌工程测试组的系统性能与预期可用性，为修复工作提供依据并应用解决方案，以避免未来出现不良结果。

图 11-1 中的工作流定义了混沌工程的实施步骤。

稳定状态　　假设　　设计实验　　学习与结果　　修正措施

图 11-1　成功实施混沌工程的 5 个步骤

混动工程的核心目标是大幅提升系统偏离预期稳态的难度，并确保在单独或组合注入混沌事件时，系统行为具备可预测性。

以下 5 项建议提供了实施混沌工程的最佳实践。这些建议与测试和修复计划的信心相关，旨在解决任何已识别的问题。

1. 对正常运行行为进行建模：关注系统的可测量输出（如视频流），同时确保纳入 CPU 使用率、错误率、网络延迟等内部系统指标。所有这些指标可以用来对正常稳态下的行为进行建模。混沌工程通过关注实验中的系统性变化，验证系统是否按预期运行，而不是试图验证系统是如何运行的。

2. 对真实问题进行建模：为了提供价值，混沌工程需要输入能够反映现实事件的攻击、故障以及其他问题——即使这些事件发生的可能性看似很低。根据风险和其他与业务相关的优先级对测试标准进行排序是非常重要的。尽管是在云端进行测试，也要考虑可能发生的实例故障、虚拟机（VM）停机、软件故障、网络中断、拒绝服务、畸形流量、安全漏洞等情况。任何能够扰乱正常运行的测试都可能成为混沌工程实验的候选对象。

3. 在生产环境中进行实验：根据既定的测试在生产环境中开展实验，是从混沌工程中获取价值的关键。云资源在开发、测试、质量保证以及生产环境中的表现绝对不同。由于现实运行情况随时可能变化，生产环境对于这种方法的成功实施起着关键作用。

4. 自动化：手动运行实验不仅耗时费力，对于混沌工程项目而言最终也不可

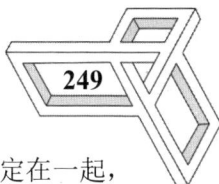

持续。应对混沌工程的最佳方式是实现实验的自动化，并将测试组合绑定在一起，以便在应用那些不太可能出现的组合时衡量其影响。实验结果将有助于证明哪些问题可以修复，并指出哪些事件或事件组合可能会导致无法缓解的灾难。

5. **控制混沌**：在生产环境中进行实验有可能引发无数问题，从系统停机、性能下降到数据损坏等。这些影响最终会激怒客户和用户。因此，可考虑将混沌工程实验限制在特定区域、客户、租户、应用、实例等范围内，并仅在经过深思熟虑的时间段内开展实验，同时还应制定完善的故障切换方案。

随着系统变得越来越复杂且相互依赖，混沌工程成为发现漏洞和潜在故障点的一种宝贵工具，这些问题若非通过该方法，人类即便不是完全无法预见，也极难察觉。

通过对环境应用多种标准化技术（如渗透测试），混沌工程可进一步揭示云威胁向量的风险。虽然其他测试会关注系统的可扩展性和弹性，但混沌工程有助于解决分布式系统在组合应用现实事件时的不确定性，其结果将增强人们对云部署方案的信心，并对云服务提供商已有的控制措施进行适当测试，以帮助缓解任何长期的系统停机问题或其他安全隐患。混沌工程的最终目标是在实施云解决方案时能够更加明智。

第 12 章
冒名顶替综合征

如果你听过安全相关的播客、网络研讨会及专题讨论会，或许已经对"冒名顶替综合征"①这一词汇有所耳闻。它定义为一种心理模式，具体表现为个体对自己的能力和成就不信任，并持续存在被揭露为"骗子"的心理恐惧。尽管有证据表明他们具备能力和知识，有这种（冒名顶替综合征）情况的人仍坚信自己是欺世盗名之辈，不应因取得的成就而受到赞扬。他们错误地将自己的成功归结于运气，认为自己的成功是靠欺诈手段和虚假智慧取得的，或者相信自己对其他人实施了骗局。

冒名顶替综合征在技术社区中确实存在，并且它在网络安全社区中受到关注，是因为任何人都不可能成为所有网络安全领域的真正专家。就像医生一样，专业人士可以拥有广泛的医学知识，但在实践中，他们会专注于某一细分领域，比如放射科或内科。

正如我们不会让全科医生（家庭医生）主刀心脏手术，同样也不会希望取证专家为新基础设施进行网络和操作系统的加固。对医生来说，他们的技能和知识在其从医的每一个阶段都受到监测和测试，这形成了成为任何类型的医生之前必须遵循的参考标准和路径。

对于网络安全专业人士来说，除了少数行业标准认证之外，成为该领域的专业人士并无正式的必经之路。实际上，许多人在未接受任何正规培训的情况下，也能成为该领域的佼佼者。他们公开演讲、参与专题讨论，甚至著书立说，但却没有任何安全认证或头衔（如 CISSP）。这就引出了一个问题：一个人在何时能成为网络安全专家？我们又该如何克服导致冒名顶替综合征的自我怀疑呢？

医生之所以被公认为医生，是因为他们完成了医学院教育并通过了必要的认

---

① "冒名顶替综合征"对应英文为 Impostor Syndrome，用于定义一种心理模式。——译者注

证考试。那么，我们如何确定某人是网络安全专业人员，又如何证明他们具备克服导致冒名顶替综合征心理压力的能力呢？在我们看来，适度的自我质疑是有益的，它能促使你更努力地确保自己在专注领域内成为专家，并真正尽自己所能做到专业。但抑郁则是致命的。如果你感到情绪低落、迷茫或自卑，后果可能是灾难性的。当你同时表现出自我怀疑和抑郁的迹象时，我们认为你已具备冒名顶替综合征的特征。在我从事网络安全的 20 多年里，遇到的每一位患有冒名顶替综合征的人，都同时存在抑郁的情况。

不幸的是，除了个人对自我的认知外，冒名顶替综合征对个体还有另外一种更具时代性的影响，即当他人给你贴上"冒牌货"的标签时。这种综合征体现了他人的偏见或嫉妒，他们给某人贴上"冒牌货"的标签，是因为指控者无法相信受害者真的能取得现有成就，于是将其定义为骗子，诱发受害者的自我怀疑，以此破坏其工作成果或心理健康，而非庆祝其成功。对于易受冒名顶替综合征困扰的个体而言，这是最严重的情形。根据我最近在专家小组、网络研讨会及聊天中看到的结论，这种诋毁演讲者（专家）的行为相当常见。而当这种情况发生时，真正存在自尊问题的是指控者，而非演讲者！

冒名顶替综合征是切实影响网络安全专业人员的一种状况，它有两种表现形式：一种是自我诱发的；另一种是由他人恶意煽动引发的。

有些冒名顶替综合征案例可以通过提升个人心理健康得到有效缓解甚至痊愈。但当一个人的可信度被不当且恶意地攻击或破坏时，网络安全社区就需要积极站出来为他人提供支持。尽管这听起来可能有些争议，但我们不应放任负面攻击肆意横行，具体措施可包括删除恶意贬低的帖子、屏蔽相关用户账号，或以理性且建设性的态度对攻击做出回应等。对攻击的负面反应只会落入指控者的圈套，故应尽量避免。回应攻击者时务必秉持正直的态度，同时记住，你的成就属于你自己。如果你对自己坦诚、善于反思、保持谦逊，并定期寻求同行的建议，就能避免冒名顶替综合征，即便深受其害，也能从中逐步恢复。

那么，这与云安全有何关联呢？想想云技术的新颖性，以及创新的速度和广度，就不可能有人知晓关于云的一切知识。没有谁能称自己是"全方位"的云技术专家。选择你在云领域的专业方向，成为该领域的专家，并接受这样一个事实：无论是外界指责你是冒牌货，还是你自己感到内疚，在绝大多数情况下，这些都是毫无根据的。

　　需要说明的是，本书作者并非云技术专家，但我们对掌握的云攻击向量及其缓解方法的知识高度自信。若你不信，欢迎再次从头阅读本书。这可不是《星际旅行：下一代》系列剧集中的"昨日企业号"[①]。

[①] 情节涉及复杂的时间线和不同现实，并非简单直白的内容。——译者注

第13章
如何选择云服务提供商

数字化转型不仅仅是将事物迁移到云端并外化（externalize）资产和资源以实现更灵活的消费。在选择云服务提供商作为合作伙伴时，几乎如同步入婚姻殿堂，目标是建立长久关系，绝不能将其当作一种短暂选择。正确的选择对于数字化转型的成功至关重要。尽管我们的讨论主要集中在几家行业巨头及其共同面临的安全向量上，但实际上，不同的云服务提供商在地理位置、财务状况、服务类型、技术支持以及法律条款等多个方面均存在显著的差异，这些差异在大小提供商中都存在。

在成功选择云服务提供商之前，你需要对自身的业务需求有着清晰的认知。尽管这对大多数人来说是显而易见的，但在寻找提供商之前，与团队讨论并记录你的需求、期望达成的 SLA 以及最基本的性能要求对你的成功至关重要。这一系列准备工作将成为指导后续供应商甄选过程的基石，确保每一步决策都有据可依，有的放矢。

接受云服务提供商的标准功能和服务，往往难以满足你特定的业务需求，进而对业务成果产生不利影响。倘若未能事先充分理解相关的风险、角色和责任，可能会对你的业务造成毁灭性影响。因此，在评估潜在的云服务提供商时，请创建一个可分级的检查表，将你的实际需求与它们的服务进行比较，同时对不同提供商之间的优势和劣势进行横向分析，以便做出更为明智的决策。附录 B 中提供了云服务提供商问卷的示例。

在选择云服务提供商时，可考虑以下特征。

- **认证与标准**：符合质量和安全行业标准的云服务提供商表明其遵守最新的既定最佳实践。至少，你选择的提供商应具有类似的认证，并应遵守与你所在组织同等的标准，否则该提供商可能会成为负担。

- **技术与战略路线图**：在选择云服务提供商时，必须确保其技术架构与企业的战略方向保持一致。例如，如果它们选择关系数据库服务（RDS）作为主数据存储，而你的应用使用另外一种数据存储，请验证它们是否可以提供你需要的支持和服务。这也适用于虚拟机中使用的操作系统，以及你计划采用的编排与自动化技术。通过深入了解云服务提供商的技术与战略路线图，你将能够更清晰地掌握它们当前的服务能力以及未来的发展方向，从而做出更为明智的选择。

- **数据安全、数据隐私、数据保护和数据治理**：数据管理通常被当作云中最大的风险之一。尽管安全、隐私、保护和治理各有侧重，但它们都关乎数据的妥善管理与正常状态。作为审核过程的一部分，确定云服务提供商如何管理数据以及它们使用哪些安全控制作为模型来确保数据完整性非常重要，这包括未经授权的访问检测、加密、防止数据丢失、恶意软件缓解（包括勒索软件）等所有方面。与认证情况类似，云服务提供商应具有等于或高于你内部控制的控制措施。

- **运营依赖关系**：在许可某项服务时，我们常常忽略了最初提供该服务的人员和技术，这包括供应商、分包商以及其他被纳入其服务产品中的许可解决方案。如果你的企业对员工国籍、敏感信息外包以及出口限制等方面有着严格的要求，请将任何服务和运营依赖关系作为你选择标准的一部分。

- **技术和商业合作伙伴关系**：云服务提供商就像 CISO 一样，往往倾向于成群结队地运作。云服务提供商倾向于建立使其与其他提供商区分开来的技术和商业关系。换句话说，一个提供商与一个供应商结盟，而他们的竞争对手与另一个供应商结盟。在极少数情况下，第三方供应商会与所有相关提供商达成合作并为其提供服务。在选择云服务提供商时，请务必全面评估其在关键技术领域的合作伙伴，包括但不限于 IAM、IGA、PAM、虚拟机、项目管理以及 SIEM 等方面。此外，还需明确这些功能服务是由云服务提供商自主提供，还是依赖于合作伙伴的技术支持。

- **合同条款与定价**：大多数云服务提供商在接纳新新客户并为其提供服务时，更倾向于使用自己的标准格式合同。这没有错，但是你必须让企业的法务团队审核合同的所有条款，以确保其符合你的业务要求。如果不符合，不要害怕进行修改并将其退回。简单的更改通常被会接受。而且，

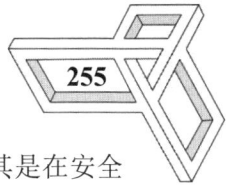

如果你不提出要求，你可能会受到一些服务和报告方面（尤其是在安全方面）的约束，而这些条约可能是你的业务和客户无法接受的。

- **服务等级协定（SLA）**：云服务提供商通常会在其营销材料和合同中声明各种各样的 SLA 内容。事实上，除非针对任何违规行为制定了相应的补偿或处罚，否则这些协议并无实际意义。SLA 本身只是一个没有问责机制的指标或目标。因此，在审核任何已声明的 SLA 时，请确保存在某种基于违约情况的执行机制，最重要的是，SLA 中声明的各项指标数值应是你愿意为客户提供的最低标准。举例来说，如果云服务提供商宣称其服务可用性为 99.9%，那么你就不能向自己的客户承诺更高的可用性数值。不幸的是，当你的服务依赖于云时，这是行业中普遍存在的一种骗局。

- **可靠性与性能**：所有云服务提供商都各有不同。有些云服务提供商具备更好的基础设施，在自动扩展、资源突发调配以及适应性能需求方面表现出色，而另一些则专注于为虚拟机、混合环境以及本地工作负载迁移至云端提供服务。只有少数云服务提供商能够在这两方面都表现出色，并且能够在不同地理位置都提供可靠的服务和良好的性能。例如，我在云端的服务在欧洲和亚洲的表现是否与在北美的表现相同？了解你业务的基本使命以及你计划开展业务的方式和地点，将有助于你构建一个符合自身需求的可靠性和性能模型。

- **备份、恢复、高可用性与灾难恢复**：为了实现任何切实可行的运营 SLA，云服务提供商必须提供一个强大的平台，以缓解几乎任何类型的故障导致的服务中断。因此，询问有关这些服务的问题，以及了解基于意外删除、安全漏洞等各种事件的平均恢复时间，符合你的最佳利益。不要仅仅因为你在云中，就觉得这些安全规范不重要了。事实上，它们变得更加重要了，因为云中的资源并不属于你。你只是在租用他人的计算机资源。在云端，想要通过拔出硬盘来恢复数据是根本不可能的。

- **技术黏性（供应商锁定）**：每家云服务提供商都有一个未明文说明的目标，那就是让它们的服务和平台具有黏性。也就是说，它们会提供一种技术栈和实施方案，将买家锁定在它们所提供的服务中，使其难以更换到另一家云服务提供商，而且潜在成本可能高得令人望而却步。虽然这听起来像是一种不正当的商业行为，但很多时候，它被包装成仅在其云服务中独有的功能或特性。例如，如果你选择 Microsoft Azure 作为云服务提供商，并使用微软的 Fabric 技术开发应用，那么你将无法轻松地把这个应用迁移到其他云服务提供商。从专门的关系数据库服务到编排解决方案，任何组件都是如此。在选择云服务提供商时，要考虑你的解决方案在该平台上的黏性如何，以及迁移甚至托管到另一个云平台上的工作量和成本可能是多少。出于这个原因，许多组织选择构建与云无关的解决方案。

● **业务可行性**：如果你的云服务提供商倒闭了会怎么样？不幸的是，这种情况在过去曾发生过。对于许多提供专业服务的二三线云服务提供商来说，由于成本上升、竞争激烈，甚至供应链方面的挑战，这种威胁是切实存在的。如果你基于专业服务、地理位置等因素选择了一家二三线云服务提供商，那么你应该要求进行独立审计和/或提供业务可行性证明，以确保它们能够继续为你提供服务。并且要考虑制定一个应急计划，以防它们违约。虽然这从来都不是一个令人愉快的话题，但选择合适的云服务提供商确实不仅要评估它们的技术能力，还要审查其业务可行性。

● **公司与文化契合度（销售、运营及技术支持）**：事实上，那些热爱自己工作的人往往也喜欢与他们共事的伙伴。高管层的关系融洽度与员工间的文化契合度至关重要，这能确保业务合作的各个环节，都像拥有共同目标的团队一样协同运作。在选择任何云服务提供商的过程中，可考虑设置一个试用期，让双方不同的团队成员有机会见面并一起工作。个性冲突在所难免，但从一开始就验证双方团队能够相互沟通并携手合作，将对你的云项目取得成功大有裨益。

在选择云服务提供商时，我们不能仅仅局限于价格、地区和技术支持方面的比较。虽然附录 B 中的技术问题可能有助于判断该云服务提供商与你的安全模型是否兼容，但业务和运营条款同样重要。请求报价（RFP）或信息请求（RFI）可能有助于筛选出合适的云服务提供商，即便该提供商排名并不靠前。如果在选择过程中存在任何疑虑，主流的分析公司拥有丰富的信息和经验反馈，能够帮助你解决在选择云服务提供商时的任何不确定性。最后，请记住，你获得使用许可的许多 X 即服务（XaaS）解决方案很可能是在其他云服务提供商的云端上运行的。因此，托管云服务提供商的任何标准很可能也会反映给（使用该云服务的）供应商本身，它们几乎不可能提供任何不同的东西，可用性就是一个很好的例子——XaaS 供应商通常无法提供优于托管云服务商的可用性 SLA。

第 14 章
针对云环境的安全建议

云技术不会解决你所有的计算问题，也不会支持你未来的所有业务计划，更不会永远为你的企业节省成本。在许多应用场景中，云服务可能成本更高，并且如果盲目采用云技术，企业还需要在支持传统解决方案的人员技能方面做出权衡。法规、合规性和安全最佳实践将决定云环境的推进方式，但实现端到端解决方案需要安全架构，以及本书中讨论的许多缓解控制措施。

要构建安全的云环境，组织需在内部达成共识并遵循一系列关键原则。若对这些关键原则置若罔闻，那么对云环境的保护可能会面临失败的风险。

云攻击向量是当前威胁行动者最容易利用的目标之一。相较于传统的 IT 基础设施，云环境因其独特的架构设计和安全防护机制而呈现出更为复杂的特性，但是云增加了更多层次和维度的复杂性，因为毕竟它们不是你的计算机。正如俗话所说，"世事变幻，但本质依旧"。如下所列的安全建议并非仅适用于云环境，其中许多建议源自我们最熟悉的领域。最后，部分建议针对我们讨论过的特定云攻击向量，具有高度的针对性，而其他建议则体现了通用的安全原则。之所以将这些建议囊括于本章，根本原因在于这些建议能显著改善你的云安全态势，有效缓解云攻击向量。因此，强烈建议读者仔细阅读以下安全建议，以帮助任何组织在云计算领域取得成功，并将业务风险降至最低。

建议采纳的安全建议如下所示。

● **密码与机密信息管理**：控制、记录、监控和审计对管理员、根或其他特权账户的请求以及敏感会话的启动。该控制包括通过 PAM 技术实施会话监控，并记录用户的按键记录和屏幕录制等信息。此外，考虑采用即时访问控制机制，以确保凭据访问是受限的，并且仅在满足适当上下文和触发条件时才授予。

- **终端特权管理**：无论在办公室、家庭还是云中，所有终端上的特权访问和特权账户使用都应使用最小权限概念进行管理，以确保所有活动都是适当的。

- **身份管理**：云中的每个身份及其关联账户都应进行管理和监控，并严格遵循入职、调动和离职的最佳实践，并确保任何时候都不存在无赖身份和账户。

- **资产管理**：Security Basics 101 告诉我们，没有良好的资产清单，网络安全专业人员将无法对资产进行准确的风险分类评估（如风险、威胁、脆弱性）并有效地加以保护，在云操作中也不例外。资产管理需要包括所有资产、身份、账户、角色、风险评估、数据映射、工作流程，以在云中有效发挥作用。

- **漏洞管理**：确保有一个强大的漏洞评估流程来持续监控云中的风险。此流程应尽可能接近实时，并与更大的漏洞和风险管理计划相关联。在云中，有多种方法可以进行漏洞管理，而保护应用和工作负载是此过程的基础。

- **配置管理**：配置管理（包括资产加固）的核心目标是修复易受攻击的默认配置，并将安全最佳实践应用于所有资产，使其在云中具有威胁弹性。该流程应在资产生命周期开始时纳入，并在其使用过程中进行衡量，以确保配置始终符合既定标准，且未遭篡改。

- **补丁管理**：缓解风险和修复风险是两种截然不同的策略。缓解需要简单的更改，无须应用新代码。修复通过应用软件补丁真正修复漏洞。在许多情况下，缓解风险可以阻止威胁，但不会使应用的漏洞减少，只有修复才能做到这一点。这就是为什么云中的所有资产都需要强大的补丁管理流程。

- **渗透测试**：漏洞管理专注于评估和解决风险，而渗透测试则证明这些风险可被利用。这种区别对你的云保护策略具有重要意义。渗透测试可以证明风险是真实的，并确定漏洞如何作为攻击链的一部分链接在一起，以与威胁行动者相同的方式破坏环境。

- **法规合规性**：涉及云环境的各方人员应充分认识到云环境本身及其面临

的各类风险。组织单位不可仅仅满足于法规合规性的表面要求，更需要理解法规背后的安全原则，并将其融入云环境的建设过程中。透彻理解监管要求的本质及其最佳的合规实践，有助于提升每一项云资源的安全性。同时，请谨记，单纯合规并不意味着绝对安全，而确保云基础设施环境的安全，往往能够自然而然地达到合规要求。

● **架构**：合理的云安全架构是构建安全云环境的基础，单纯依赖云服务并不能保证安全性，因此需定期对云环境架构设计进行审查，确保所采用的技术架构与业务需求相匹配，并遵循安全分区原则对其进行合理划分。一个健全的云安全架构能够为我们之前提到的所有安全最佳实践提供有力的支撑。

● **教育**：定期开展面向全体人员的云安全意识培训，让每位接触云环境的人员都了解云安全的相关知识和潜在风险。安全意识培训不仅是合规要求，也是降低云安全风险的有效手段。员工的云安全意识是云安全的基石。让员工了解常见的云安全威胁、攻击手法以及防御措施，能够有效减少针对企业云环境的攻击向量。因此，有针对性的安全意识培训必不可少，建议每年至少进行两次，并且对所有新员工强制进行培训。

针对性建议如下所示。

● **标准用户账户**：为了降低云环境的风险，应强制要求所有访问云资源的身份使用标准权限的用户账户。在日常工作与维护任务中，严禁使用具有管理员或其他高级权限的账户。在分配标准用户账户的权限时，必须始终遵循最小权限原则，仅授予完成特定任务所必需的最基本权限。

● **严禁共享身份、账号或凭据**：在任何情况下，都必须严格禁止将"身份信息""账户""凭据"及"相关机密信息"等敏感信息共享给同事、供应商、承包商或审计员。此类信息的共享将极大增加机密信息被滥用甚至泄露给威胁行动者的风险。

● **绝不重复使用密码/机密信息**：为确保信息安全，应避免在多个账户或服务中重复使用密码和机密信息等敏感信息，因为一旦某一资源遭到受非法入侵，采用相同共享机密信息的其他资源也将面临被攻破的潜在风险，哪怕这些资源所关联的身份、账户或用户名各不相同。

- **禁止硬编码机密信息**：像密码等机密信息必须始终处于加密状态，绝不能以任何明文形式进行存储。因此，严禁在服务账户和自动化工具（如支持 DevOps 的工具）中使用硬编码的密码或机密信息。

- **漏洞管理**：漏洞管理是云安全保障体系中的关键环节，然而，单纯地发现漏洞并不足以保障系统安全。及时应用安全补丁和采取有效缓解措施，才是降低漏洞风险、提升系统安全性的重要手段。为此，业界普遍建议采用 SLA 来规范并跟踪安全补丁的应用情况，实现漏洞管理的全面文档化和有效监控。

- **应急访问**：在应急访问场景下，对于必须以文档形式记录的机密信息，应将其加密后存储于安全的文件系统中，或根据业务需求保存在物理保险柜内。

- **日志记录**：日志记录的核心在于确保所有活动都能够被完整地溯源（且不被黑客混淆），从而实现用户行为与单一身份实体的精确匹配与深入分析。

- **限制创建和使用云管理员及根账户**：应尽量减少与特权或管理员/根账户相关联的身份数量。这样可以降低特权被滥用的风险，并为特权活动提供更有效的审计。

- **轮换机密信息**：为确保机密信息的持续有效性和安全性，必须按照既定策略进行周期性的管理和更新。通过定期更新，可以降低机密信息泄露所带来的潜在风险。对于拥有高权限的账户，建议使用动态密码或一次一密来提高安全性。

- **确保机密信息的复杂性**：机密信息不应易于人类阅读，这可以防止它们被复制、转录或口头讨论。机密信息所需的复杂性应与访问/账户的敏感性和该账户的风险相匹配。

- **强制多因素认证**：为了确保云资源的安全性，必须对所有云资源的访问实施多因素认证。对于面向公众开放登录页面的云服务，由于单因素认证安全性较弱，因此不适用于企业级云环境。与此同时，在执行高风险操作或访问敏感数据时，必须进一步加强安全防护措施，要求用户使用多因素验证，以确保用户身份的真实性。

- **实施最小权限原则**：对于不需要访问云端的资源、应用或数据的身份，应及时撤销其所有的授权项、权限与许可。因为在云环境中，过度授予的权限往往是威胁行动者的首要目标。

- **实施行为监控分析**：实施基于高级分析、机器学习和/或人工智能的技术，包括高级威胁检测，以更准确、更快地检测云中被攻陷的身份和潜在的资源滥用行为。

第 15 章

总结

我（Morey）最喜欢的一个关于云的梗是这样一句话："云主要是 Linux 服务器，主要是。"如果你是一个科幻电影迷，并且喜欢电影《异形》（不是第一部，是续集），其中有一个场景是 Newt 说："它们大多是在夜间出没，大多是。"现在想象一下同样的梗，Newt 用她那充满童稚恐惧的声音说："云主要是 Linux 服务器，主要是。"你可能会忍俊不禁，但也会像 Newt 一样，对云中的风险感到真正的恐惧：如果没有人监控你的资产，又缺乏适当的安全控制措施来保护一切，会发生什么？这就是本书的核心所在。

云攻击向量可能随时在云中的任何地方发生，如果没有人监控，可能会发生数据泄露，甚至可能成为组织的"致命一击"。当然，这对于本地环境也同样适用。万变不离其宗，我们在本地环境中遵循的安全最佳实践只需稍作调整，就能在云中同样生效。事实上，Linux 支撑了绝大多数的云环境，这一事实证明：本质未变，但形式已变，我们只需要调整策略。

有些人可能认为保护云安全是一项难以完成的任务，如同"煮沸海洋"。当考虑到云的持续增长速度，以及已发生的数据泄露事件数量和被利用的攻击向量时，云安全确实显得遥不可及，或者至少是一个遥远的希望。

作为安全专业人员，需要理解的云安全的内容太多了。我们既要确保自己尽职尽责，也要督促相关方以善意履行责任。正如我（Chris）多次说过的那样，对组织构成最大风险的，并不是你"知道"的事情，而是你"不知道"的事情。保护云安全也是如此。试图理解需要保护什么以及如何保护，应成为我们共同的责任。通过携手合作，我们才能缩小威胁范围，消除攻击向量，让云对每个人都更加安全。

正如 Morey 和 Chris 所说，保护云安全是一项艰巨且至关重要的任务，但我

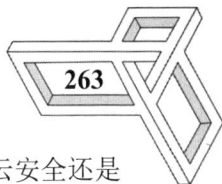

（Brian）想用本书中我认为最重要的观点作结：不要害怕问题，无论是云安全还是其他任何问题。我坚信，许多问题之所以在环境中持续存在，是因为当把问题视为一个整体时，它似乎无法克服，甚至让人恐惧到不敢开始解决。其中部分原因是一些无良厂商的恐吓策略，但更多是各种媒体为了通过哗众取宠来博取眼球。当然，问题本身也确实看似庞大。

在这里，我想分享我的方法，我称之为"大线团"策略——之所以这么叫，是因为我感觉自己面对的是一个你能想象到的最大的线团，到处都是松散的线头。人们很容易陷入寻找最佳线头的陷阱，以期获得最大的回报，但这会导致分析瘫痪。在这种情况下，我会抓住最近的线头开始拉。然后是下一个，依此类推。最终，问题会变得可控，而我在每一步都取得了进展。每个线头都很简单，不应让人恐惧，对应的解决方案也应该很简单。这并不总是容易的，但保持每一步的简单性将使最终整体效果大于部分之和。你可能一开始看不到这一点，但相信我，它确实存在。

我们希望本书能让你更清晰地洞察云安全问题，凭借这一洞察，你将掌握解决组织内部安全问题以及所用云服务供应商安全问题的方法。

安全评估问卷样本

以下是一份安全评估问卷样本，涵盖了任何希望在云端托管各类解决方案的组织所需满足的基本要求。

控制编号	控制深度	问题	回答（是、否、不适用）	参考信息
1. 网络安全管理和人员安全				
1	组织安全控制	是否设有专门的信息安全机构，负责安全职能（包括管理安全计划）		
2	组织安全控制	是否制定了经管理层批准并传达给相关员工的信息安全计划		
2.1	组织安全控制	信息安全策略是否每年审核		
3	组织安全控制	在允许人员（员工及分包商）访问系统和数据前，是否进行背景审查？请描述审查范围（信用、犯罪记录、教育背景、职业等）		
4	组织安全控制	组织是否已建立并记录包含多个敏感层级的数据治理分类体系		
4.1	组织安全控制	是否针对每个分类体系制定了包括加密在内的处理流程		
5	组织安全控制	组织是否制定了可接受的使用策略，用以明确计算设备的使用方式		
6	组织安全控制	组织是否设有保密协议（NDA）和/或机密协议，规定包括客户数据在内的数据使用规范		
6.1	组织安全控制	所有员工及分包商是否在获得客户数据访问权限前签署 NDA/保密协议		
7	组织安全控制	组织是否对信息安全领域的内部控制进行自我评估，以验证其符合信息安全计划以及任何法律、法规或行业要求		
8	组织安全控制	是否进行独立审计以确保符合适用的监管要求		

续表

控制编号	控制深度	问题	回答（是、否、不适用）	参考信息
9	组织安全控制	是否每年都会进行一次独立的信息安全控制评估（可能包括由独立第三方进行的 SOC/SSAE-16 报告、内部审计、安全评估、漏洞评估或渗透测试）		

2. IT 网络安全

控制编号	控制深度	问题	回答（是、否、不适用）	参考信息
1	组织安全控制	是否制定了涵盖硬件和软件的资产管理策略或计划		
2	组织安全控制	是否为内部部署（本地及云端）的资产制定了正式记录的加固指南		
3	组织安全控制	所有内部连接是否使用防火墙		
4	组织安全控制	所有外部连接是否使用防火墙		
5	组织安全控制	防火墙是否用于分割内部网络		
6	组织安全控制	是否部署了 Web 应用防火墙（WAF）		
7	组织安全控制	网络是否通过 DMZ 分段，用于向互联网发起出站流量的设备		
8	组织安全控制	网络和生产系统是否限制与已知恶意 IP 地址（黑名单）的通信，或仅允许访问可信站点（白名单）		
9	组织安全控制	适用于客户的系统和数据是否通过无线网络传输		
10	组织安全控制	是否允许对存储有客户数据的系统和网络进行远程访问？如果允许，方式如何		
10.1	组织安全控制	远程访问是否需要多因素认证？请描述其方法		
11	组织安全控制	是否实施网络监控或网络访问控制设备（NAC），以检测未经授权的机器连接网络		

3. 数据保护与恢复

控制编号	控制深度	问题	回答（是、否、不适用）	参考信息
1	组织安全控制	是否已部署数据丢失防护解决方案，以监控并控制包含客户数据的网络中的数据流动？是基于网络还是基于主机		
2	组织安全控制	范围内的数据是否通过电子方式发送或接收，是否已规划此工作流程		
3	组织安全控制	范围内的数据是否通过物理介质或纸质形式发送或接收		
4	组织安全控制	对范围内的数据是否实施了适当的传输层安全措施		
5	组织安全控制	对范围内的数据是否实施了数据层加密		

控制编号	控制深度	问题	回答(是、否、不适用)	参考信息
6	组织安全控制	客户数据（包括处理后的数据、报告或获取的额外信息）是否安全发回客户		
7	组织安全控制	是否允许客户数据复制到终端设备（笔记本电脑、工作站）		
8	组织安全控制	是否已部署经批准的硬盘加密软件来保护笔记本电脑		
9	组织安全控制	是否已部署经批准的硬盘加密软件来保护移动设备		
10	组织安全控制	是否允许将客户数据复制到移动存储介质（如 U 盘、CD、DVD、外置硬盘等）		
11	组织安全控制	是否有经过管理层批准、已传达给相关人员并由专人负责维护和审查的业务连续性与灾难恢复策略文档		
12	组织安全控制	是否对范围内的系统和数据进行备份		

4. 物理安全

控制编号	控制深度	问题	回答(是、否、不适用)	参考信息
1	组织安全控制	是否制定了涵盖范围内系统和数据的物理安全策略		
2	组织安全控制	是否拥有服务组织控制（SOC）报告，涵盖范围内系统和数据所在数据中心的物理与环境安全控制		

5. 用户访问与身份验证管理

控制编号	控制深度	问题	回答(是、否、不适用)	参考信息
1	组织安全控制	是否制定了正式成文的访问控制策略，涵盖网络和系统中用户的添加、修改与移除		
2	组织安全控制	是否为所有员工、合同工以及基于机器的身份分配唯一用户 ID 以用于访问		
3	组织安全控制	用户访问权限是否至少每年审核一次		
4	组织安全控制	是否制定了正式成文的密码策略，用于控制网络和系统的密码长度、强度、历史记录以及账户锁定规则		

6. 漏洞管理

控制编号	控制深度	问题	回答(是、否、不适用)	参考信息
1	组织安全控制	系统和应用是否及时打补丁？与业务部门的补丁 SLA 是什么		
2	组织安全控制	是否对范围内的系统和数据进行漏洞扫描		
3	组织安全控制	是否至少每年对范围内的系统和数据进行一次外部渗透测试		

续表

控制编号	控制深度	问题	回答(是、否、不适用)	参考信息
4	组织安全控制	是否有经管理层批准、已传达给相关人员并由专人负责维护和审查的运营变更管理/变更控制策略或计划		

7. IT 安全监控与响应

1	组织安全控制	是否已建立针对日志记录工作和监控可疑活动的规程、标准或策略		
2	组织安全控制	是否部署入侵检测系统(IDS)或入侵防御系统(IPS)		
3	组织安全控制	是否为提供给客户的所有应用和解决方案捕获安全事件日志(包括成功和失败的登录、管理活动)		
4	组织安全控制	所有日志是否发送至集中式的日志记录系统或安全信息与事件管理(SIEM)解决方案		
5	组织安全控制	是否有经管理层批准、已传达给相关人员并由专人负责维护和审核的防病毒/恶意软件策略或计划(适用于工作站、服务器、移动设备)		
5.1	组织安全控制	新签名更新的可用时间与部署时间间隔是否不超过 24 小时		
6	组织安全控制	是否有经管理层批准、已传达给相关人员并作为年度审核流程一部分的事件管理文档化策略		

8. 供应商管理

1	组织安全控制	分包商(备份供应商、服务提供商、设备支持维护商、软件维护供应商、数据恢复供应商等)是否有权访问范围内的系统及适用数据		
2	组织安全控制	是否存在合同控制措施以确保与第三方共享的个人信息仅限于访问、使用和披露的定义参数?若存在,请描述;若不存在,请说明原因		
3	组织安全控制	是否有针对第三方供应商选择和监督的文档化供应商/分包商管理流程		

9. IT 应用管理

1	组织安全控制	是否存在正式的软件开发生命周期(SDLC)流程		
2	组织安全控制	是否对源代码进行审查,以确保符合编程标准、检查设计/逻辑、删除无效代码以及检查关键算法(代码巡检)		
3	组织安全控制	是否允许使用开源软件		

控制编号	控制深度	问题	回答（是、否、不适用）	参考信息
4	组织安全控制	所有代码在投入到生产环境前是否进行自动化安全源代码审核		
5	组织安全控制	是否开发并使用处理范围内数据的移动应用		
6		移动应用开发是否遵循与软件相同的安全编码流程		
10. 特定于解决方案的控制				
1	特定于解决方案的控制	所有客户用户是否根据工作职能或角色（包括管理员访问权限）在范围内的系统中进行配置		
2	特定于解决方案的控制	是否制定了涵盖客户相关方的正式记录的终止流程		
3	特定于解决方案的控制	对提供给客户的解决方案是否定期进行访问审核		
4	特定于解决方案的控制	若组织负责访问管理，是否与客户协作审核用户账户		
5	特定于解决方案的控制	提供给客户的应用是否支持单点登录（SSO）		
5.1	特定于解决方案的控制	是否为客户、供应商或第三方组织实施 SSO		
6	特定于解决方案的控制	提供给客户的解决方案是否设置非活动会话超时？超时时间是多少		
7	特定于解决方案的控制	客户相关方使用的系统是否具备符合以下要求的密码策略：至少 12 个字符；复杂度要求 3 种字符类型；不可重用最近 12 个密码；密码的最长有效期为 90 天；24 小时内超过 5 次尝试后锁定账户		
8	特定于解决方案的控制	是否允许对锁定或遗忘的密码进行自助重置		
9	特定于解决方案的控制	解决方案中密码在静态存储时是否加密		
10	特定于解决方案的控制	提供给客户的解决方案是否支持或要求多因素认证		
11	特定于解决方案的控制	是否已开发客户相关方使用或可能使用的移动应用		
11.1	组织安全控制	过去 12 个月内，是否针对范围内的解决方案进行了移动应用渗透测试		
12	特定于解决方案的控制	是否至少每年对范围内的任何应用执行一次应用渗透测试		

续表

控制编号	控制深度	问题	回答（是、否、不适用）	参考信息
11. 网络保险				
1	组织安全控制	是否购买与网络安全事件相关的保险		
1.1	组织安全控制	网络安全保险的总保额为多少美元		

附录 B
云服务提供商调查问卷

　　此份云服务提供商调查问卷示例突出了提供商应能交付的一些最重要的功能。这些问题为选择提供商及其基本安全基础奠定了基础。需要注意的是，如果云服务提供商不具备满足某些标准的能力，这并不一定是致命缺陷。相反，你可能需要实施自己的安全控制措施来降低风险，或利用第三方解决方案填补空白。最后，你可能需要根据所在行业领域添加自身的要求，以确保符合 HIPAA 等法规要求，或者通过地理位置管理来满足 GDPR 要求。

问题	验证	备注
云服务提供商的根账户或管理员账户是否用于管理所有其他账户和实例	访问服务的管理账户，验证对所有账户和实例的访问权限与可见性	
不同的开发阶段（开发、暂存、生产）是否需要不同的账户	访问云服务提供商的管理控制台，查看默认情况下是否为不同的开发阶段设置了单独的角色	
是否使用专用账户执行安全审计和日志记录功能	访问管理控制台，导航到与日志记录和审计报告的安全部分，验证是否可应用基于角色的访问控制	
每个实例的根账户是否使用共享的电子邮件别名/群组	访问云服务提供商的管理控制台，接着导航至身份、账户和配置文件部分。验证是否可以将一个通用的电子邮件应用到所有根账户以接收通知，并可添加其他电子邮件账户来通知账户的所有者	
每个根账户是否启用了多因素认证（MFA）	在云服务提供商的管理控制台中，验证根账户和所有其他管理账户是否已启用 MFA	
根账户在过去 7 天内是否被使用过	在管理控制台中创建相应的警报或者执行报告，验证根账户并未用于日常活动	
是否对所有数据存储应用了静态加密功能	验证多种数据存储类型是否支持静态加密。在管理控制台中，验证加密功能已启用，并根据至少适用于你业务的合规法规标准应用于所有类型	
是否对卷和快照实施了卷加密	在管理视图中，验证每个卷和快照的加密状态是否符合当前策略，这将作为每个选择的属性显示	
是否采用基于 SAML 的单点登录（SSO）进行身份和访问管理	在服务和管理控制台的访问配置中，验证是否通过 SAML 启用 SSO 并拒绝直接访问	

续表

问题	验证	备注
是否有任何身份配置了控制台访问权限	通过查看基于角色的身份访问权限或执行报告，验证不存在用户拥有未授权的控制台访问权限，这种访问权限应严格限制	
是否有任何身份或账户配置了用于编程访问的访问密钥	通过查看基于角色的身份访问权限或执行报告，验证没有用户拥有 API 访问权限。这应严格限于机器对机器身份。对于某些平台，可能需要使用脚本生成报告	
是否有任何身份或账户的访问密钥超过 90 天未使用（或从未使用）	在管理控制台中创建警报或执行报告，验证不存在任何身份或账户的访问密钥处于闲置状态超过 90 天。请注意，此时间值可能会因企业具体要求而异	
是否有任何身份或账户的访问密钥超过 90 天未轮换	在管理控制台中创建警报或执行报告，验证不存在任何身份或账户的访问秘钥使用时间超过 90 天。请注意，90 天应是最长的轮换周期，根据企业需求，密钥或许需要更频繁地轮换	
是否存在任何身份或账户拥有超过 90 天未使用（或从未使用）的业务或技术角色	在管理控制台中创建警报或执行报告，验证不存在任何身份或账户的基于角色的访问权限闲置超过 90 天	
所有关系数据库服务（RDS）实例是否使用基于身份的验证进行数据库访问	在云服务提供商的所有数据库管理控制台中进行验证，仅允许通过基于身份的账户进行访问	
云服务提供商是否支持原生机密信息和凭据存储功能	验证提供商是否具有用于自动化的机密信息和凭据存储机制	
云服务提供商是否支持来自特权访问管理供应商的第三方机密信息和凭据存储	验证提供商是否具有可与第三方特权访问管理供应商集成的机密信息和凭据存储机制，以保护特权访问	
是否存在任何安全组允许来自互联网的非 HTTP 服务访问	验证所有管理、远程访问、API 等服务均禁用互联网访问，且所有私有访问均已加密	
是否将私有子网用于内部服务器、数据库和其他资源	验证管理是数据库访问是私有的，并通过 VPC 进行锁定	
所有 RDS 实例是否位于私有子网中且不可公开访问	在管理控制台中验证所有关系数据库服务仅绑定到内部地址	
是否为每个 VPC 实施了用于出站网络访问的安全组	在管理控制台中，在 VPC 服务内确认网络已针对私有和公共访问进行锁定，尤其是在出站通信方面	
（仅限 AWS）是否有 S3 存储桶允许开放访问权限或允许任何已认证的 AWS 用户访问，以及是否为所有 S3 存储桶启用了阻止公共访问设置	在管理控制台中选择 Trusted Advisor 服务。页面更新后，将显示 Amazon S3 存储桶权限操作，其中会详细列出允许开放访问的 S3 存储桶	
云服务提供商是否在所有活跃且适用的区域启用	验证该服务仅在所需区域内可用，且支持未来的目标区域。禁用企业尚未准备好服务的任何区域	
是否为所有实例和服务都启用了活动日志记录、数据事件和访问/身份认证日志	验证为所有服务启用了日志记录，以提供入侵迹象和日常操作的取证信息。所有收集的数据应使用云原生工具或 SIEM 进行集中管理	

续表

问题	验证	备注
是否在所有活动区域启用了入侵监控	确保所在有区域启用入侵防御和防火墙日志记录。结果应集中管理,并与活动和认证日志相结合	
是否已制定并测试了应急响应计划	确认云服务提供商已制定应急响应计划,并定期进行测试	
验证提供商的备份程序和恢复 SLA	确认已实施备份解决方案,并根据恢复 SLA 进行测试	
是否使用系统管理器或其他解决方案定期对实例进行补丁更新	确认已为所有实例实施了补丁管理解决方案	
托管服务器和数据库是否通过安全的远程访问解决方案进行访问	确认内部服务器和数据库通过堡垒主机或其他远程访问解决方案进行访问。绝不应公开使用 RDP、VNC 以及 SSH 的默认访问方式	